电子元器件可靠性技术基础

（第2版）

付桂翠　万　博　张素娟　高　成　编著

北京航空航天大学出版社

内容简介

本书是高等工科院校“质量与可靠性工程”专业本科生教材，主要围绕航空航天等装备产品高可靠、长寿命需求背景下的电子元器件可靠性保证技术这一主题，针对电子元器件的固有可靠性和使用可靠性相关的技术进行详细的介绍。首先简要介绍电子元器件的可靠性及电子元器件的分类。其次，在固有可靠性中，介绍电子元器件的制造技术、封装技术及可靠性试验技术。在使用可靠性部分，主要介绍使用可靠性保证、电子元器件的降额设计、热设计与热分析、可靠性筛选、静电损伤及防护、破坏性物理分析、失效分析等技术。最后介绍基于失效物理的元器件可靠性评价技术。

本书结合了理论知识与工程实践经验，既具有知识性，又具有工程实用性，同时还对基于失效物理的可靠性评价等较为前沿的可靠性技术进行了介绍。

本书可供高等院校相关专业本科生、研究生使用，也可为工程技术人员提供学习和参考。

图书在版编目(CIP)数据

电子元器件可靠性技术基础 / 付桂翠等编著. --2版. -- 北京 ：北京航空航天大学出版社，2022.1
ISBN 978-7-5124-3714-2

Ⅰ. ①电… Ⅱ. ①付… Ⅲ. ①电子元件－可靠性－高等学校－教材 Ⅳ. ①TN60

中国版本图书馆 CIP 数据核字(2022)第 006274 号

电子元器件可靠性技术基础(第 2 版)
付桂翠　万　博　张素娟　高　成　编著
责任编辑　蔡　喆
*
北京航空航天大学出版社出版发行
北京市海淀区学院路 37 号(邮编 100191)　http://www.buaapress.com.cn
发行部电话：(010)82317024　传真：(010)82328026
读者信箱：goodtextbook@126.com　邮购电话：(010)82316936
涿州市新华印刷有限公司印装　各地书店经销
*
开本：787×1 092　1/16　印张：17.5　字数：448 千字
2022 年 1 月第 2 版　2022 年 1 月第 1 次印刷　印数：3 000 册
ISBN 978-7-5124-3714-2　定价：55.00 元

前　言

现代化武器装备、通信系统、交通设施、工业自动化系统以及空间技术所使用的电子设备日趋复杂，所使用的环境条件愈加恶劣，对电子产品的可靠性要求越来越高。在航空航天这一重要领域，随着装备不断向高集成度、多功能、低功耗方向发展，迫切需要小型化、高性能、高效率、高可靠的电子元器件。

电子元器件(以下简称元器件)是电子设备的基本单元，其可靠性是保证电子设备可靠性的基础。如何提高元器件的可靠性，设计出高可靠的电子产品，是当前急需解决的问题。元器件的可靠性由固有可靠性和使用可靠性组成。固有可靠性由元器件的生产单位在元器件的设计、工艺、原材料的选用等过程中的质量控制所决定，而使用可靠性则主要由元器件使用方对元器件的选择、采购、使用设计、静电防护、筛选等过程的质量控制所决定。大量的失效分析数据表明，由于固有缺陷导致的元器件的失效与使用不当造成的元器件的失效各占约50%。因此，在保证元器件固有可靠性的同时，必须高度重视元器件的使用可靠性的保证。

本书共分13章，围绕电子元器件的可靠性这一主题，对其基本概念、分类、制造和封装技术、可靠性试验和使用可靠性保证管理、可靠性设计、可靠性分析、以及可靠性评价等方面进行了详细的介绍。本书为第2版，在原版教材《电子元器件可靠性技术教程》的基础上，增加了元器件可靠性概述、可靠性试验以及基于失效物理的电子元器件可靠性评价等章节，并介绍了电子元器件可靠性领域的新技术、新方法。本书在编写过程中，在详细介绍电子元器件可靠性基础知识的基础上，特别强调了理论与工程实践的结合，具有较强的理论指导性和工程实用性。

本书适用于飞行器质量与可靠性专业，还适用于电子工程、自动控制、集成电路工程等相关专业。由于水平有限，书中可能会存在不足之处，敬请广大读者批评指正。

全书由付桂翠主编，参加编写工作的有：万博(第1、2、10、13章)，张素娟、陈颖(第3、4章),万博、高成(第5章),万博、孙宇锋(第6章),付桂翠(第7、8章),张素娟(第9、11、12章)。参与本书编写的还有:李颜若玥、张钟庆、肖东、郭文迪、袁佳鑫、王晔、荣珂伊等。在此一并表示感谢。

作　者

2021年7月

目　　录

第1章　电子元器件可靠性概述

1.1　电子元器件可靠性的基本概念

1.1.1　电子元器件定义

电子元器件是电子电路、系统的基础部件，是完成预定功能且不能再分割的基本单元。GJB 8118—2013《军用电子元器件分类与代码》3.1节中，电子元器件被定义为：电子元器件是在电子线路或电子设备中执行电气、电子、电磁、机电和光电功能的基本单元。每个基本单元可由多个零件组成，军用电子元器件则被定义为用于武器装备中的电子元器件。

若从电子元器件的英文表述来辨析，英文中的 parts 和 components 都可认为为元器件，也可认为为机械结构的零部件。为避免混淆一般在前面加上 electronic 以便与机械零部件区分，如 electronic components 或 electronic parts，译为电子元器件。在 GJB 8118—2013 中，将电子元器件的英文译为 electronic component，军用电子元器件的英文译为 military electronic component。

电子元器件（简称元器件）是电子设备和整机的组成单元，其性能和可靠性决定了电子设备的性能、可靠性。随着国防科学技术向电子化、智能化发展，电子设备使用元器件的数量、品种均大幅增加，对元器件的质量与可靠性也提出了越来越高的要求。

1.1.2　电子元器件可靠性的含义

经典的可靠性定义是：产品在规定的条件下和规定的时间内，完成规定功能的能力。可靠性的概率度量就是可靠度，即产品在规定的条件下和规定的时间内，完成规定功能的概率。

电子元器件的广义质量包括产品的外部特征、技术性能指标、可靠性、经济性和安全性等诸多方面，其中，技术性能指标是产品质量的一个最基本的要求，故一般来说，狭义的质量仅指其技术性能指标。

电子元器件的可靠性与其质量特性的最大区别是：质量特性是确定性的概念，能用仪器测量出来，而电子元器件的可靠性是不确定性概念，遵循一种概率统计规律，因为产品失效（出故障）或不失效（不出故障）是随机的。某一产品在发生失效（出故障）之前，它的可靠性是不知道的，只有通过对同类产品进行大量试验和使用，经统计分析和评定后才能作出预估。总之，产品的可靠性实际上就是其性能随时间的保持能力。或者说，要长时间地保持性能在某一规定的范围内不失效（不出故障）是产品很重要的质量特性。固有可靠性和使用可靠性是反映电子元器件可靠性的两个重要方面。

（1）固有可靠性

电子元器件的固有可靠性是设计、制造出来的，是针对构成电子元器件的原材料性能及制成后在运行中所受应力情况，在设计阶段所赋予，在制造过程加以保证得到的。电子元器件的固有可靠性十分重要,直接影响着电子设备、系统、整机的固有可靠性,特别是在航空航天等高可靠领域中,电子元器件的固有可靠性尤其重要。

(2) 使用可靠性

使用可靠性是指电子元器件在实际使用中表现出的可靠性。影响电子元器件使用可靠性的因素很多,如自然环境因素、电子元器件本身的工作方式和工作条件,还包括电子元器件使用单位合理选用电子元器件、正确使用电子元器件等方面。如果使用不当也会降低电子元器件的可靠性,甚至引起器件失效。因此,合理选用和正确使用电子元器件是提高其使用可靠性的重要内容。

1.1.3 影响电子元器件可靠性的因素

影响电子元器件可靠性的因素很多,从产品可靠性的形成过程来看,包括设计过程、制造过程、检验过程和使用过程。

1. 设计过程

电子元器件的设计阶段(主要指模型设计、制造工序设计、封装设计、包装设计等)有很多因素影响产品的固有可靠性,因此,在产品设计时应充分考虑这些因素。影响半导体器件可靠性的部分设计项目和因素如表1-1所列。

表1-1 影响半导体器件可靠性的设计因素

设计项目		设计因素	失效模式
模型设计	晶体管(金属氧化物半导体)	大小、形状,氧化膜厚度	功能失效
	电阻(扩散)	大小、形状,扩散深度,掺杂浓度	功能失效、不足的击穿电压,短路
	金属化(多晶硅)	大小、形状,薄膜厚度,掺杂浓度	功能失效,开路
	连接衬底	大小、形状,布线引导形状	不当的连接,开路
制造工序设计	氧化(热氧化方法)	温度,时间,反应气体,薄膜厚度	功能失效
	钝化沉积(化学气相沉积)	温度,时间,反应气体,薄膜厚度	功能失效
	扩散(离子注入)	温度,时间,掺杂浓度,扩散深度	功能失效,不足的击穿电压
	金属沉积(铝)	沉积方法,温度,薄膜厚度	功能失效,开路,短路
	管芯分离	切割方法,镜片厚度	管芯破裂,瑕疵,短路
	管芯结合	结合方法、材料,温度	特性失效
封装设计(气体密封)	密封方法	玻璃,金属焊接、熔接,树脂连接,密封条件	气体密封缺陷,功能失效,大的漏电流,腐蚀
	密封气体	化学反应,含湿量	功能失效,大的漏电流,腐蚀
	包封材料	玻璃,陶瓷,金属,树脂,热膨胀,机械强度	损坏包装,气体封闭缺陷,功能失效,热失控
	外部导线材料	电导率,硬度,热膨胀,耐蚀性,机械强度	接触缺陷,导线损坏缺陷

续表 1-1

设计项目		设计因素	失效模式
包装设计	成型方法	移动模型、焊接等	开路，短路
	成型的树脂材料	强化剂，化学电阻，杂质，热膨胀，导热系数	功能失效，开路，短路，腐蚀
	包装的形状和大小	芯片尺寸和包装尺寸的相关性	失去外部导线，开路，短路，腐蚀
	成型条件	温度，时间，压力	开路，短路，焊接导线位移
	外部导线	材料的电导率，硬度，热膨胀，耐蚀性，弯曲强度	接触缺陷，导线损坏缺陷
		导线形状和大小，抗张强度，弯曲强度	导线损坏缺陷

2. 制造过程

不同类别的电子元器件制造过程与工艺不同，但这些工艺和过程都可能影响其可靠性。除了产品对制造过程中的工艺因素敏感外，对外部环境条件也很敏感，且制造过程中的设备故障、应用材料以及任何技术操作和人为因素也都直接影响产品的可靠性。

（1）制造过程工艺因素

产品的工艺设计者应非常清楚影响电子元器件可靠性的制造工艺因素，在设计制造时应加以考虑。影响半导体器件可靠性的部分制造工艺因素如表 1-2 所列。

（2）人员因素

可靠性已贯穿于电子元器件全寿命周期中，人们认识到产品功能的发挥不仅与所处环境有关，还与研制产品的人有重要关系。产品设计人员的技术水平、可靠性意识和知识对产品的可靠性起重要作用。要研制具有高可靠性的产品，必须通过人的肢体操作控制设计，通过感官显示设计，通过中枢神经适应设计。只有人与机器实现最佳配合，才能让机器可靠地发挥功能。因此，要研制高可靠性的电子元器件，人是重要的因素。

（3）机器因素

生产中的设备和测试仪器是提高产品性能和可靠性的重要手段，也是影响产品质量与可靠性的主要因素之一。生产中的制造设备和使用仪器如不处于良好状态，设备本身不可控，加工精度低，再完美的设计也难以制造出符合设计要求的产品，更不能制造出高精度、高性能、一致性好、可靠性高的产品。测试仪器如果长期使用则性能降低，或者没有定期检定、校准，致使本身的技术性能指标不符合使用要求，无法准确地测量出产品的各项技术性能参数和工艺参数，也就不可能实施可靠性控制。因此，在现有条件下加强对生产中设备、测试仪器的各项技术指标实行定期检查和校准，使其处于良好状态是满足设计要求、在生产中实施可靠性控制的关键之一。

（4）材料因素

材料影响电子元器件的性能和可靠性，在研制、生产中，材料成分、杂质含量、强度和延伸率等指标，如果不符合电子元器件的要求就无法保证其可靠性。目前人们对电子元器件结构、材料、工艺之间的内在关系还不清楚，如材料微量元素对其产品影响程度到底如何，加工成产品后材料的分子结构有无变化，如何变化等。从机理、材料波动的影响中充分揭示产品失效原因仍需深入研究。尽管如此,优选性能指标符合要求、质量一致性好的材料仍是保证电子元器件可靠性的重要前提。

表1-2 影响半导体器件可靠性的制造工艺因素

<table>
<tr><th colspan="2">制造工序</th><th>工艺设计项目</th><th>工艺设计因素</th><th>失效模式</th></tr>
<tr><td rowspan="10">晶片工序</td><td>晶片</td><td>硅衬底</td><td>翻转表面,沟道泄漏</td><td>特性缺陷,工作不稳定,短路,开路</td></tr>
<tr><td>氧化物薄膜</td><td>场氧化物,栅氧化物,夹层绝缘体,钝化薄膜</td><td>针孔,裂缝,不均匀的厚度,污染,不覆盖缺陷</td><td>表面翻转,沟道泄漏,击穿电压降低,工作不稳定,噪声</td></tr>
<tr><td>保护层应用</td><td>晶体管,二极管,电阻,金属喷镀,形状和大小,接触</td><td>不合适的薄膜厚度,一致性,外部的微粒,残留的光敏电阻(或光敏材料)</td><td>特性缺陷,针孔,泄漏电流大</td></tr>
<tr><td>掩膜对准</td><td>晶体管,二极管,电阻,金属喷镀,形状和大小,接触</td><td>未对准,灰尘,外部微粒,瑕疵</td><td>特性缺陷,针孔,泄漏电流大</td></tr>
<tr><td>曝光</td><td>晶体管,二极管,电阻,金属喷镀,形状和大小,接触</td><td>曝光不足</td><td>特性失效</td></tr>
<tr><td>开发</td><td>晶体管,二极管,电阻,金属喷镀,形状和大小,接触</td><td>不适当的开发</td><td>特性失效</td></tr>
<tr><td>刻蚀</td><td>晶体管,二极管,电阻,金属喷镀,形状和大小,接触</td><td>刻蚀不足,超出了刻蚀温度范围,冲洗不足</td><td>特性失效,特性波动</td></tr>
<tr><td rowspan="2">扩散</td><td>(热扩散)晶体管,二极管,扩散阻力,绝缘,接触</td><td>反常的扩散,杂质的分离,晶体缺陷,异常杂质</td><td rowspan="2">特性失效,击穿电压降低,开路,短路,工作不稳定</td></tr>
<tr><td>(离子注入)晶体管,二极管,扩散阻力,接触</td><td>氧化物薄膜,降低的击穿电压,开路,短路,不稳定操作</td></tr>
<tr><td>金属沉积</td><td>晶体管电极,内部布线,接触,金属氧化物半导体的栅电极</td><td>孔隙,分层,厚度不够,电迁移,掺杂浓度,污染</td><td>开路,短路,电阻增加,腐蚀</td></tr>
<tr><td rowspan="5">封装工序</td><td>引线接合</td><td>接合的导线</td><td>不合适的接合压力,不恰当接合引线回路,引线污染、瑕疵,不足的引线附着力</td><td>开路,短路,损坏引线,剥落的接合物</td></tr>
<tr><td>密封</td><td>气体密封包装</td><td>密封不足,带有湿气、杂质的密封气体,表面灰尘,外部物质存在</td><td>泄漏电流增加,腐蚀破坏,短路,间歇性失效</td></tr>
<tr><td>塑封</td><td>树脂成型包装</td><td>有孔隙、裂纹的成型,接合引线位移,导线框架密封不足,成型收缩扭曲,吸收湿气</td><td>接合引线开路、短路,芯片、引线腐蚀破坏,芯片裂纹,反常特性</td></tr>
<tr><td>导线</td><td>导线形成与终端</td><td>不适合的形状,终端强度不足,氧化,生锈,冲洗不足</td><td>开路,不当接触,交互式终端泄露</td></tr>
<tr><td>标记</td><td>包装上表面</td><td>模糊的标记</td><td>疏忽导致的损坏</td></tr>
</table>

(5) 技术与方法

先进的技术与方法、先进的生产工艺是研制高质量、高可靠电子元器件的重要条件。目前,我国电子元器件技术基础较薄弱,核心技术还没有完全掌握,缺乏先进的可靠性设计技术,还不能做到通过采取有效的技术措施从根本上消除影响产品可靠性的因素,在一定程度上影响了电子元器件可靠性水平的稳定提高。

(6) 环境因素

电子元器件在恶劣环境条件下使用,会发生腐蚀和其他环境效应,从而降低电子设备的使用可靠性。特别是随着电子设备中电子元器件所占比例的增加和电子设备向微电子化、高集成化和高密度装配方向发展,以及电子线路的高阻抗和放大特性,电子元器件的环境适应性问题对电子设备电气性能和机械性能的影响更为明显。如果电子元器件在设计、制造中存在缺陷,就不能在规定的条件(环境)下正常工作,就不会经久耐用,就易产生使用可靠性问题。环境因素对电子元器件可靠性的影响研究已得到世界各国的高度重视,在产品设计时就考虑环境的影响已成为电子元器件产品提高可靠性的最重要措施之一。

3. 检验过程

严格的检验过程能保证元器件早期失效就被发现,及时剔除以提高电子元器件的可靠性,进而提高整机的可靠性。元器件检验过程必须具备基本的测试仪器及设备,且由熟悉各项电性能参数、测试条件及相关标准的人员正确操作设备。首先按到货批次、依次检验合格证是否齐全,包括出厂名称、生产场地、具体型号规格,并看外观完整性,确保这些条件符合设计要求;其次进行电子元器件筛选,通过元器件工作环境的模拟,检验元器件工作状态,以此对出现早期缺陷的电子元器件进行筛选和排查;最后进行性能参数监测,确保各项性能参数能够得到全面的检测和有效读取。

4. 使用过程

引起元器件在使用过程中的失效因素主要是环境条件、机械条件、生化条件、电与电磁条件、辐射条件、系统连接条件等。1971年美国对机载电子设备全年的故障进行剖析,发现故障原因如下:50 %以上的故障是由各种环境所致,而温度、振动、湿度3项环境造成电子设备43.58 %的故障率,其中由温度引起的故障占22.2 %,由振动引起的故障占11.38 %,由潮湿引起的故障占10 %。

影响电子元器件使用可靠性的环境因素有单个和组合两种形式,而组合环境的危害更大,例如温度和湿度的共同作用往往是引起电子元器件腐蚀的主要原因。由于电子元器件在使用过程中可能处于多种组合环境下,因此在确定电子元器件特性时,应清楚了解各类环境因素、组合效应以及它们对产品可靠性的影响程度。

1.2 电子元器件可靠性依据的标准

1.2.1 标准对电子元器件可靠性保证的作用

电子元器件质量与可靠性标准化工作是保证其质量与可靠性的重要部分。目前已制定的电子元器件各种质量与可靠性标准均与其他标准一样具有科学性、权威性和群众性的特点。

1. 科学性

标准的科学性体现在标准制订必须通过充分调查研究,既要参考国际先进标准,更要根据国内实际生产水平和技术基础,还要结合使用部门的要求与生产部门的实际生产能力,使制定的标准既同国际标准水平接轨,又适应我国科技、工业基础水平发展。

2. 权威性

标准的权威性体现在标准具有法规性。凡是经过正式批准的标准,必须要严格执行,成为工业生产、管理、营销各环节的行动准则,做到有法可依、有法必依、执法必严、违法必究。

3. 群众性

标准的群众性体现在标准的制定、管理与执行过程中,要贯彻群众路线。在制定中,做到“科研、生产、使用”三结合,“领导、技术人员、操作人员”三结合,只有这样才能使标准制定切实可行,也才能真正对生产出的产品质量与可靠性起到积极的保证作用。

电子元器件的可靠性水平主要由质量等级表征,而这些质量等级由相关的标准或规范来规定。

1.2.2 电子元器件标准体系和质量等级

1. 电子元器件相关标准

(1) 我国的质量与可靠性按标准级别的分类

① 国家级标准,包括国家标准(代号GB,以下简称“国标”)和国家军用标准(代号GJB,以下简称“国军标”);

② 行业级标准,包括行业标准和行业军用标准,我国电子、航天、航空等行业均制定有适用于本行业的标准;

③ 企业级标准,包括企业标准和企业军用标准。

我国国家军用标准尚属空白的历史时期,为保证军用元器件的可靠性,曾在20世纪70年代末制定了“七专”7905技术协议,20世纪80年代初制定了“七专”8406技术条件(QZJ8406),它们是建立我国军用元器件标准的基础。目前按“七专”条件或其加严条件控制生产的元器件仍在航空、航天等部门使用,但将逐步被GJB所取代。

(2) 按标准类型划分的种类

① 规范:元器件的总规范和详细规范统称产品规范。元器件的总规范亦称通用规范,其对某一类元器件的质量控制规定了共性的要求;详细规范是对某一类元器件中的一个或一系列型号规定的具体性能和质量控制要求。总规范与详细规范配套使用。表1-3给出了国军标和国标规定的部分元器件总规范。元器件的产品规范是元器件生产线认证和元器件鉴定的依据之一,也是使用方选择、采购元器件的主要依据。

表1-3 我国国家标准和国家军用标准规定的元器件总规范示例

国军标/国标编号	国军标/国标名称	参考美军标编号
GJB 33A-1997	半导体分立器件总规范	MIL-S-19500H
GJB 597A-1996	半导体集成电路总规范	MIL-M-38510G

续表 1-3

国军标/国标编号	国军标/国标名称	参考美军标编号
GJB 2438A-2002	混合集成电路通用规范	MIL-H-38534C
GJB 63B-2001	有可靠性指标的固体电解质钽电容总规范	MIL-C-39003
GJB 65B-1999	有可靠性指标的电磁继电器总规范	MIL-R-39016
GB/T 4589.1—2006	半导体器件、分立器件和集成电路总规范	N/A
GB/T 8976-1996	膜集成电路和混合膜集成电路总规范	N/A

② 标准:涉及可靠性试验方法、测量检验规范、失效分析方法、质量保证大纲和生产线认证标准、元器件材料和零件标准、型号命名标准、文字和图形符号标准等。表 1-4 给出国军标和国标规定的部分可靠性试验、失效率鉴定和失效分析方法的标准。元器件使用者充分了解这些元器件试验和分析的方法,有助于深入掌握元器件承受各种应力的能力。

表 1-4　我国国家标准和国家军用标准规定的元器件可靠性标准示例

标准类别	国军标/国标编号	国军标/国标名称	参考美军标编号
可靠性试验方法	GJB 128A-1997	半导体分立器件试验方法	MIL-STD-750H
	GJB 360A-1996	电子及电气元件试验方法	MIL-STD-202F
	GJB 548B-2005	微电子器件试验方法和程序	MIL-STD-883D
	GJB 1217-1991	电连接器试验方法	MIL-STD-1344A
	GB 2689	寿命试验和加速寿命试验方法	N/A
失效率鉴定方法	GB/T 1772-1979	电子元器件失效率试验方法	N/A
	GJB 2649-1996	军用电子元件失效率抽样方案和程序	N/A
失效分析/破坏性物理分析方法	GJB 3157—1998	半导体分立器件失效分析方法和程序	N/A
	GJB 3233—1998	半导体集成电路失效分析程序和方法	N/A
	GJB 4027A—2006	军用电子元器件破坏性物理分析方法	MIL-STD-1580A

③ 指导性技术文件:如指导正确选择和使用元器件的指南、用于电子设备可靠性预计的手册、元器件系列型谱等。

2. 电子元器件质量等级

元器件的可靠性可由失效率和质量等级来表征。表 1-5 给出了国军标和国标规定的电子元件的失效率等级。在这里,国军标和国标规定的失效率等级代号容易混淆,例如同是使用字母 L,在国军标中代表亚五级,在国标中则代表六级。

表 1-5　电子元件的失效率等级

失效率等级名称	GB/T 1772-1979	GJB 2649-1996	最大失效率/(h^{-1})
亚五级	Y	L	3×10^{-5}
五　级	W	M	10^{-5}
六　级	L	P	10^{-6}

续表 1-5

失效率等级名称	GB/T 1772-1979	GJB 2649-1996	最大失效率/(h^{-1})
七 级	Q	R	10^{-7}
八 级	B	S	10^{-8}
九 级	J	—	10^{-9}
十 级	S	—	10^{-10}

采用失效率等级来表征元器件的可靠性有局限性。一方面,对于贵重、单价高的器件,获得失效率数据的代价高昂甚至无法获得。例如,要鉴定单价为1 000元的微处理器芯片的失效率等级为八级,就需要采用10 000只器件做10 000 h的试验(如不加速),通常经济上无法承受,因此,标准中规定失效率等级表征方法只用于相对廉价的电子元件。另一方面,单用失效率不能反映元器件可靠性的所有方面,例如抗静电、抗辐射以及其他抗恶劣环境的能力无法用单一失效率指标来表征。鉴于此,电子器件的可靠性主要用质量等级来表征。

元器件的质量是指元器件在设计、制造、筛选过程中形成的品质特征,可通过质量认证试验确定。元器件的质量等级则是指元器件装机使用前,按产品执行标准或供需双方的技术协议,在制造、检验及筛选过程中质量的控制等级,用于表示元器件的固有可靠性(引自GJB 299C)。具有相同物理结构、功能和技术指标的元器件可能具有不同的质量等级。

不同标准体系中规定的质量等级不同。在国军标元器件总规范体系中,规定的是质量保证等级,主要供元器件生产方用于元器件生产过程控制。元器件生产方在其技术条件、合格证明以及产品标志上,一般使用的是质量保证等级,可供元器件使用方采购时参考。表1-6和表1-7分别给出了国军标和美军标总规范中规定的元器件质量保证等级,可见不同的标准或不同的元器件,质量保证等级的分法及符号不同。

表1-6 国军标总规范中规定的元器件质量保证等级

元器件类别	依据标准	质量保证等级(从高到低)
半导体分立器件	GJB 33A-1997	JY(宇航级)、JCT(超特军级)、JT(特军级)、JP(普军级)
半导体集成电路	GJB 597A-1996	S、B、B1
混合集成电路	GJB 2438A-2002	K、H、G、D
光电模块	SJ-20642-1997	M2、M1
晶体振荡器	GJB 1648-1993	S、B
声表面波器件	GJB 2600A-2007	S、B、B1
固体继电器	GJB 1515A-2001	Y(军级)
微波组件	SJ-20527A-2003	J、C、T

表1-7 美军标总规范中规定的质量保证等级

元器件类别	依据标准	质量保证等级(从高到低)
半导体分立器件	MIL-S-19500H	JANS(宇航级)、JANTXV(超特军级)、JANTX(特军级)、JAN(普军级)

续表 1-7

元器件类别		依据标准	质量保证等级(从高到低)
微　电　路		MIL-M-38510J	S、B
半导体集成电路		MIL-I-38535	V、Q、M
混合集成电路		MIL-H-38534C	V、K、H、G、E、D
有可靠性指标的元件	固体电介质钽电容	MIL-C-39003	失效率等级:S(八级)、R(七级)、P(六级)、M(五级)、L(亚五级)
	电磁继电器	MIL-R-39016	

在元器件预计标准体系中,GJB 299C—2006《电子设备可靠性预计手册》(参考美军标MIL—HDBK—217F)和GJB/Z 108A《电子设备非工作状态可靠性预计手册》所规定的质量等级用质量系数(π_Q)表征,反映了同类元器件不同质量等级的相对质量差异,主要供元器件使用方用于电子设备可靠性预计和元器件优选目录制定。表1-8给出了GJB 299C可靠性预计手册中规定的元器件质量等级的分级情况。表1-9给出了GJB 299C可靠性预计手册中规定的单片集成电路的质量等级、质量系数及质量保证等级的对应情况。

表1-8　GJB 299C可靠性预计手册中规定的元器件质量等级分级示例

元器件类别	质量等级分级(从高到低)
单片集成电路	A(A_1,A_2,A_3,A_4),B(B_1,B_2),C(C_1,C_2)
混合集成电路	A(A_1,A_2,A_3,A_4,A_5,A_6),B(B_1,B_2),C
半导体分立器件	A(A_1,A_2,A_3,A_4,A_5),B(B_1,B_2),C
电　阻　器	A(A_{1T},A_{1S},A_{1R},A_{1P},A_{1M},A_2),B(B_1,B_2),C
铝电解电容器	A(A_{1B},A_{1Q},A_{1L},A_{1W},A_2),B(B_1,B_2),C
感性元件	A(A_1,A_2),B(B_1,B_2),C
机电式继电器	A(A_{1R},A_{1P},A_{1M},A_{1L},A_2),B(B_1,B_2),C

表1-9　半导体单片集成电路质量等级、质量系数 π_Q 和质量保证等级

质量等级		质量要求说明	质量要求补充说明	π_Q	相应质量保证等级
A	A_1	符合GJB597A且列入军用电子元器件合格产品目录(QPL)的S级产品	符合GJB597-1988且列入军用电子元器件合格产品目录(QPL)的S级产品	—	S
	A_2	符合GJB597A且列入军用电子元器件合格产品目录(QPL)的B级产品	符合GJB597-1988且列入军用电子元器件合格产品目录(QPL)的B级产品	0.08	B
	A_3	符合GJB597A且列入军用电子元器件合格产品目录(QPL)的B1级产品	符合GJB597-1988且列入军用电子元器件合格产品目录(QPL)的B1级产品	0.13	B1
	A_4	符合GB/T 4589.1的Ⅲ类产品,或经中国电子元器件质量认证委员会认证合格的Ⅱ类产品	按QZJ840614~840615“七专”技术条件组织生产的Ⅰ、ⅠA类产品;符合SJ331的Ⅰ、ⅠA类产品	0.25	G(QZJ840614~840615)

续表 1-9

<table>
<tr><th colspan="2">质量等级</th><th>质量要求说明</th><th>质量要求补充说明</th><th>π_Q</th><th>相应质量保证等级</th></tr>
<tr><td rowspan="2">B</td><td>B_1</td><td>按GJB597A的筛选要求进行筛选的B_2质量等级产品;符合GB/T 4589.1的Ⅱ类产品</td><td>按“七九〇五”七专质量控制技术协议组织生产的产品;符合SJ331的Ⅱ类产品</td><td>0.50</td><td>G(七九〇五厂)</td></tr>
<tr><td>B_2</td><td>符合GB/T 4589.1的Ⅰ类产品</td><td>符合SJ331的Ⅲ类产品</td><td>1.0</td><td></td></tr>
<tr><td rowspan="2">C</td><td>C_1</td><td>—</td><td>符合SJ331的Ⅳ类产品</td><td>3.0</td><td></td></tr>
<tr><td>C_2</td><td colspan="2">低档产品</td><td>10</td><td></td></tr>
</table>

表1-10列出了元器件两种质量分级间的近似对应关系。

表1-10 元器件总规范规定的质量保证等级与可靠性预计手册规定的质量等级间的对应关系示例

<table>
<tr><th colspan="2" rowspan="2">质量等级</th><th colspan="7">质量保证等级和“七专”等级</th></tr>
<tr><th>半导体集成电路</th><th>混合集成电路</th><th>半导体分立器件</th><th>光电子器件</th><th>电阻器</th><th>电位器</th><th>电容器</th></tr>
<tr><td rowspan="11">A</td><td>A_1</td><td>S</td><td>K</td><td>JY</td><td>JY</td><td colspan="3">—</td></tr>
<tr><td>A_{1T}</td><td colspan="4">—</td><td>T</td><td colspan="2">—</td></tr>
<tr><td>A_{1S}</td><td colspan="4">—</td><td colspan="3">S/B</td></tr>
<tr><td>A_{1R}</td><td colspan="4">—</td><td colspan="3">R/Q</td></tr>
<tr><td>A_{1P}</td><td colspan="4">—</td><td colspan="3">P/L</td></tr>
<tr><td>A_{1M}</td><td colspan="4">—</td><td colspan="3">M/W</td></tr>
<tr><td>A_2</td><td>B</td><td>H</td><td colspan="2">JCT</td><td>G(QZJ 840629～31)</td><td>G(QZJ 840632～33)</td><td>G(QZJ 840626)</td></tr>
<tr><td>A_3</td><td>B1</td><td>G</td><td colspan="2">JT</td><td colspan="3">—</td></tr>
<tr><td>A_4</td><td>G(QZJ 840614～15)</td><td>D</td><td>JP/G (QZJ 840611A)</td><td>JP/G (QZJ 840611A)</td><td colspan="3">—</td></tr>
<tr><td>A_5</td><td>—</td><td>QML</td><td>G(QZJ 840611～12)</td><td>G(QZJ 840613)</td><td colspan="3">—</td></tr>
<tr><td>A_6</td><td>—</td><td>G(QZJ 840616)</td><td colspan="5">—</td></tr>
<tr><td>B</td><td>B_1</td><td colspan="3">G(七九〇五)</td><td>—</td><td colspan="3">G(七九〇五)</td></tr>
</table>

习 题

1.1 简述电子元器件可靠性的含义是什么?

1.2 简述影响电子元器件可靠性的主要因素有哪些?

1.3 标准建立对电子元器件可靠性有何作用?

1.4 电子元器件的可靠性主要用什么来表征?

1.5 如果需要查找某款半导体分立器件的可靠性试验方法，可以查找哪些标准？

1.6 分别写出军用、工业用和民用元器件的使用温度范围。

1.7 说明 MTTF 与 MTBF 的含义。电子元器件应当用 MTTF 还是用 MTBF 来描述？

1.8 能用某种仪器测量电子元器件的可靠性吗？

1.9 航空航天设备中的电子元器件可靠性为何如此重要，且要求十分苛刻？

1.10 目前元器件国产化进程加快，你认为主要原因是什么？目前元器件国产化面临的问题有哪些？

第2章　电子元器件分类

2.1　电子元器件分类方法

2.1.1　分类标准

统一的电子元器件分类方法是电子元器件市场规范化管理的前提，对增强电子元器件市场信息流通、增加元器件通用性、宏观调控元器件生产、扩大国产元器件的国际化影响具有重要意义，也是提高我国电子元器件质量等级和技术水平的基础。

目前国家各相关标准之间、电子元器件行业之间均有不同的分类管理方法。或按功能分类，或按工艺分类，或按生产或使用单位需求分类，各分类之间差异很大，对电子元器件信息化管理造成诸多不便。GJB 5426《国防科技工业物资分类与代码》中涉及了电子元器件分类，该标准对电子元器件的分类管理与应用起到一定的作用，但随着新型元器件不断涌现，该标准分类的适用性正逐步减弱。军用电子元器件行业一般参考 GJB 299C—2006《电子设备可靠性预计手册》中的电子元器件分类方法，但该标准并非电子元器件的专业分类标准，其主要服务对象是设计者，内容倾向于质量与失效率方面的评测，对电子元器件的涵盖面不足，其分类方法在电子元器件专业分类方面权威性欠缺，无法统一业界的电子元器件分类方法。

GJB 8118—2013《军用电子元器件分类与代码》规定了军用电子元器件的分类原则和方法、分类代码结构和编码方法，该标准适用于军用电子元器件的管理和信息交换。本节主要依据 GJB 8118—2013 介绍电子元器件的分类方法。

2.1.2　分类原则

GJB 8118—2013《军用电子元器件分类与代码》规定的电子元器件的分类原则如下。

1. 统一性原则

根据 GJB 7000《军用物质和装备分类》中有关电子元器件的分类规定。

2. 唯一性原则

一种军用电子元器件归入唯一的一个类目。同一类目相同层次尽可能按一种方式(功能、结构、材料等)划分。多功能的军用电子元器件，按其主要功能归类；没有合适类目的可归入“其他”类。

3. 实用性原则

不统一各类目的分类层数，从实际使用出发按各类目电子元器件特性适当确定层数。

4. 扩展性原则

对于没有合适类目归类的新技术产品，归入“其他”类。

2.1.3　分类方法

军用电子元器件分类依据上述 4 项原则采用层级分类法，最多 5 层。分类代码为层式结构，第一层为四位数，其余每层为两位数，如图 2－1 所示。

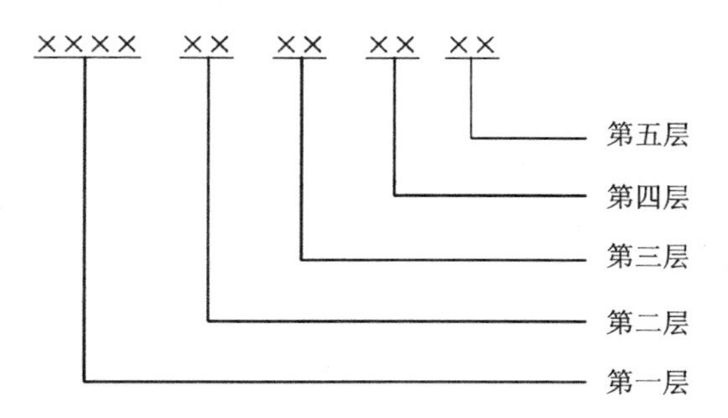

图 2－1　分类代码结构

军用电子元器件分类代码采用字母 FL 与阿拉伯数字表示，“其他”类目代码为 99。第一层类目及代码如表 2－1 所列。

表 2－1　军用电子元器件第一层类目及代码表(GJB8118－2013)

第一层代码	第一层类目名称	第一层代码	第一层类目名称
5905	电阻器	5985	天线、波导管和相关设备
5910	电容器	5990	同步器和分解器
5911	敏感元器件和传感器(件)	5995	通信设备电缆、软线和电线组件
5915	滤波器和网络	5998	电气电子组件、板和卡(仅印出印刷电路板)
5920	保险丝、避雷器、吸收器和保护装置	5999	其他电气和电子元器件
5925	断路器	6010	光　纤
5930	开　关	6020	光　缆
5935	电连接器	6021	光纤开关
5945	继电器	6030	光纤装置及器件
5950	线圈、变压器和磁性元件	6032	光纤用光源和图像探测器
5955	振荡器和压电晶体	6035	光传输和图像传输器件
5956	声表面波和声体波器件	6060	光纤互连器件
5960	电子管和附件(真空电子器件)	6099	其他光纤元器件
5961	半导体分立器件和附件	6116	燃料电池及其部件和附件(仅列出燃料电池)
5962	微电路	6117	太阳能电力系统(仅列出太阳能电池)
5965	送受话器和扬声器	6135	非充电电池(原电池)
5980	光电子器件	6140	充电电池(蓄电池)

2.2 常用电子元器件功能简介

2.2.1 电阻器

1. 定义和分类

电阻器简称电阻,在电路中起限流、分压、负载、阻抗匹配等作用,也可与电容配合构成滤波器。电阻是最普通、最廉价的电路元件,自身可靠性相对较高。

电阻器种类繁多,根据其阻值是否可调,可分为固定电阻器和电位器;根据封装形式不同,可分为插装电阻和表面贴装电阻;根据所用材料不同,可分为金属膜电阻器、玻璃釉电阻器、碳膜电阻器等。常见的固定电阻器如图2-2所示。

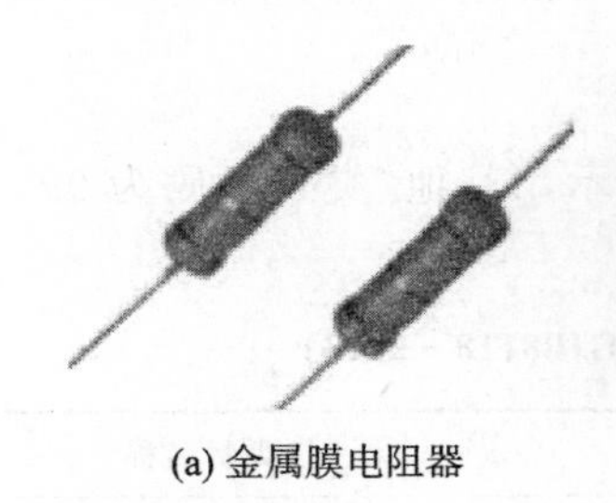

(a) 金属膜电阻器

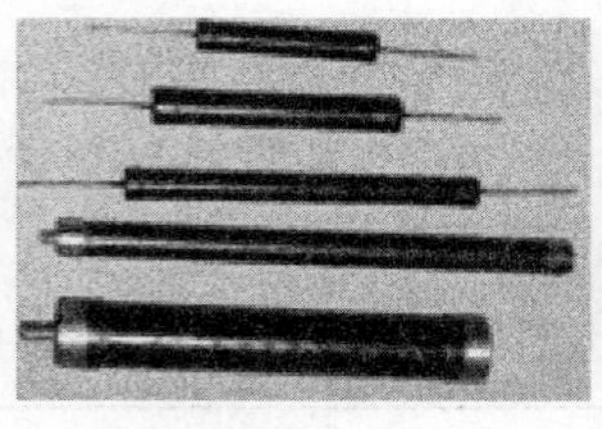

(b) 玻璃釉电阻器

(c) 贴片电阻

图2-2 常见固定电阻器

2. 命 名

根据GB/T2470—1995《电子设备用电阻器-电容器型号命名方法》,电阻器的型号命名如表2-2所列。电阻在电路中可以用矩形框和锯齿形两种方式表示,如图2-3所示。

表2-2 电阻器的型号命名

第一部分(主称)		第二部分(电阻材料)		第三部分(分类)			第四部分	第五部分
符 号	意 义	符 号	意 义	符 号	电 阻	电位器	序 号	区别代号
R	电阻器	T	碳膜	1	普通	普通	用数字表示,对主称、材料相同,仅性能指标、尺寸大小有差别。若基本不影响互换使用的产品时,给予同一序号;若性能指标、尺寸大小明显影响互换时,则在序号后面用大写字母作为区别代号	用大写字母表示
W*	电位器	H	合成膜	2	普通	普通		
		S	有机实芯	3	超高频	—		
		N	无机实芯	4	高阻	—		
		J	金属膜	5	高温	—		
		Y	氧化膜	6	—	—		
		G	沉积膜	7	精密	精密		
		I	玻璃釉膜	8	高压	函数		
		P	硼碳膜	9	特殊	特殊		
		U	硅碳膜	G	高功率	—		
		X	线绕	T	可调	—		
				W	—	微调		
				D	—	多圈		

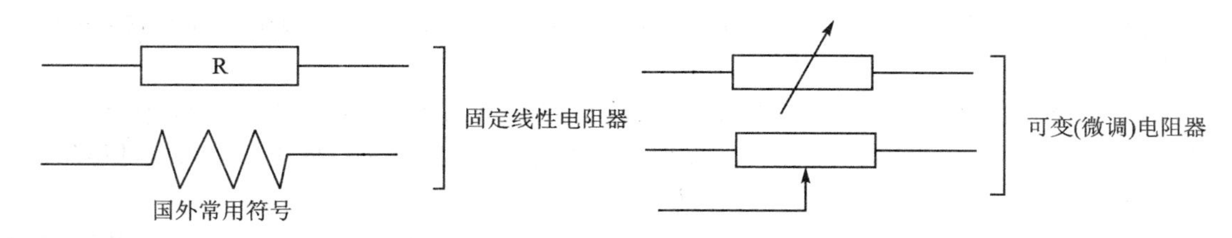

图2-3　电阻器的电路符号

3. 特性参数

电阻器的特性参数有温度系数、额定功率、额定电压、高频寄生参数和固有噪声等。

4. 选　用

应从以下几个方面考虑电阻器的选用：

(1) 从对电阻器的技术要求选取适当的型号

高可靠产品中，一般选用有可靠性指标的金属膜电阻器，还可选用金属氧化膜或金属玻璃釉电阻器。要求频率高、响应速度快时，应选用金属膜等电阻器。高压、高阻条件下，应选用金属玻璃釉等类型的电阻器。在选用高频电阻器时，应慎重使用分布电感较大的线绕电阻器。

对于用于特殊功能电路中的电阻器，应按照其特点选择。例如，在高增益电路中，特别是前置放大电路中，应选择噪声电动势小的金属膜电阻器、金属氧化膜电阻器，而不能选择噪声电动势大的实芯电阻器。绕线电阻器只适合低于50 Hz的电路，合成膜电阻器与有机实芯电阻器可在几十兆赫的电路中。金属膜电阻器和金属氧化膜电阻器可工作在数百兆赫的高频电路中。

对电路稳定性要求高的，要选择温度系数小的电阻器。实芯电阻器温度系数高，碳膜电阻器居中，金属膜、金属氧化膜、玻璃釉等电阻器温度系数只有碳膜的1/10。

(2) 正确选择合适的电阻值和额定功率

应选择标称阻值系列。电路实际计算出来的电阻数值，不一定正好与系列值相符，虽然可以用多个电阻凑成合适的电阻，但会增加电阻数量，影响可靠性，并且提高设备的成本，增大体积。

由于电阻的额定功率不仅与阻值有关，还与流过其的电流大小相关，因此必须根据工作电流选择适当的功率。电阻器的标称功率通常是在指定环境温度条件下规定的，在实际使用时，应根据环境温度，按照手册规定的负载-温度特性使用并考虑降额使用的要求。

(3) 根据使用环境选择电阻器

如沉积膜电阻器不适宜用在潮气和电解腐蚀影响的场合，金属膜电阻器和氧化膜电阻器承受的温度较高，可以用于高温环境。

2.2.2 电容器

1. 功能与特点

电容器是电子电路中用量仅次于电阻器的元器件，在交流或脉冲直流电路中不停地充放电(稳态直流电流不能通过电容器)。电容器的基本特征是电容内部储存的电荷Q与其两端

的电压 U 成正比,比例系数是电容值 $C=Q/U$。

电容器在电路中的作用有滤波、谐振、交流耦合、旁路、去耦合等。与电阻器相比,电容器具有以下特点:

① 电容器容量的容差比电阻器阻值的容差大。通用电容器的容差一般为±5%~±20%,高容量电解电容器或者高介电常数陶瓷电容器的容差可达-20%~+80%,但多数应用场合下对电容器的精度要求低于电阻器。

② 电容器容差稳定性比电阻器的阻值稳定性差。电容器的温度系数通常高于电阻器的温度系数。电容器的容量不仅随温度的变化而变化,而且有可能随工作电压或工作频率而变化。

③ 某些电容器(如电解电容器)与二极管一样具有极性,不能反接。

④ 电容器在交流工作状态下的额定电压通常低于直流工作状态下的额定电压。

2. 分　类

电容器是由两个金属电极,中间夹一层绝缘体构成,按照材料可分为纸介、薄膜、瓷介、云母、玻璃釉和电解质电容器等。另外还有微调和贴片电容器等。图2-4所示为常见的电容器。

(a) 瓷介电容器

(b) 电解质电容器

(c) 微调电容器

(d) 贴片电容器

图2-4　常见电容器

根据电容器的结构和容量是否可调,电容器分为:固定电容器、可变电容器、电容网络及其他电容器。其中,固定电容器按照介质不同,可分为有机介质(如涤纶、聚碳酸酯等)、无机介质电容器(如云母、瓷介等)、电解电容器(如铝、钽、氧化铌、真空等)。

有机介质电容器与无机介质电容器相比电容量范围大,绝缘电阻高,工作电压高,工作温度范围宽,损耗角正切小,适合自动化生产,但热稳定性不及无机介质电容器好,化学稳定性差,易老化,吸湿性较差。

3. 命　名

电容器的型号命名如表2-3所列。第一部分为用字母表示的主称,第二部分为用字母表示的材料,第三部分为用数字表示的分类。第四部分为用数字表示的序号,以区别产品的外形尺寸和性能指标。

4. 特性参数

表示电容器功能的参数有电容量和误差、额定工作电压、温度系数、绝缘电阻、损耗和频率特性。

表2-3 电容器的型号命名方法

第一部分（主称）		第二部分（材料）		第三部分（特征）					第四部分（序号）
符号	意义	符号	意义	符号	意义				
C	电容器						电解		用数字表示，对主称、材料相同，仅性能指标、尺寸大小有差别；而基本不影响互换使用的产品，给以同一序号；若性能指标、尺寸大小明显影响互换，则在序号后面用大写字母作为区别代号
		C	瓷介	1	瓷介		箔式	其他	
		Y	云母	2	圆片	云母	箔式	非密封	
		I	玻璃釉	3	管形	非密封	烧结粉固体	非密封	
		○	玻璃(膜)	4	叠片	非密封	烧结粉固体	密封	
		B	聚苯乙烯	5	独石	密封	烧结粉	密封	
		F	聚四氟乙烯	6	穿心	—	固体	穿心	
		L	涤纶	7	支柱	—	—	—	
		S	聚碳酸酯	8	—		—	—	
							无极性		
		Q	漆膜						
		Z	纸介						
		J	金属化纸介		高压				
		H	混合介质	9	—				
		D	铝电解			高压	—	高压	
		A	钽电解	J	金属膜	—	特殊	特殊	
		N	铌电解	W	微调				
		G	合金电解						
		T	钛电解						
		E	其他						

5. 选 用

(1) 根据电路的需求选择合适的类型

一般在电路中用于低频耦合、旁路去耦等，电气性能要求不高时可以采用纸介电容器和电解电容器等。

低频条件下可选电解电容器，高频电路中则应选择云母电容器和瓷介电容器。

在振荡电路、延时回路、音调控制电路中，电容器的容量应尽可能和计算值一致。在各种滤波器和网络中，对电容量精度有更高要求，应选用高精度电容器来满足电路需求。

(2) 确定电容器的额定工作电压

电容器接入电路后，如果电路工作电压高于电容器额定电压，容易发生击穿而导致器件损坏。选用电容器时，应降额，使额定工作电压高于实际工作电压，并留有足够余量，防止电压波动损坏电容器。

(3) 尽量选择绝缘电阻大的电容器

绝缘电阻越小的电容器，漏电流越大，漏电流会导致电路工作失常或降低电路的性能。因此在选用电容器时，应选择绝缘电阻值足够高的电容器，特别是在高温和高压条件下使用。

(4) 考虑温度系数和频率特性

用于振荡器、滤波器等电路中的电容器温度系数大，容量随温度变化大，会使电路产生漂移,造成电路工作不稳定。此时要选用温度系数小的电容器,以确保其能稳定工作。

(5) 注意使用环境

使用环境直接影响电容器的性能和寿命。在工作温度高的环境中,电容器容易产生漏电并加速老化,因此在选择时,应选择温度系数小的电容器,并保持通风散热。寒冷条件下,要选择耐寒的电解电容器,在风沙条件或湿度大的环境下,选择气密封电容器。

2.2.3 敏感元器件和传感器

1. 敏感电阻器

(1) 定义及功能

敏感电阻器也称为半导体电阻器。常见的有热敏、压敏、光敏、湿敏、气敏等电阻器。敏感电阻器用途广泛,如热敏电阻器可用于航天中的卫星姿态控制、辐射能的探测和各种测温、控温;光敏电阻器用于自动控制设备;压敏电阻器用于电路保护。

热敏电阻器是对温度敏感的电阻器,其阻值随温度的改变而发生显著变化,可将温度直接转换成电量。在工作温度范围内,其阻值随温度升高而增加的热敏电阻器,称为正温度系数热敏电阻器,反之称为负温度系数热敏电阻器。

压敏电阻器是指伏安特性为非线性的电阻器。非线性是由于施加不同的电压引起的。在工作状态下,随着电压的微小变化,阻值急剧变化。用于在各种交流、直流电路中作限压、调幅、非线性补偿、函数交换和自动保护等。

光敏电阻器是利用半导体材料的光导电效应制成的,用于亮度自动调节、远距离电路切换,组成门电路和稳压电路等。还经常用于照明灯的自动开关、自动报警器中。选用时应根据所需要的特性来选择,例如用于开关电路的光敏电阻器,其相应时间和允许耗散功率是主要设计数据,灵敏度其次。

(2) 命名方法

我国的敏感电阻器型号命名由四部分组成,第一部分是主称,用字母表示,一般用 M 表示敏感元件;第二部分是类别,用字母表示。第三部分是用途或特征,用数字或字母表示。第四部分是序号,用数字表示。敏感电阻器的型号命名方法如表 2-4 所列。

2. 惯性器件及组件

惯性器件包括压力传感器、加速度计、陀螺。MEMS 压力传感器是(见图 2-5(a))将薄膜变形的能量转变为电能量(信号)输出的器件。它们用于测量多种绝对压力、大气绝对压力、燃料围栏压力、燃料蒸发压力、传送和刹车以及 HVAC(通风、供暖和空调)压力,侧边气囊破裂探测,乘客座位探测以及轮胎压力感应。

加速度计(图 2-5(b))是一种测量运动物体加速(或减速)的仪器。在当前市场上应用最广泛的微加速度计运用于汽车安全气囊的集成微加速度计。MEMS 加速度计可用于汽车安全气囊以及各类导航系统中。

陀螺(见图 2-5(c))是一种用于测量旋转速度或旋转角的仪器,运用于导航、刹车调节控制和加速度测量、虚拟现实三维鼠标等方面。MEMS 陀螺的主要特点是体积小、重量轻、成本低,在航天领域有广泛应用前景。

表 2－4　敏感电阻器的型号命名(第 2、3 部分)

第二部分(类别)		第三部分(用途或特征)									
字母	含　义	热　敏				光　敏		湿　敏		气　敏	
		数字	含义	数字	含义	数字	含义	数字	含义	数字	含义
Z	正温度系	1	普通	W	稳压	1	紫外光	C	测湿用	Y	烟敏
	数热敏	2	稳压	G	高压	2	紫外光	K	控湿用	K	可燃性
F	负温度系	3	微波	P	高频	3	紫外光				
	数热敏	4	旁热	N	高能	4	可见光				
Y	压敏	5	测温	K	高可靠	5	可见光				
S	湿敏	6	控温	L	防雷	6	特殊用				
Q	气敏	7	消磁	H	灭弧	7					
G	光敏	8	线性	Z	消噪	8					
C	磁敏	9	恒温	B	补磁	9					
L	力敏	0	特殊	C	消磁	0					

(a) 压力传感器

(b) 加速度计

(c) 陀　螺

图 2－5　MEMS 惯性器件

3. 生物传感器件

生物芯片(Biochip)技术是最近十几年内发展起来的、结合生物技术和微细加工技术的一门新技术。利用 MEMS 工艺,用硅片制作出了功能完备、价格低廉、携带方便的生物芯片,它往往集样品处理、检测、分析及结果输出为一体,成为一个微型的片上生物实验室,可以完成体液成分分析、DNA 成分分析等诸多功能。图 2－6 所示为安捷伦公司的生物芯片及其处理系统。

图 2－6　安捷仑公司的 Bioanalyzer 样品处理、分离、检测、分析集成于一体的系统

4. 其他敏感元件和传感器件

(1) MOEMS器件

MOEMS器件是微光机电器件的简称。这类器件包括微镜阵列、微光斩波器、微光开关、微光扫描器等。MEMS技术在通信网络中的一个重要应用就是利用微动微镜制作光开关矩阵。微动微镜可以采用上下折叠方式、左右移动方式或旋转方式来实现开关的导通和断开功能,如图2-7所示。

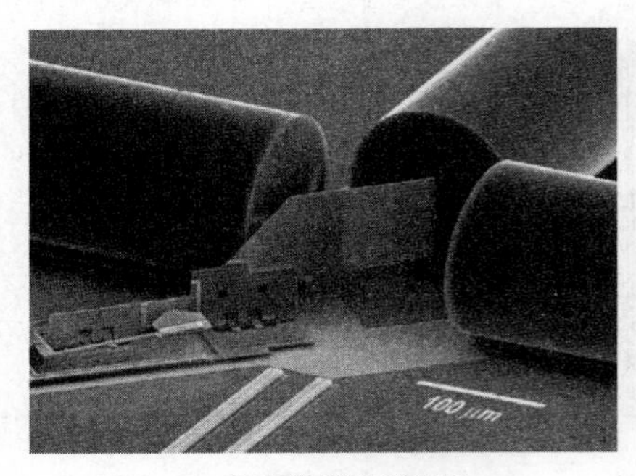

(a) 光开关原理示意图

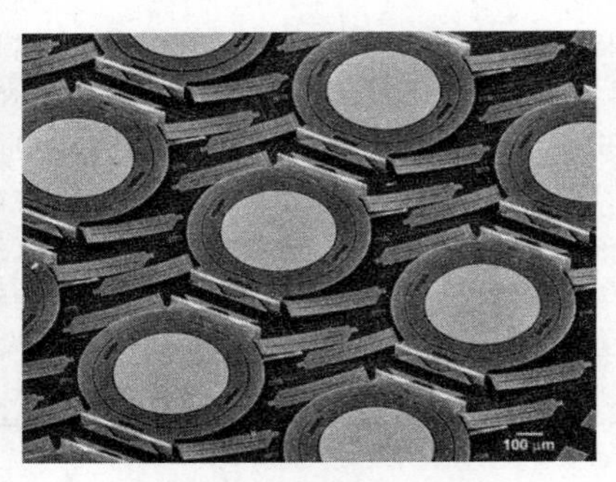

(b) 朗讯路由器中的微镜阵列

图2-7　MEMS光开关

(2) RF-MEMS器件

RF(Radio-Frequency)-MEMS器件(微机械射频器件)包括微型电感器、可调电容、微波导、微传输线、微型天线、谐振器、滤波器、移相器等。使用MEMS技术可以实现各个通信部件的微型化和集成化,可以提高信号的处理速度和缩小设备的体积。

2.2.4　开　关

1. 定义与功能

开关是一种在电路中起接通、断开、转换和连接等作用的元件,可将电信号从一个电路转移到另一个电路。

2. 分　类

按工作范围可分为电流电路转换开关和电源电路转换开关两类;按结构和操作形式可分为按钮开关、钮子开关、旋转开关、微动开关等,如图2-8所示。

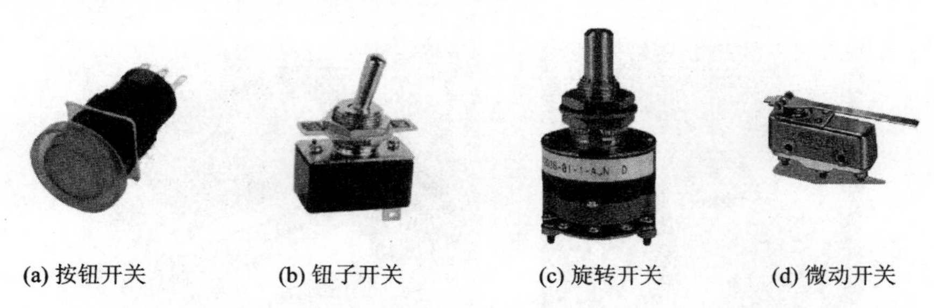

(a) 按钮开关　(b) 钮子开关　(c) 旋转开关　(d) 微动开关

图2-8　常见开关

（1）按钮开关

该开关具有体积小、重量轻、操作方便、转向可靠等特点，可根据需要进行多刀多位任意组合，广泛应用于电子产品中作电路转换用。

（2）钮子开关

开关节点的工作状态的转换是靠拨动其机构的钮子完成的。钮子开关具有安装容易、操作方便、接触可靠等特点，适合各种电子设备中作通断电源盒换接电路之用。

（3）旋转开关

该开关利用旋转操纵杆来转换节点的工作状态。其性能稳定，主要用于接通、承载和断开各种交流电路和电源电路。

（4）微动开关

通过施加微小动作和力量来接通和断开电路的。通常有一组接点。按下微动按钮，原来接通的触点断开，原来不通的触点接通。外力消失后，开关接点又恢复原来状态。常在电气装置中用作显微开关，或用于启动继电器的触发开关。

3. 特性参数

开关的主要参数有容量（包括额定电压、额定电流、额定功率）、接触电阻、绝缘电阻、耐压、动作力或动作力矩、寿命等。

4. 命　名

根据GJB/Z63《军用开关系列型谱》，旋转开关的命名主要包括两部分：第一部分用字母表示开关类型，KX代表普通旋转开关，KXP代表功率型旋转开关；第二部分用数字表示序号，以区别产品的外形尺寸和性能指标，例如028代表敞开式，额定电流为1A的旋转开关，又如004－1代表单轴、封闭式，而额定电流为2A的旋转开关。

微动开关、钮子开关、按钮开关等的命名方式与旋转开关类似，只是前面的字母代表不同类型的开关，后面的数字意义不同。例如KW028代表瞬动式，电流为7.5 A的微动开关，KNE14代表中间停位或自动复位的钮子开关。

5. 选用中的注意事项

开关在电路中的作用不仅是接通或断开一个电路，而是同时完成几个电路的通断工作。在选用开关时，应根据其电路数和每个电路的状态选择数来确定开关的掷数。对于按钮开关而言，则需确定位数，还要考虑开关的外形尺寸、安装尺寸及安装方式。

开关的技术参数是选择开关形式的重要依据，不管是哪种形式的开关，在选用时都要留有一定的余地，不能让开关满负荷工作。

选用开关时应注意以下事项：

① 应根据负载的性质选择开关的额定电流值。使用开关时启动电流是很大的，例如电极负载的冲击电流是稳态电流的6倍。如果选择的开关在要求的时间内承受不了启动电流的冲击，开关的触点就会出现电弧，使开关触点烧焊在一起或因电弧飞溅造成开关的损坏。

② 开关应用电路最高电压应小于开关额定电压。

③ 用于市电电源的开关应注意它的绝缘电阻，最好选用非金属操作零件的开关。

④ 由于开关在接通和断开电路时，触点结合的好坏会直接影响电路负载。在设计电路时应选用接触电阻小的开关；在设计小功率电路时，必要时应选用触点镀金的开关。

⑤ 由于开关用途极广，对于机械寿命和电气寿命的选择应根据使用的场合而定。在开关频繁开启、关断且负载不大的场合，选择开关时应着重考虑它的机械寿命；在开关承受较大功率的场合，选择开关应着重考虑电气寿命。

2.2.5　电连接器

(1) 定义与功能

电连接器是将一个电路或传输单元的导线与另一个电路或传输单元的导线相连接的元件。在各类电子系统中，电连接器在器件与器件、组件与组件、系统与系统之间进行电气连接和信号传递，是构成一个完整系统所必需的基础元件。

(2) 分　类

电连接器可分为低频连接器、射频连接器、组合连接器、特种连接器等，其中低频电连接器又可分为圆形连接器、矩形连接器、印制电路连接器、低频连接器等，其常见外形如图 2-9 所示。

(a) 圆形电连接器

(b) 矩形电连接器

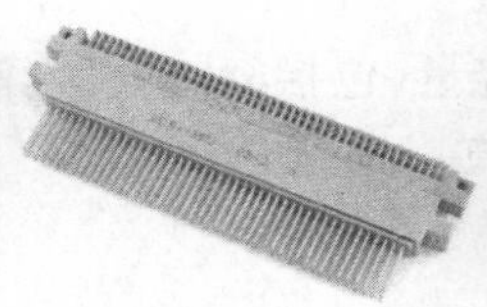
(c) 印制线路板电连接器

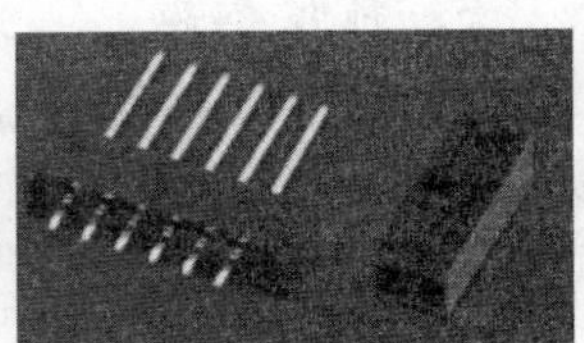
(d) 低频连接器

图 2-9　常见低频电连接器

(3) 特性参数与选用

① 额定电压：额定电压又称工作电压，主要取决于连接器所使用的绝缘材料和接触件之间的间距大小。连接器的额定电压事实上应理解为生产厂推荐的最高工作电压。同样，使用时应进行降额使用。

② 额定电流：额定电流又称工作电流。在连接器的设计过程中，是通过对连接器的热设计来满足额定电流要求的，由于接触件有工作电流流过时，会通过电连接器导体电阻和接触电阻，这样接触件将会发热。当其发热超过一定极限时，将破坏连接器的绝缘和形成接触件表面镀层的软化，造成失效。因此，在选择时应注意，对多接触件连接器而言，不同使用情况，额定电流是不同的。例如 $\phi 3.5$ mm 接触件，一般规定其额定电流为 50 A，但在 5 对接触件均通电时，每芯的额定电流只允许是 38 A，并在降低额定电流值下，再进一步降额使用。

③ 接触电阻：接触电阻是指两个接触导体在接触部分产生的电阻。在选用时要注意到两个问题：第一，连接器的接触电阻指标事实上是接触件电阻，它包括接触电阻和接触件导体电阻，通常导体电阻较小，因此接触件电阻在很多技术规范中被称为接触电阻。第二，在连接小信号的电路中，要注意给出的接触电阻指标是在什么条件下测试的，因为接触表面会附着氧化层、油污或其他污染物，两接触件表面会产生膜层电阻。在膜层厚度增加时，电阻迅速增大，使膜层成为不良导体。但是，膜层在高接触压力下会发生机械击穿，或在高电压、大电流下会发生电击穿。对某些小体积的连接器设计的接触压力相当小，使用场合仅为毫安和毫伏级，膜层电阻不易被击穿，可能影响电信号的传输。

④ 屏蔽性：在现代电气电子设备中，元器件的密度以及它们之间相关功能的日益增加，对电磁干扰提出了严格的限制。所以连接器往往用金属壳体封闭起来，以阻止内部电磁能辐射或受到外界电磁场的干扰。

⑤ 绝缘电阻：绝缘电阻是指在连接器的绝缘部分施加电压，从而使绝缘部分的表面内或表面上产生漏电流而呈现出的电阻值。它主要受绝缘材料、温度、湿度、污损等因素的影响。连接器样本上提供的绝缘电阻值一般都是在标准大气条件下的指标值，在某些环境条件下，绝缘电阻值会有不用程度的下降。另外，要注意绝缘电阻的试验电压值。

⑥ 耐压：耐压就是接触件的相互绝缘部分之间或绝缘部分与接地之间，在规定时间内所能承受的比额定电压更高而不产生击穿现象的临界电压。它主要受接触件间距、几何形状、绝缘体材料、环境温度和湿度、大气压力的影响。

(4) 命　名

各种电连接器的命名方法不尽相同，仅根据GJB/Z62.1《军用电连接器系列型谱-低频电连接器》举例说明。军用耐环境快速分离圆形电连接器的型号由五部分组成，第一部分用字母加数字表示的基本类型，例如JY341代表电缆固定圆形电连接器；第二部分用字母表示的类别，例如E代表封线体密封、导电外壳；第三部分用数字表示的外壳号，如8，10，12等；第四部分用数字表示的接触件号，如12，16，20等；第五部分用接触孔位排列号。

2.2.6　线圈、变压器和磁性元件

1. 电感器

(1) 定义与功能

电感器(电感线圈)是用绝缘导线绕制成的电磁感应元件。电感器根据线圈的自感作用原理工作，主要作用是对交流信号进行隔离，或与电容器、电阻器组成谐振电路或滤波电路。

(2) 分　类

电感器根据其磁芯类型可分为空芯电感器、磁芯电感器、铁芯电感器和铜芯电感器等。按容量是否可调分为固定电感器、可调电感器、微调电感器等。按照安装方式可分为立式电感器、卧式电感器和贴片电感器。常见电感器的外形如图2-10所示。

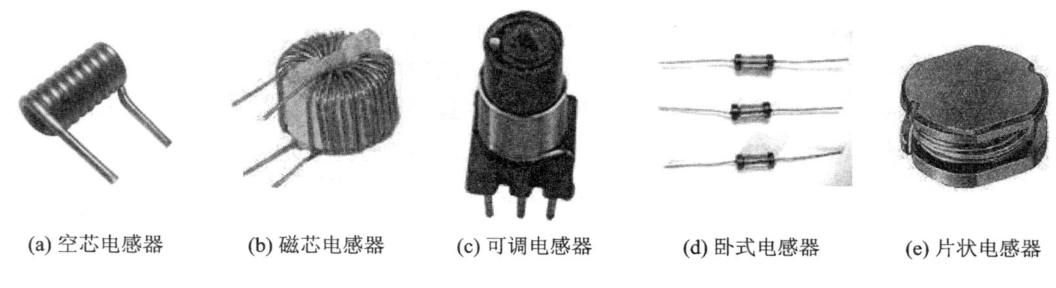

(a) 空芯电感器　(b) 磁芯电感器　(c) 可调电感器　(d) 卧式电感器　(e) 片状电感器

图2-10　常见电感器

电感器的种类很多，分类方法也不统一，比较常见的方法是按工作性质、绕线结构、导磁体性质和电感形式进行分类。根据结构和不同的特点，在各种电器设备中常见的电感有以下几种。

① 单层线圈:单层线圈的电感量通常很小,约为几毫亨(mH)到几十微亨(μH)。高频段一般要求电感值小,用单层线圈能满足要求,但是线圈的骨架需要有良好的高频特性,使工作时介质损耗较小。

② 多层线圈:在要求电感值比较大的情况下,单层线圈不能满足要求,但若采用多层线圈则体积会很大。为了满足大电感量要求,采用多层绕制的方法,也就是多层线圈。但是多层线圈分布电容增加,两端施加高电压时,容易发生跳火、绝缘击穿等问题。为了避免这些问题,可采用分段绕制的方法;或采用蜂房式绕制方法,体积小,分布电容下,电感量大。

③ 铁氧体磁芯电感:在空芯线圈中插入铁氧体磁芯,有利于增加电感量和提高品质因数。铁氧体磁芯形状多样,有棒形、环形、工字型、U型等。可用于变压器的磁芯。

④ 振荡线圈:振荡线圈由骨架、线圈、调节杆或螺纹磁芯屏蔽罩等组成,广泛用于不同振荡电路中。振荡线圈的骨架一般用耐热、阻燃的材料制造,线圈用高强度漆包线绕制。

(3) 特性参数

电感线圈的主要参数包括电感量和允许误差、品质因数、标称电流值、分布电容、稳定性等。

变压器的主要参数指标包括变压比、效率、频率响应等。电源变压器的主要技术参数包括额定功率和额定频率、额定电压和电压比、电压调整率、空载电流、温升、绝缘电阻。

(4) 命　名

电感线圈的型号命名分为四部分。第一部分用字母表示主称,L代表线圈,ZL代表阻流圈;第二部分用字母表示特征;第三部分用字母表示电感线圈的形式;第四部分用字母表示代号。

(5) 选　用

绝大多数的元器件都由生产部门根据规定的标准和系列进行生产,供使用部门选用。而电感元件则是一个例外,除了一部分电感元件,如固定电感器、阻流圈、振荡线圈和一些专用电感元件是按规定标准生产外,有许多电感元件是非标准元件,设计选用尤其应该注意可靠性方面的要求。

2. 变压器

(1) 定义与功能

变压器是一种传递电能的静止电器。它能把某一电压或电流的交流电转换成同频率的另一电压或电流的交流电。在电子线路中,变压器经常被用来作为阻抗变换或隔离元件。

变压器的基本工作情况是通过一个共同的磁路,把两个或两个以上的联接到不同电路上的线圈组匝连在一起,通过电磁感应,在电路之间实现能量的传递。这共同的磁路部分称为铁芯,被匝连的线圈组称为绕组。为了减少交变磁通在铁芯中产生的铁芯损耗,变压器铁芯一般用厚0.35～0.5 mm的电工钢片叠压而成,并且在每片电工钢片的两面涂有绝缘漆,作为片间绝缘。

(2) 分类与用途

变压器按相数来分,有三相变压器和单相变压器,如图2-11(a)与(b)所示;按铁芯形状来分,有芯式变压器(绕组包围铁芯柱)和壳式变压器(铁芯包围绕组),如图2-11(c)与(d)所示。芯式变压器结构较简单,绕组的绝缘和装配也比较容易,飞机上也用芯式变压器。只有小功率的变压器采用壳式变压器,如电子设备上用的电源变压器等。

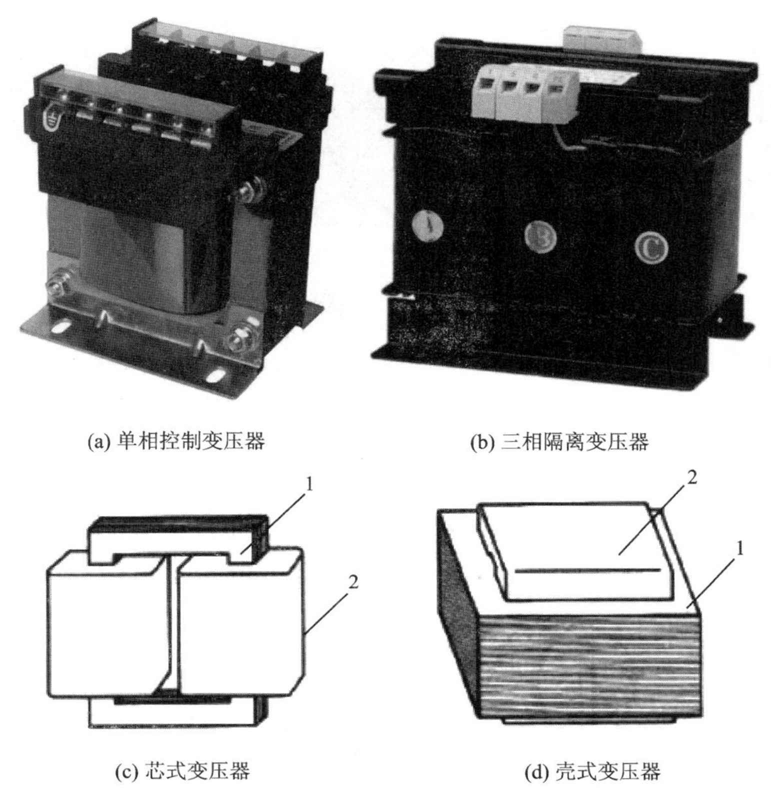

(a) 单相控制变压器 (b) 三相隔离变压器

(c) 芯式变压器 (d) 壳式变压器

图2-11 变压器结构

变压器的结构主要由铁芯和绕组两大部分组成。航空变压器的工作频率高(400 Hz),常采用0.2 mm或0.08 mm的冷轧硅钢带卷成的铁芯,经胶合后再锯成两半以便装配,称为C形铁芯。

变压器的绕组由初级绕组和次级绕组组成。两个绕组均由绝缘铜线烧成,互相绝缘并套在同一铁芯上或分别绕在两个铁芯柱上。航空和小型变压器一般采用自然空气冷却,大容量变压器常浸泡在变压器油中,以加强绝缘并改善冷却效果。

2.2.7 继电器

1. 定义与功能

继电器是利用电磁原理、机电原理使接点闭合或断开来驱动或控制相关电路的。继电器为一种控制元件,有受控系统(输入回路)和控制系统(输出回路)两部分。当输入量(电、磁、光、热等物理量)达到某一定值时,输出量跃变式地由零变化到一定值(或由一定值突跳到零),从而实现对电路的控制、保护、调节和传递信息等目的。

2. 分 类

继电器可分为电磁、固体、真空和簧管式继电器等,继电器外形如图2-12所示。

电磁继电器是继电器中应用最早最广泛的一种产品。工作原理是利用电磁感应原理,当

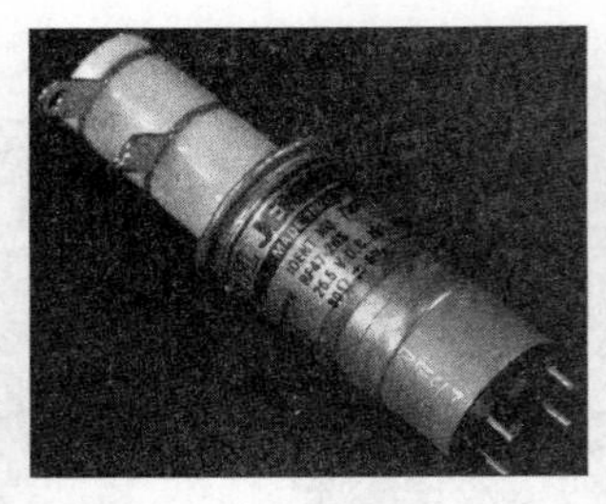

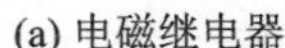

(a) 电磁继电器 (b) 固体继电器 (c) 真空继电器 (d) 簧管式继电器

图 2-12 常见继电器

线圈中通过直流时,线圈产生磁场,静接点打开,动接点闭合。当电磁线圈的电流被切断后,动接点打开,静接点闭合。继电器是可靠性较差的元器件。例如电磁继电器,由于具有电磁及机械可动系统,影响可靠性的因素较多。电磁继电器内部在接点换接过程中伴随着一系列的物理和化学现象,导致接点的电腐蚀,引起接触不良及黏结等失效。据统计,电磁继电器失效有75 %是由于接触失效所致。

固体继电器是一种全部用电子器件组成的无触点开关器件。利用电子器件(如晶体管、双向可控硅等半导体器件)的开关特性,可达到无触点无火花接通和断开电路的目的,因此又称它为无触点开关。

固体继电器与普通继电器相比具有开关速度快、无机械触点、无电弧、无噪声、耐冲击、抗腐蚀等优点,特别是驱动电压低,电流小,适合用于自动系统作控制执行部件。

真空继电器是利用真空技术德尔继电器。使用磁路部分零件,磁路部分的主要作用是将电的变化变成磁的变化并将它传递到衔铁部分。由于这一部分经常需要将真空与大气隔开,所以对原材料的组成、密封部位的尺寸有较高要求。从结构上可以分成两大类:

① 排气式结构:其特点是有排气管,需要通过真空排气台进行排气。衔铁动作机构位于真空系统内部,控制电流流过线圈产生的电磁力使置于真空内的铰链衔铁动作,带动动触点动作,完成开断或接通动作。

② 膜片式结构:其特点是不需要进行排气,其真空系统通过真空焊接炉直接获得,衔铁机构位于真空室外,衔铁的运动通过弹性密封膜片传入真空室内部。

3. 特性参数

继电器种类繁多,主要的技术参数包括动作电压(电流)正常值和最大值、保持电压(电流)正常值和最大值、释放电压(电流)正常值和最大值,线圈直流电阻、静态接触电阻、动作时间、绝缘电阻等。

4. 命 名

军用固体继电器的命名,由军用零件号字母J,详细规范号及筛选等级符号组成。

军用热延时继电器的命名由军用字母J、详细规范号和序号组成。

5. 选用注意事项

要正确选择继电器,首先要了解继电器所控制的对象,即被控回路的性质、特点以及对继电器的要求等;其次,对继电器本身的各种特性,原理、使用条件、技术参数、结构工艺特点以及规格型号等,有全面的掌握与认真分析,做到正确选用和使用继电器。电磁继电器由于可靠性较低，因此在航空航天部门中限制使用，即尽可能减少使用；如需选用，则应选择有可靠性指标的国家军用元器件合格产品目录中的继电器。

具体的原则有：

① 继电器的主要技术性能，如触电载荷，动作时间参数，机械和电气寿命等，应满足整机系统的要求。

② 继电器的结构类型（包括安装方式）与外形尺寸应能适合使用条件的需要。

③ 经济合理。

选用电磁继电器一般遵循以下步骤：

（1）按照输入的信号确定继电器种类

不同作用原理或结构特征的继电器，其要求输入的信号的性质不同。例如热继电器利用热效应动作；电磁继电器是由控制电流通过线圈产生的电磁吸力实现触点开、闭。这就要求使用前首先按照输入信号性质选择继电器种类。

电流继电器要求恒流源电路条件，即回路有较大的阻抗与之串联，它本身阻抗对回路电流影响很小。

（2）按使用环境条件选择继电器型号

环境温度的升高会加速绝缘老化，对温度继电器、热继电器来说，会直接影响保护特性的变化，对电磁继电器来说，某些绝缘材料的变形使产品结构参数和动作参数发生变化。故应选择适用于工作环境温度的继电器。

振动和冲击会改变继电器的机械特性，影响使用可靠性。例如电磁继电器在振动条件下会引起谐振，导致结构损坏或触点接触压力变化，影响正常工作，应选择振动加速度满足要求的继电器。低气压和潮湿会影响继电器的使用可靠性，故应选密封型继电器，尤其在航空、航天产品中使用。

（3）根据输入量选定继电器的输入参数

选择继电器时，应首先看继电器技术条件规定的工作电压是否与电路提供的电压相符合。

（4）根据负载情况选择继电器触点的种类与参数

根据电路需要的触点数量和电流确定触点有关参数，如工作电压、电流，还需要考虑电路负载的性质（阻性、感性、电机负载），继电器对于不同负载的切换能力是不同的。

（5）根据安装工作位置和安装方式

大部分继电器能在任意位置工作，但安装设计时应尽量避免电磁继电器中触点或衔铁动作方向与振动方向一致。

2.2.8　半导体分立器件

1. 二极管

（1）定义与功能

半导体二极管是由半导体单晶材料制成，具有两个电极的器件。几乎所有的电子电路中都要用到半导体二极管，它在许多的电路中起着重要的作用，是诞生最早的半导体器件之一，其应用也非常广泛，包括整流、稳压、限幅、检波、温度补偿、电子开关等。

（2）分　类

二极管分类方法很多，按照材料可分为锗、硅、砷化镓和磷化镓二极管；按照用途和功能可分为稳压、整流、开关二极管、变容、检波、肖特基、阻尼、雪崩和微波二极管等;按照结构可分为点接触型和面接触型二极管;按照封装形式可分为塑封、玻璃封装、金属封装二极管。常见二极管如图2-13所示。

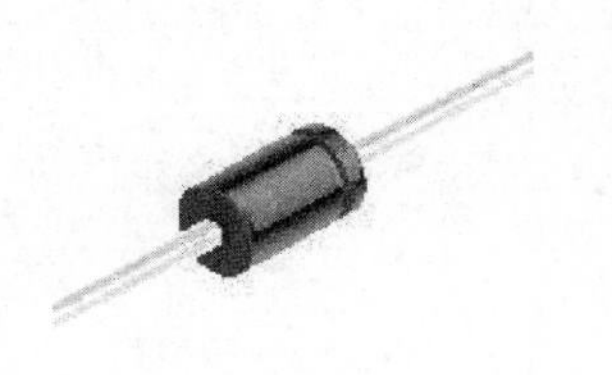
(a) 开关二极管

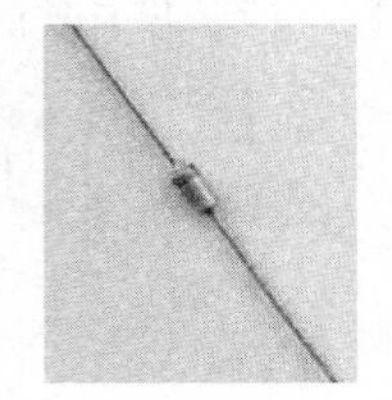
(b) 玻璃封装稳压二极管

(c) 贴片开关二极管

图2-13　常见二极管

整流二极管是利用PN结的单向导电性能,把交流电变成脉动的直流电,用于各种整流电路、供电电路、节电电路、稳压电路等。整流二极管的主要参数是正向电路和最高工作电压。

检波二极管是将高频调制载波信号中的低频信号检出来,还可以用于限幅、削波、调制、混频和开关等电路。

稳压二极管的正向特性与普通二极管相同,反向特性不同。需要注意的是,稳压二极管在电路上应用时一定要串联限流电阻,不能让二极管击穿后电流无限增长,否则将立即烧毁。硅稳压管可用作直流稳压源,还可与其他元件组成稳压电路。在脉冲电路中可作为脉冲限幅器、脉冲检波器;在开关电路中作为稳频稳幅的对称多谐振荡器。

开关二极管是利用二极管在反偏状态下呈现电阻很大的特性制成的电子开关,在电路中对电流进行控制,起到接通和关断的开关作用。开关二极管由于寿命长、可靠性高、开关速度高,具有体积小,易于程序控制的特点,被广泛用于自动控制设备等的开关电路中。

变容二极管是利用PN结空间电荷层具有电容特性的原理制成的特殊二极管。所有的PN结都可以看成一个小的电容器。变容二极管的电容量受控于所加反压,因而通过调节电压来控制电容量变化。变容二极管可取代电容器,与电感器组成谐振电路,还可以用于各种高频放大器的频率合成器中。

瞬变抑制二极管是在稳压管工艺技术基础上发展起来的过压保护二极管,主要对电路进行快速过压保护。

(3) 特性参数

二极管有很多参数,这些参数反映了管子的各种特性,这些参数为设计电路提供了依据,主要有最大正向直流电流、最高反向工作电压、最高工作频率、反向电流等。

(4) 命　名

① 国产二极管型号由五部分组成,如表2-5所列。

② 美国半导体分立器件型号命名方法。美国半导体器件的型号命名方法较混乱,这里介绍美国电子工业协会(EIA)电子元件联合委员会(JDEEC)制定的标准命名法。它规定半导体分立器件由5个部分组成,第一部分为前缀,第五部分为后缀,中间三个部分为基本部分,其符号和意义如表2-6所列。

表 2-5　国产半导体分立器件的型号命名(GB249)

第一部分		第二部分		第三部分		第四部分	第五部分
用数字表示器件的电极数目		用汉语拼音字母表示器件的材料和极性		用汉语拼音字母表示器件的分类		用数字表示器件序号	用汉语拼音字母表示规格号
符号	意义	符号	意义	符号	意义	符号	意义
2	二极管	A	N 型锗材料	P	小信号管		
		B	P 型锗材料	V	混频检波管		
		C	N 型硅材料	W	电压调整管和		
		D	P 型硅材料		电压基准管		
3	晶体管	A	PNP 型锗材料	C	变容管		
		B	NPN 型锗材料	Z	整流管		
		C	PNP 型硅材料	L	整流堆		
		D	NPN 型硅材料	S	隧道管		
		E	化合物材料	K	开关管		
				……	……		
				X	低频小功率管		
				G	高频小功率管		
				D	低频大功率管		
				A	高频大功率管		
				T	闸流管		
				Y	体效应管		
				B	雪崩管		
				J	阶越恢复管		

表 2-6　美国电子工业协会半导体器件分立型号命名方法

第一部分		第二部分		第三部分		第四部分		第五部分	
用符号表示器件用途的类别		用数字表示PN结数目		美国电子工业协会(EIA)注册标志		美国电子工业协会登记顺序号		用个字母表示器件分档	
符号	意义	符号	意义	符号	意义	符号	意义	符号	意义
JAN	军级	1	二极管	nN	该器件	多位	该器件	A	同一型
JANTX	特军级	2	晶体管		已在美国	数字	在美国	B	号器件
JANTXV	超特军级	3	三个 PN		电子工业		电子工	C	的不同
JANS			结器件		协会		业协会	D	档别
(无)	宇航级	n	n 个 PN		(EIA)		(EIA)		
	非军用品		结器件		注册		登记		
					登记		顺序号		

例如:JAN2N3251A为PNP硅高频小功率开关晶体管,相当于中国型号:3CK14F。又如:2N2109为NPN硅台面型低频大功率晶体管,相当于中国型号3DD173A。

(5) 选　用

半导体二极管种类、型号很多,性能参数差别也很大,选用时应注意:

① 根据电路实际功能需要选用不同性能的二极管：二极管多是根据能完成的功能命名的，例如检波二极管作用主要是检波，而调谐或调频电路应选用变容二极管。选择整流管时，应先了解整流器输入电压、输出电压、整流电路形式等。

② 根据整机和电路板体积选择二极管外形：二极管的封装形式多样，不同封装形式管子性能相差不大时，根据使用的要求选择二极管外形。

2. 晶体管

(1) 定义与功能

晶体管是半导体基本元器件之一，是电子电路的核心元器件，它的电流放大作用是通过控制基极电流的大小使集电极电流发生变化而实现的。

(2) 分　类

晶体管按照材料可分为锗管、硅管、砷化镓晶体管；按照极性可分为 NPN 型和 PNP 型；按照用途和功能可分为开关、带阻、达林顿管、高反压功率管、微波功率管等；按照结构可分为扩散型、合金型、平面型；按频率分为低频晶体管(特征频率 $f_T \leqslant 3$ MHz)、高频晶体管($f_T >$ 3 MHz)；按照封装形式可分为塑料封装、玻璃封装、金属封装、表面封装、陶瓷封装晶体管。国产晶体管的型号命名与二极管相同，如表 2－5 所列。常见晶体管外形如图 2－14 所示。

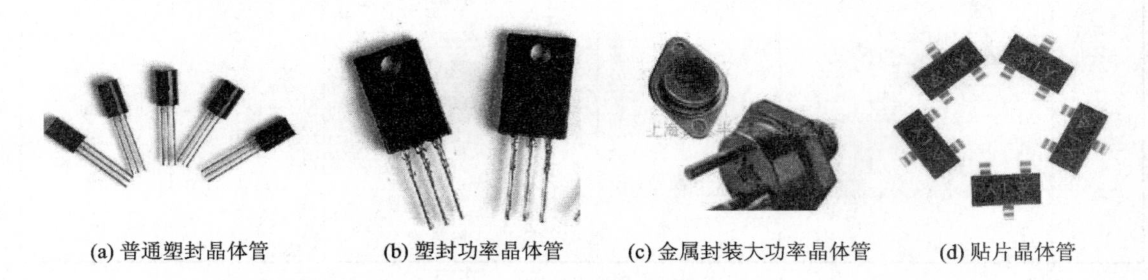

(a) 普通塑封晶体管　(b) 塑封功率晶体管　(c) 金属封装大功率晶体管　(d) 贴片晶体管

图 2－14　晶体管外形

低频小功率晶体管主要指特征频率在 3 MHz 以下，功率小于 1 W 的晶体管，主要用于各种电子设备中作低放、功放管。一般工作在小信号状态，此时晶体管的放大特性接近线性。

高频小功率晶体管一般指特征频率大于 3 MHz，功率小于 1 W 的晶体管，主要应用于高频振荡、放大电路中。

低频大功率晶体管指特征频率小于 3 MHz，功率大于 1 W 的晶体管，品种较多，应用于低频功率放大电路中，也可用于大电流输出稳压电源中作为调整管，低速大功率开关电路中作开关管。

高频大功率晶体管指特征频率大于 3 MHz，功率大于 1 W 的晶体管，用于无线电通信等设备中作功率驱动、放大，也可用于低频功率放大或开关、稳压电路。

磁敏晶体管是利用载流半导体电流方向垂直外界的磁场时，在垂直于电流和磁场的方向上产生霍尔电压的现象而制成的一种把磁量直接转换为电量的器件，具有温漂小、线性度好、稳定可靠的优点，用于转速计、无刷电机等无触点开关等。

(3) 特性参数

表征晶体管特性的参数很多，可分为直流参数、交流参数和极限参数三类。直流参数包括共发射极直流电流放大系数、反向电流、击穿电压。交流参数主要包括共发射极交流电流放大系数、共基极交流放大系数和特征频率。极限参数包括最高允许结温、反向击穿电压、集电极最大允许电流、集电极最大允许耗散功率等。

(4) 命　名

国产晶体管的型号、命名由数字和汉语拼音字母组合而成，其型号组成部分的符号及其意义可参考二极管的型号命名方法(见表 2-5)。

(5)选用中的注意事项

① 根据电路功能对晶体管电性能要求进行选用：例如高频电路中选用高频管，直流放大电路中应选用对管或场效应差分对管，功率驱动电路应按电路频率、功率选择功率管等。

② 根据晶体管的主要特点进行选用：晶体管的电参数很多，有直流参数、交流参数、极限参数，对开关管还有开关参数(时间)等。选用时，应按照要求逐项考虑这些参数的适用性。

③ 根据整机体积对晶体管外形要求进行选用：整机向小型化、薄型化和轻型化方向发展，选择片状晶体管可以满足这方面的要求。

④ 根据晶体管的性能价格比选用：金属封装晶体管可靠性好，但成本较高。塑料封装虽可靠性稍差，但成本较低。对于一般使用情况下可选用塑料封装。航空航天领域高可靠的环境下选用金属封装。

3. 闸流晶体管

(1) 定义与功能

闸流晶体管简称为晶闸管，又称作可控硅整流器，简称为可控硅。晶闸管起控制电流作用，是交流电流开关器件，可实现对电量的开关、电机调速、调温、调光等。

晶闸管利用控制极的微弱触发电流来导通，用电流的瞬时关断或反向流动等操作来关断。

(2) 分　类

晶闸管可分为普通、双向、逆导和门极关断晶闸管等种类。图 2-15 所示为常见晶闸管外形。

普通晶闸管是只能进行单一方向的电路控制的直流用晶闸管，在直流电路中具有无触点直流开关的作用等。

图 2-15　晶闸管外形

高频晶闸管的导通时间和关断时间较长，允许电流上升率较小，因此工作频率受到一定限制。当在较高频率工作时，因开关损耗随功率增加而增加，会产生过热，为此采用了特殊制造工艺，使导通与关断时间短，可以在几百赫到几千赫下工作。快速晶闸管是一种对开关时间等瞬态参数有特别要求，可以在 400 Hz 以上频率工作的反向阻断型晶闸管。其中可在 10 kHz 或以上频率下工作的快速晶闸管称为高频晶闸管，其动态参数指标比一般的快速晶闸管高。

双向晶闸管具有正反两个方向都能控制导通的特性，而且具有触发电路简单、工作稳定可靠等优点，在各种交流调压和无触点交流开关电路中得到广泛应用。

(3) 特性参数

晶闸管的主要参数包括正向阻断峰值电压、反向阻断峰值电压、额定正向平均电流、正向平均压降、维持电流、控制极触发电流、控制极触发电压、控制极不触发电流、通态电流临界上升率等。

(4) 命　名

根据国标GB249《半导体分立器件型号命名方法》,晶闸管的命名方法包括四部分,第一部分用3代表晶体管类,第二部分用字母C表示PNP型硅,第三部分用T代表晶闸管,第四部分用数字代表额定正向平均电流,如3CT1,3CT5,…,3CT20。

(5) 选用中的注意事项

① 根据电路的要求选用晶闸管:在直流电路中,通常选用一般晶闸管,而双向晶闸管也可选用。在交流电路中,一只晶闸管是半波型,两只晶闸管产生全波型。普通晶闸管的速度可满足通常的工业频率使用状态。当要求判断时间特别短时,需要高频晶闸管。

② 根据使用环境选用最佳的晶闸管电流容量:晶闸管的电流,要考虑正常电流、冲击电流,有时还要考虑元器件发生失效所产生的过电流。

晶闸管的电流容量不是越大越好。电流越大,为了使它导通所需的控制极触发电流越大,增加了发热量。因此需要选用与使用环境相匹配的电流容量。

③ 兼顾关断时间与耐压度:晶闸管的耐压越高,价格越高。对于高频晶闸管,耐压越高,电阻率上升速度越慢,因此要兼顾关断时间与耐压度,不要顾此失彼。

需要根据最恶劣的使用条件选择耐压,要考虑到电源电压的变动、负载变动造成的电压波动,在选择晶闸管耐压时留有一些余量,如电源电压100 V时选择300 V,一般按照交流电源电压的3倍来确定耐压值。

2.2.9　微电路

1. 定　义

微电路(也称集成电路)是采用半导体工艺,在一块较小的单晶硅片上制作出许多晶体管及电阻器、电容器等元器件,并按照多层布线或隧道布线的方法将元器件组合成完整的电子电路。

2. 分　类

按照处理的信号类型,微电路可分为模拟集成电路、数字集成电路、数模混合电路。模拟集成电路用来产生、放大、处理各种模拟信号,数字集成电路则用来产生、放大、处理各种数字信号。按用途微电路也可分为接口电路、电源电路、射频电路、专用电路、霍尔电路、存储器、微处理器、微波集成电路等。按制造工艺可分为半导体集成电路、厚薄膜混合集成电路。按照规模可分为小规模集成电路(Small Scale Integrated circuites,SSI),中规模集成电路(Medium Scale Integrated circuites,MSI),大规模集成电路(Large Scale Integrated circuites,LSI),超大规模集成电路(Very Large Scale Integrated circuites,VLSI),特大规模集成电路(Ultra Large Scale Integrated circuites,ULSI)。按照器件类型分为双极型(BJT)集成电路,单极型(MOS)集成电路,Bi-CMOS型集成电路。各种集成电路有不同的封装外形常见的如图2-16所示。

3. 命　名

我国微电路的命名方法:根据国家标准GB3430的规定,微电路的型号包括五部分。第一部分用字母C表示中国国标产品;第二部分用字母表示器件类型;第三部分用数字和字母表示器件的系列品种;第四部分用字母表示工作温度范围;第五部分用字母表示封装形式,如表2-7所列。

图 2-16　常见集成电路外形

表 2-7　我国微电路型号命名方法

第二部分		第三部分		第四部分		第五部分	
用字母表示器件类型		用数字和字母表示器件的系列品种(对于 TTL 电路)		用字母表示工作温度范围		用字母表示封装形式	
符号	意　义	符号	意　义	符号	意　义	符号	意　义
T	TTL 电路	54/74＊＊＊	国际通用系列	C	0～70 ℃	F	多层陶瓷扁平(FP)
H	HTL 电路	54/74 H ＊＊＊	高速系列	E	－40～＋85 ℃	B	塑料扁平
E	ECL 电路	54/74L＊＊＊	低功耗系列	G	－25～＋70 ℃	H	黑瓷扁平
C	CMOS 电路	54/74S＊＊＊	肖特基系列	L	－25～＋85 ℃	D	多层陶瓷双列直插
μ	微型机电路	54/74LS＊＊＊	低功耗肖特基	M	－55～＋125 ℃	J	黑瓷双列直插
F	线性放大器	54/74AS＊＊＊	系列	R	－55～＋85 ℃	P	塑料双列直插
W	稳压器	54/74ALS＊＊＊	先进肖特基系列			S	塑料单列直插
D	音响、电视电路		先进低功耗			T	金属圆壳
B	非线性电路	54/74F＊＊＊	肖特基系列			V	金属菱形
J	接口电路		高速系列			C	陶瓷芯片载体
AD	A/D 转换器					E	塑料芯片载体
DA	D/A 转换器					G	网络针栅阵列
SC	通信专用电路					SOIC	小引线封装
M	存储器					PCC	塑料芯片载体封装
SS	敏感电路					LCC	陶瓷芯片载体封装
SW	钟表电路						
SJ	机电仪电路						
SF	复印机电路						

微电路的品种型号繁多，至今国际上对微电路型号命名尚无统一标准，各生产厂都按自己所规定的方法对其进行命名。一般情况下，国外微电路制造公司将自己的名称缩写成字母或者公司的产品代号放在型号的开头，然后是器件编号、封装形式和工作温度范围。

微电路的优点包括体积小、重量轻、寿命长、成本低，这些优点决定其能够实现规模化加工生产。在微电路的深化发展下，计算机由原来房屋大小成为如今轻便可携带产品，将成为推动人工智能发展的最核心要素之一。

2.2.10　光电子器件

半导体光电器件包括光敏二极管、光敏晶体管、发光二极管、LED 数码管、光耦合器等，如

图2-17所示。

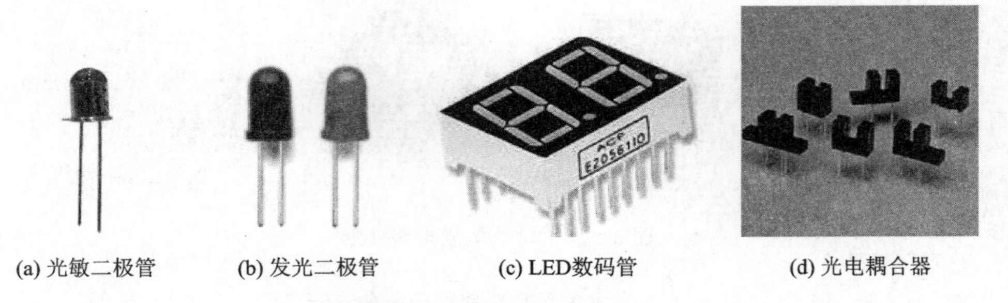

(a) 光敏二极管　(b) 发光二极管　(c) LED数码管　(d) 光电耦合器

图2-17　几种光电子器件

光敏二极管又称光电二极管,和普通二极管一样,是由一个PN结组成的半导体器件,具有单向导电特性。但在电路中不是用作整流元件,而是通过它把光信号转换成电信号,用于对光信号的探测,如图2-17(a)所示。

光敏晶体管的结构与普通晶体管基本相同,但工作情况不同。光敏晶体管具有两个PN结,基本原理与光敏二极管相同,外形也很相像。但是,它不仅能和光敏二极管一样,把入射光信号变成光电信号输出,同时能把光电流放大,因此具有更高的灵敏度。

发光二极管是半导体二极管的一种,可以把电能转化成光能,简称LED((Light Emitting Diode)。由镓(Ga)与砷(As)、磷(P)的化合物制成的二极管,当电子与空穴复合时能辐射出可见光,因而可以用来制成发光二极管,在电路及仪器中作为指示灯,或者组成文字或数字显示。图2-17(b)为发光二极管,(c)为发光二极管组成的LED数码管。

光电耦合器(图2-17(d))是以光为媒介,用来传输电信号的器件。通常是把发光器与受光器封装在同一管壳内,当输入端加电信号时,发光器发出光线,受光器接受光照后就产生光电流,由输出端引出。光电耦合器广泛用于电气隔离、电平转换、级间非电耦合、开关电路中。

习　题

2.1 写出下列器件在GJB 8118中对应的分类编码前四位:

(a)碳膜微调电阻器;

(b)多层瓷介电容器;

(c)场效应晶体管;

(d)功率MOSFET;

(e)交流异步电动机;

(f)电磁继电器;

(g)变压器。

2.2 简述GJB 8118的分类原则和方法是什么?

2.3 对于高单价贵重元器件,最合适的可靠性表征参数是(　　)。

A. 失效率　B. 平均寿命　C. 环境适应性　D. 质量等级

2.4 固定电容器按介质分类,包括(　　)。

A. 有机介质电容器　B. 无机介质电容器　C. 空气介质电容器　D. 电解电容器

2.5 按电路功能和信号类型分，微电路可分为(　　)。

A. 数字集成电路　B. 模拟集成电路　C. 数模混合电路　D. Bi－CMOS 型集成电路

2.6 某三极管的额定功率时 1 W，使用时当该三极管的功率达到 1.1 W 时(　　)。

A. 立即损坏　B. 不会损坏　C. 长期使用会损坏　D. 长期使用不会损坏

2.7 多选：与电阻可靠性相关的参数有(　　)。

A. 温度系数

B. 额定电压

C. 固有噪声

D. 最大工作电压

E. 额定功率

2.8 多选：对于器件失效的情况，并不是完全损坏才算失效，也包括(　　)。

A. 完全丧失原定功能

B. 部分功能丧失

C. 关键参数法发生变化

D. 有严重损伤或隐患，继续使用会失去可靠性及安全性

第3章 电子元器件制造技术

3.1 半导体集成电路制造技术

3.1.1 发展历程

集成电路英文为Integrated Circuit，缩写为IC，顾名思义，就是把一定数量的常用电子元器件，如电阻器、电容器、晶体管等，以及之间的连线，通过半导体工艺集成在一起的具有特定功能的电路。

1954年，美国Bell实验室开发出氧化、光掩膜、刻蚀和扩散等工艺，这些工艺是集成电路制造的基础。1958年，德州仪器公司的Jack Kilby发明了集成电路，它是一个具有五个集成元件的简单振荡电路，电路中的晶体管、二极管、电阻器和电容器等全部制造在了同一个硅片上，从此集成电路取代了晶体管，并大幅度降低了成本，使微处理器的出现成为了可能，开创了电子技术历史的新纪元。1958年后期，仙童公司的物理学家Jean Hoerni开发出一种在硅上制造PN结的技术，并在结上覆盖了一层薄的硅氧化层作绝缘层，在硅二极管上蚀刻小孔用于连接PN结。Sprague电子的物理学家Kurt Lehovec开发出使用PN结隔离元件的技术，解决了连线问题。1959年，仙童公司的Robert Noyce通过在电路上方蒸镀薄金属层连接电路元件来制造集成电路，从此平面工艺开启了复杂的集成电路时代，并一直沿用到今天。1960年Bell实验室开发出外延沉积/注入技术，即将材料的单晶层沉积/注入到晶体衬底上。1961年，仙童和德州仪器共同推出了第一款商用集成电路。1963年，仙童半导体公司制造出第一片由MOS(Metal Oxide Semiconductor，金属氧化物半导体)工艺制造的集成电路，同年仙童公司的Frank Wanlass提出并发表了互补型MOS集成电路的概念。外延沉积/注入技术广泛用于双极型和亚微米CMOS(Complementary Metal Oxide Semiconductor，互补金属氧化物半导体)产品的加工。今天，CMOS技术是应用最广泛的高密度集成电路的基础。1966年，Bell实验室使用较为完善的硅外延平面工艺制成了第一块公认的大规模集成电路(单位平方厘米的面积内集成了上千只晶体管和上百只电阻)。1971年，Intel公司推出世界上第一款微处理器4004，同年，IBM公司提出集成注入逻辑结构技术来扩大双极型电路的集成度。1985年7月，Intel公司推出32位的80386微处理器。1989年2月，第一块80486微处理器芯片在Intel公司出炉。

1965年，仙童半导体公司的研发主管Gordon Moore指出：微处理器芯片的电路密度，以及它潜在的计算能力，每隔一年翻番。后来，这一表述又修正为每18个月翻番。这也就是后来闻名于IT界的“摩尔定律”。

Gordon Moore在20世纪60年代提出了摩尔定律，到现在50多年来，摩尔定律一直是芯片和处理器行业的第一定律。随着芯片集成晶体管和线路密度的增加，芯片的复杂性和差错率呈指数增长，一旦芯片上的线条宽度达到纳米数量级，集成电路的承载材料硅片的物理和化学性能将会发生质变，导致现有的半导体器件不能正常工作，也就会使摩尔定律走向尽头，退出历史舞台。

通常用“集成度”来反映集成电路芯片的设计与制造技术水平，它表示以单个管芯为单位，所包含（或称为集成）的晶体管个数。随着半导体技术向微电子技术的发展，集成电路以极快的速度经历了小规模集成电路（Small Scale Integrated circuits，SSIC）、中规模集成电路（Medium Scale Integrated circuits，MSIC）、大规模集成电路（Large Scale Integrate circuits，LSIC）、超大规模集成电路（Very Large Scale Integrate circuits，VLSIC）、特大规模集成电路（Ultra Large Scale Integrate circuits，ULSIC）、巨大规模集成电路（Giga Scale Integration circuits，GSIC）等若干发展阶段。

3.1.2　基本工艺流程

集成电路制造工艺流程是以圆形的硅片为基础，在初始硅片上经过氧化、光刻、掺杂、薄膜淀积等步骤的单独使用或组合重复使用（见图 3－1），制作出器件，再通过电极制备、多层布线实现各器件间的互连，进而实现一定的功能，完成芯片的制造，最后再经过老炼、封装、测试成为成品。通常芯片制造称为前工艺，封装、测试等称为后工艺。

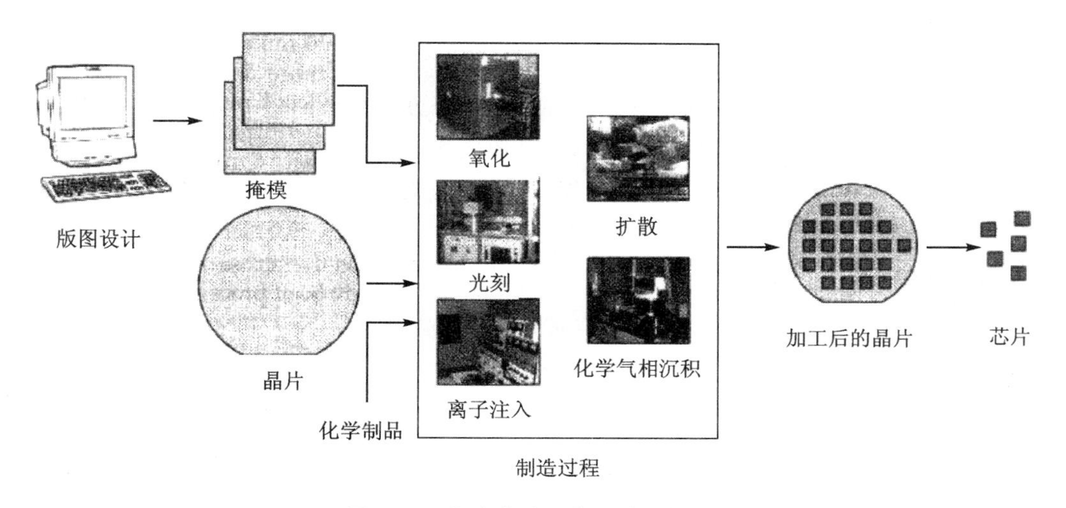

图 3－1　集成电路芯片制造工艺流程

1. 硅片制备

硅是用来制造芯片的主要半导体材料，也是半导体产业中最重要的材料。生产硅圆片包括三个基本步骤：多晶硅生产、单晶生长、硅圆片制造。天然硅石必须要提炼出非常纯净的硅材料，从而把硅在原子级的微缺陷减到最小，减少对半导体性能的影响。用来制作芯片的高纯度硅被称为半导体级硅（Semiconductor-Grade Silicon，SGS），从天然硅中获得达到生产半导体器件所需纯度的 SGS 需要经过如下过程：首先在还原气体环境中，将石英石原料经过 1 600～1 800 ℃的高温还原得到粗硅；为了提纯粗硅，先将其氯转化为三氯硅烷气体，利用精馏法进行提纯，而后经过高温氢还原成半导体级硅。这种生产 SGS 的工艺称为西门子工艺，三氯硅烷和氢气被注入到西门子反应器中，在加热的超纯硅棒上进行化学反应，几天后工艺结束，得到的淀积 SGS 棒被切成小片用于单晶硅生长，生长后的单晶硅被称为硅锭。

单晶硅的制备一般有直拉法和区熔法两种方法,其中直拉法是生长单晶硅最常用的一种方法。图3-2(a)是采用直拉法生长单晶硅的原理图。首先将预处理好的半导体级硅装入炉内石英坩埚中,抽真空或通入惰性气体。多晶硅原料被加热器充分加热熔化后,再将籽晶插入熔体之中,控制合适的温度,使之达到过饱和温度,边旋转边提拉,熔融的多晶硅会沿籽晶结晶,并随籽晶的逐渐上升而生长成棒状单晶。

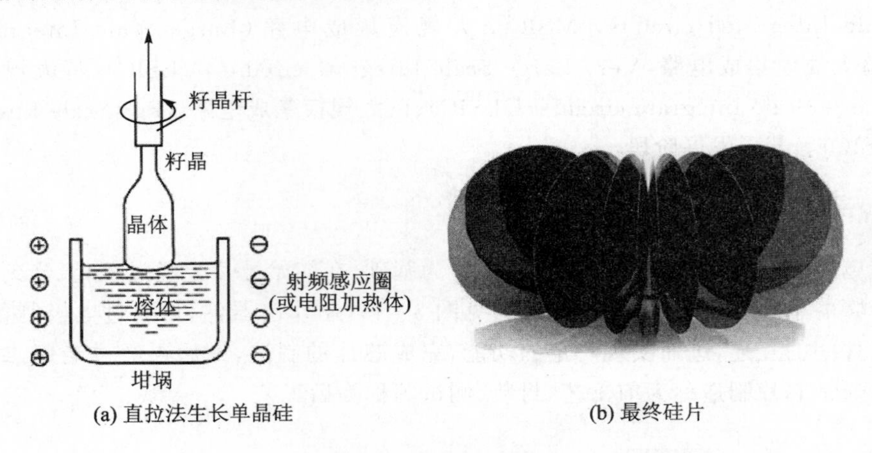

(a) 直拉法生长单晶硅　　(b) 最终硅片

图3-2　硅片加工

单晶硅生长好后还要经过晶体热处理、切断、滚磨开方、切片、倒角、磨片、化学腐蚀、抛光、清洗,以及几何尺寸和表面质量检测等工序,最终形成图3-2(b)的硅片。硅片加工工序的主要目的是修正尺寸、形状和平整度等物理性能,减少不期望的表面损伤数量以及消除表面沾污和颗粒。

2. 氧　化

在硅基表面上生长一层氧化层是硅基集成电路制造技术的一个重要的步骤。当硅暴露在氧气中时,会立刻生长一层无定形的 SiO_2 氧化膜。SiO_2 薄膜能紧紧黏附在硅衬底上,并具有优良的介质特性。二氧化硅对某些元素,如硼、磷、砷、锑等具有掩蔽的作用,即这些杂质在二氧化硅中的扩散系数远小于在硅中的扩散系数,从而实现选择扩散。除了作为硅表面选择性掺杂的有效掩蔽层外,二氧化硅薄膜还可以作为器件的保护层,用来隔离和保护硅内的器件;作为表面钝化层,防止电性能退化并减少由潮湿、离子或其他外部沾污引起的电路变化;二氧化硅薄膜还可以作为绝缘介质层和电容器的介质膜等。

在半导体制造中,氧化层的一些重要质量参数有厚度、均匀性、针孔和空隙等。二氧化硅薄膜质量的好坏,对器件的成品率和性能影响很大。因此,要求二氧化硅薄膜表面无斑点、裂纹、白雾、发花和针孔等缺陷,薄膜厚度达到指定指标并保持均匀和结构致密,对薄膜中可动带电离子,特别是钠离子的含量有明确的要求。

在硅片表面上生长二氧化硅薄膜的方法有很多,如热氧化法、掺氯氧化法、热分解淀积法、溅射法、真空蒸发法、外延生长法和阳极氧化法等。其中热氧化制备二氧化硅掩蔽能力最强,因此应用也最为广泛。

热氧化法是指通过把硅暴露在高纯度的氧或水气中,在高温下(900～1 200 ℃)经过化学反应生成二氧化硅的过程,如图3-3所示。热氧化法生长的二氧化硅,其中的硅来源于硅表面，即硅表面处的化学反应使硅转移到二氧化硅中。这样随着反应的进行，硅表面的位置将会不断向硅内方向移动。因此，硅的热氧化界面洁净，氧化剂中的污染物留在二氧化硅的表面。

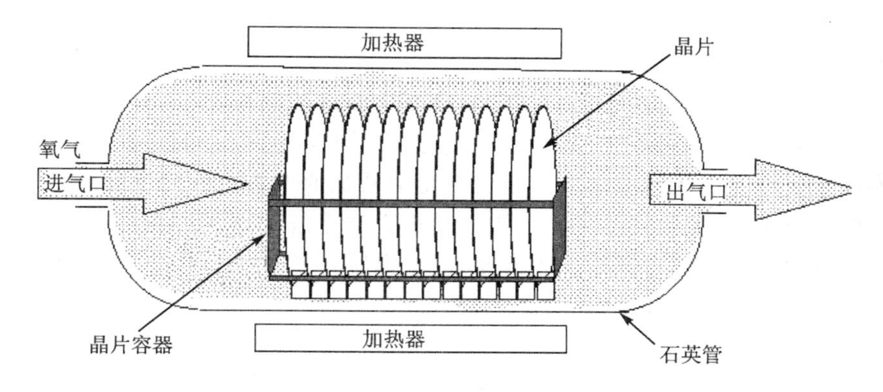

图 3－3　热氧化工艺

根据氧化剂的不同，热氧化法分为干氧氧化、水气氧化和湿氧氧化法。干氧氧化是以干燥纯净的氧气作为氧化气氛，在高温下氧直接与硅反应生成二氧化硅。其化学反应方程式为

$$Si(固)+O_2(气)\rightarrow SiO_2(固)$$

水气氧化是以高纯水蒸气为氧化气氛，由硅片表面的硅原子和水分子反应生成二氧化硅。水气氧化的氧化速率比干氧氧化的高。而湿氧氧化实质上是干氧氧化和水汽氧化的混合，氧化剂是氧和水的混合物，其比例由水气与氧混合的情况而定。湿氧氧化的氧化速率介于干氧氧化与水气氧化之间。湿氧的化学反应方程式为

$$Si(固)+2H_2O(水气)\rightarrow SiO_2(固)+2H_2(气)$$

干氧和湿氧氧化设备简单、操作简便、易于掌握，生长的氧化膜质量较好，性能较稳定，因而得到了广泛的应用。实际生产中，通常结合干氧氧化和湿氧氧化的优点，采用干氧－湿氧－干氧的方法来制备氧化层。这种方法生成的氧化层，既避免了干氧氧化慢的缺点，又保证了二氧化硅表面和 SiO_2/Si 界面的质量，避免了单一湿氧氧化表面易在光刻时会产生浮胶的缺点。

3. 图形转移

图形转移是将集成电路的单元构件图形从掩膜板转移到硅片上的工艺，包括光刻和刻蚀两部分。虽然光刻和刻蚀是两个不同的加工工艺，但因为这两个工艺只有连续进行，才能完成真正意义上的图形转移，通常在工艺线上，这两个工艺是放在同一工序的，因此，有时也将这两个工艺步骤统称为光刻。

光刻是一种将图像复印同刻蚀（化学刻蚀、物理刻蚀或两者兼而有之）相结合的综合性技术，常规的光刻工艺包括以下几个基本步骤：清洗烘干成底膜、旋转涂胶、前烘、对准和曝光、显影、坚膜、腐蚀、去胶等工艺。

清洗烘干的目的是去除硅片上的沾污物，形成干燥的硅片表面，增强硅片和光刻胶之间的黏附性。硅片清洗包括湿法清洗和去离子水，大多数的硅片清洗工作在进入光刻工作间之前进行。脱水烘干是在一个封闭腔内完成，以除去吸附在硅片表面的大部分水气。脱水烘干后的硅片立即要用六甲基二硅胺烷（HMDS）成底模，以起到黏附促进剂的作用。

旋转涂胶是成膜处理后，立即采用旋转的方法在硅片上涂上液相光刻胶材料，直至在硅片表面形成一层薄膜。光刻胶是由光敏化合物、基体树脂和有机溶剂等混合而成的胶状液体，根

据对紫外光的响应不同而分为负性光刻胶(光致抗蚀)和正性光刻胶(光致不抗蚀)。负性光刻胶的未感光部分能被适当的溶剂溶解,而感光的部分则留下,所得到的图形与光刻掩膜版的图形相反。正性光刻胶的感光部分能被适当的溶剂溶解,而留下未感光的部分,所得到的图形与光刻掩膜版的图形相同。

前烘是在一定的温度下,使硅片上的光刻胶膜里面的溶剂缓慢地、充分地逸出来,使胶膜充分干燥,以增加光刻胶的黏附性、耐磨性和均匀性。图 3-4(a)为旋转涂胶、前烘步骤。

对准和曝光是将涂有光刻胶的硅片定位在光学系统的聚焦范围内,将硅片的对准标记与掩膜板上匹配的标记对准后,用紫外光或激光通过光学系统和掩膜板图形进行投影。曝光部分的光刻胶将在显影液中的溶解性发生改变,经显影后在光刻胶上得到和掩膜板对应的图形。图 3-4(b)为放置掩膜板,图 3-4(c)为曝光步骤。

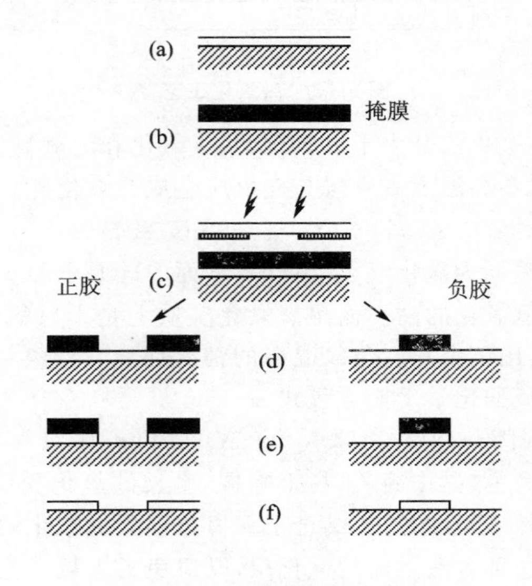

图 3-4 光刻工艺流程

显影是利用化学显影液将曝光后的基片上应去除的光刻胶溶解去除,以形成与掩膜板对应的图形。显影决定了光刻胶图形是否是掩膜板图形的真实再现,对随后的工艺加工十分关键。光刻胶显影的早期方法是将一盒硅片固定浸没在显影液中,在大规模生产的今天,此方法已不再适用,目前用于旋覆硅片显影的技术主要有两种:连续喷雾显影和旋覆浸没显影。连续喷雾显影是将显影液以雾的形式喷洒到真空吸盘上以很慢的速度旋转的硅片表面,旋覆浸没显影与连续喷雾显影使用相同的基本设备,喷到硅片上的少量显影液形成水坑形状,进而对光刻胶进行溶解。

坚膜是在一定温度下,将显影后的硅片进行烘干处理,除去显影时胶膜所吸收的显影液和残留水分,改善胶膜与基片间的黏附性,增强胶膜的抗蚀能力,以消除显影时所引起的图形变形。图 3-4(d)为显影和坚膜。

腐蚀又称为刻蚀,是用适当的腐蚀剂,将未被胶膜覆盖的二氧化硅或其他性质的薄膜去除掉,按照光刻胶膜上已经显示出来的图形,进行完整、清晰、准确的腐蚀,达到选择性扩散或金属布线的目的,如图 3-4(e)所示。它是影响光刻精度的重要环节。

刻蚀分为湿法刻蚀和干法刻蚀。湿法刻蚀是将刻蚀材料浸泡在腐蚀液内进行腐蚀的技术。它是一种纯化学刻蚀方法，具有优良的选择性，刻蚀完当前的薄膜就会停止，而不会损坏下面一层其他材料的薄膜。目前，湿法工艺一般被用于工艺流程前面的硅片准备阶段和清洗阶段。而在图形转换中，干法刻蚀已占据主导地位。干法刻蚀是利用低压放电产生的等离子体中的离子或游离基与材料发生化学反应或通过轰击等物理作用而达到刻蚀的目的。反应离子刻蚀(Reactive Ion Etching，RIE)和高密度等离子体 (High-Density Plasma，HDP)刻蚀等是目前较先进的工艺，具有各向异性刻蚀和选择性刻蚀的特点。

去胶工序是常规光刻工艺的最后一道工序，简单地讲，是使用特定的方法将经过腐蚀之后还留在表面的胶膜去除掉。通常，采用的去胶方式有溶剂去胶、氧化去胶和等离子体去胶等方式。如图 3－4(f)所示。

由于许多设备和工艺的改进，光刻技术的分辨能力也得到了延伸。光学光刻技术的改进主要包括：减小紫外光源波长、提高光刻工具的数值孔径、化学放大深紫外光刻胶、分辨率提高技术(如相移掩膜和光学临近修正)、硅片平坦化(化学机械抛光，CMP)以减小表面凹凸度、先进的光刻设备(如步进光刻机和步进扫描光刻机)等。这些改进是近年来光刻技术(如亚波长光刻技术)的基础。新兴的代替光学光刻技术的研究也在进行中，如极紫外(EUV)光刻技术、离子束投影光刻技术(IPL)、角度限制投影电子束光刻技术(SCALPEL)和 X 射线光刻技术等。随着半导体器件、集成电路的性能及集成度的提高，光刻图形的结构越来越复杂，光刻线条越来越细，光刻工艺在集成电路制造过程中的工艺位置将会更为重要。

4. 掺　杂

本征硅的晶体结构由硅的共价键形成，其导电性能很差。只有当硅中加入少量杂质，使其结构和电导率发生改变时，硅才能成为一种有用的半导体，这个过程称为掺杂。无论是二极管、双极型晶体管还是 MOS 晶体管，都要制造各种的 N 型与 P 型的半导体区域。在硅中掺杂锑、砷和磷可以形成 N 型材料，而掺入硼则可以形成 P 型材料。

在集成电路制造工艺中，主要的掺杂技术手段为高温热扩散法和离子注入掺杂技术。前者是利用高温(约 800 ℃以上)来驱动杂质由高浓度区往低浓度区扩散，从而进行硅的掺杂。后者则是通过高压离子轰击靶将杂质直接注入硅片内。早期的半导体掺杂手段，大都采用高温扩散方式进行，但随着集成电路的集成度增加，传统扩散方式已经无法精确地控制杂质的分布形式和浓度了。离子注入掺杂技术具有掺杂浓度控制精确、位置准确等优点，成为现代晶片制造中主要的掺杂工艺。

5. 薄膜淀积

集成电路芯片制造过程实质上就是在硅衬底上多次反复制备各种性质的薄膜、光刻与掺杂等过程来实现的。所谓薄膜，是指一种在衬底上生长的薄固体物质。半导体制造中的薄膜制备是指任何在硅片衬底上物理淀积一层膜的工艺，各种膜的功能不同，有金属膜、钝化膜、绝缘膜等。例如用于电路元器件之间互连的导电材料就要靠金属淀积工艺完成。又如，为了保护互连的电路不受潮气和污染的影响，要用气相沉积的方法将二氧化硅或氮化硅绝缘层或钝化层覆盖在芯片电路上。

随着集成电路制造技术的发展，薄膜的制备技术也日趋成熟，主要有氧化和气相沉积方法。气相沉积制备薄膜的工艺又可分为两类基本方式：物理气相沉积(Phyisical Vapor Deposition，PVD)，化学气相沉积(Chemical Vapor Deposition，CVD)。

(1) 物理气相沉积

物理气相沉积是指在真空条件下,采用物理方法将材料源(固体或液体)表面气化成气态原子、分子或部分电离成离子,并通过低压气体或等离子体过程,在基片或衬底表面沉积具有某种特殊功能薄膜的技术。目前,物理气相沉积技术制备薄膜的方法种类很多,按照沉积物理机制的差别,可分为真空蒸镀、溅射镀膜、离子镀、分子束外延(molecular beam epitaxy,MBE)和脉冲激光沉积(pulsed laser deposition,PLD)等。物理气相沉积不仅可沉积金属膜、合金膜,还可以沉积化合物、陶瓷、半导体和聚合物等膜。物理气相沉积具有过程简单,对环境友善、无污染、耗材少、成膜均匀致密且与基片的结合力强等优点,在超大规模集成电路为主的电子学、太阳能电池、各种薄膜敏感元件和材料表面处理等领域有广泛的应用。

(2) 化学气相沉积

化学气相沉积技术是指利用含有薄膜元素的一种或几种气相化合物或单质,在衬底表面上进行化学反应生成薄膜的技术。化学气相沉积技术包括金属有机化合物化学气相沉积技术、等离子化学气相沉积、激光化学气相沉积以及超声波化学气相沉积。由于具有淀积温度低、薄膜成分和厚度易于控制、均匀性和重复性好、设备简单等一系列优点,化学气相沉积技术是半导体生产过程中最重要的薄膜淀积方法,可以用于提纯物质、研制新晶体、沉积各种单晶、多晶或玻璃态无机薄膜材料,在保护涂层、微电子技术、超导技术、太阳能利用等领域具有广泛的应用。

6. 键合、封装

集成电路的键合、封装过程包括芯片的粘接、键合互连和器件封装三部分。首先需要对已经制作完成的集成电路晶圆片进行减薄和划片,分割成许多独立完整的单个芯片。再将芯片装配到管壳底座或引线框架上,使芯片与底座形成良好的电接触和散热结构,然后在芯片键合区与外引线端或外引线框架间键合内引线,实现芯片与引出端的电连接。封装是采用塑料、金属或陶瓷的封装形式把芯片包封起来,从而得到有效的机械、绝缘等方面的保护,使器件在各种环境和工作条件下都能够稳定、可靠地工作。具体的键合、封装工艺将在第4章进行详细讲解。

按封装材料的不同,封装可分为金属封装、陶瓷封装和塑料封装,其中,金属及陶瓷封装属于气密封装,塑料封装属于非气密封装。不同的封装材料对应的封装工艺也不同。

7. 成品检测

为确保芯片的功能,上述工艺完成后要对每一个被封装的集成电路进行检测,以满足制造商的电学和环境的特性参数要求。集成电路成品检测合格后才能出货。

3.2　混合集成电路制造技术

混合集成电路技术是采用混合技术,将膜集成技术制造的无源元件、互连、片式无源元件及半导体技术制造的有源器件(包括半导体集成电路芯片)采用灵活组装技术组装在一起所形成的集成电路。膜集成技术包括厚膜技术、薄膜技术和两者的结合。

按照制造互连基片工艺的不同,混合集成电路分为厚膜混合集成电路和薄膜混合集成电路。厚膜电路与薄膜电路的区别有两点:一是膜的厚度的区别,厚膜电路的膜厚一般在几微米至几十微米，薄膜的膜厚大多小于 1 μm；二是制造工艺的区别，这是它们具有不同技术特性的真正原因。厚膜电路一般采用丝网印刷工艺，是一种非真空成膜技术；薄膜电路采用的是真空蒸发、磁控溅射等工艺方法，是一种真空成膜技术。图 3－5 为厚膜电路和薄膜混合电路。

与薄膜混合集成电路相比，厚膜混合集成电路的特点是设计更为灵活、工艺简便、成本低廉，特别适宜于多品种小批量生产。厚膜混合电路常用在高压、大电流、大功率、耐高温混合集成电路以及较低频段的微波集成电路方面。薄膜混合集成电路常用在高精度、高稳定性、低噪声电路以及微波集成电路，抗辐射电路方面。

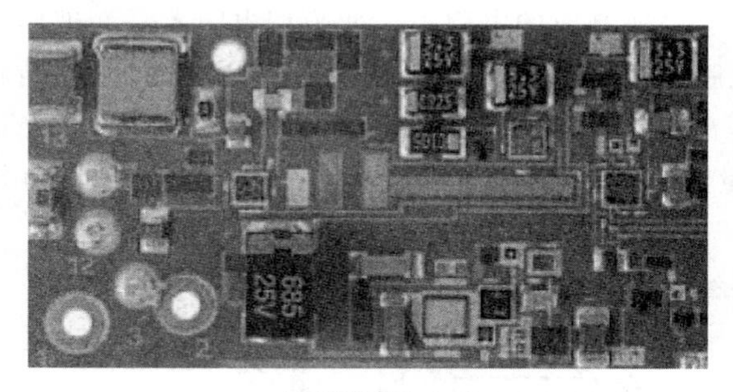

(a) 厚膜混合电路

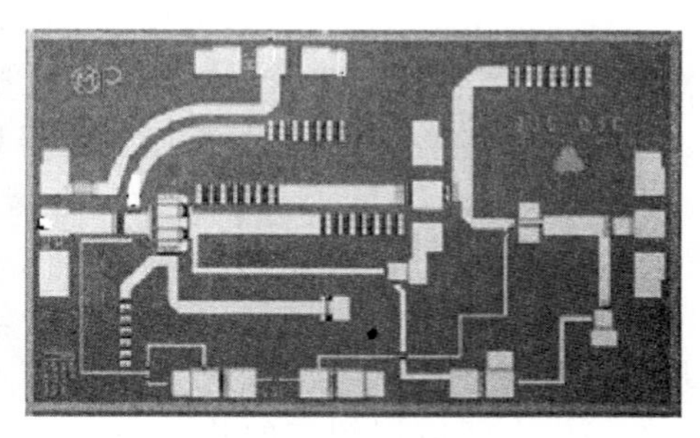

(b) 薄膜混合电路

图 3－5　混合集成电路

3.2.1　厚膜工艺

厚膜是采用丝网印刷工艺，在陶瓷基板上印刷上导电带、绝缘体、电阻、保护膜等的浆料，而后用力推动刮板使浆料透过网孔淀积到基板上，印刷好浆料的基板先在烘箱中进行烘干，然后在高温烧结炉中进行烧结。

在丝网印刷时一般只把阻值印刷到设计值的 50 %～80 %，再利用激光调阻机进一步调整阻值，提高电阻值精度。

3.2.2　薄膜工艺

薄膜混合集成电路是利用蒸发淀积、溅射等基本工艺，将组成电路的电子元件以膜的形式制作在绝缘基片上所形成的集成电路，其基本工艺包括基板加工、制版、薄膜制备、光刻、电镀等。

3.3　无源元件制造技术

3.3.1　无源元件概述

无源元件是指在不需要外加电源的条件下就可以显示其特性的电子元件。电路中主要的无源元件包括电阻器、电容器和电感器等，这些元件在电路中起着许多非常重要的作用，如分压、退耦、抑制噪声、滤波、调谐及反馈等。

3.3.2　电阻器的制造

电阻器是用电阻材料制成的、有一定结构形式、能在电路中起限制电流通过作用的二端电子元件。阻值不能改变的称为固定电阻器,阻值可变的称为电位器或可变电阻器。电阻器是电路元件中应用最广泛的一种,主要用途是稳定和调节电路中的电流和电压,也可作为分流器、分压器和负载使用。

电阻器根据电阻体所用的材料可分为:合金型、薄膜型、厚膜型和合成型四大类。合金型电阻器是指用块状电阻合金线或块状电阻合金箔所制成的电阻器。薄膜型电阻器是在玻璃或陶瓷基体上,用各种工艺方法淀积一层电阻膜制成的。其膜厚从几纳米到几百纳米,包括碳膜、金属膜、金属氧化膜等。厚膜型电阻器是在陶瓷基体上,印刷一层金属玻璃电阻浆料,经烧结而形成电阻膜。其膜厚一般以微米来衡量。合成型电阻器的电阻体是由导电颗粒和有机(或无机)黏合剂组成,可以制成薄膜和实芯两种形式,如合成碳膜、合成实芯和金属玻璃釉电阻器等。

本书仅介绍应用较广的片式薄膜电阻器的生产工艺。片式薄膜电阻器的结构如图3-6所示,其制造工艺流程为:在已预制沟槽的陶瓷基板上印刷正面电极→印刷背面电极→高温烧结→印刷电阻体→高温烧结→印刷保护玻璃→高温烧结→激光调阻→印刷保护玻璃→印刷标志→端电极制成→高温烧结→端面处理→成品测量→筛选→入库交付。

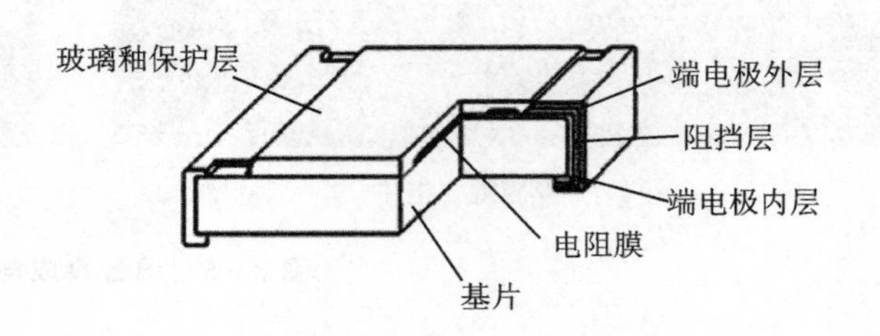

图3-6　片式薄膜电阻器结构

3.3.3　电容器的制造

电容器是由两个金属电极,中间夹一层介质层构成。电容器是使用最广、用量最大的电子元件,其产量约占电子元件的40%。作为一种储能元件,广泛应用于隔直、耦合、旁路、滤波、调谐回路、能量转换和控制电路等方面。

电容器按照介质材料的不同,主要分为三大类:电解电容器、无机介质电容器和薄膜电容器,每一大类中还可再分为许多小类。各种电容器的结构和生产工艺各不相同。下面主要介绍应用广泛的钽电解电容器的主要结构和生产工艺。片式固体钽电容结构如图3-7所示。

目前生产的钽电解电容器主要有烧结型固体、箔形卷绕固体、烧结型液体等三种,其中烧结型固体钽电解电容器占目前生产总量的95%以上,以非金属密封型的树脂封装式为主体。随着小型化、片式化配合表面安装技术的发展,片式固体钽电容器已逐渐成主流。

片式固体钽电解电容器的大致工艺流程包括:混粉→压制成型→去粘合剂→烧结→试容→点焊组架→形成→被膜→中测→浸石墨、银浆→粘接→模压→喷砂→端头处理→切筋→老炼→再流焊→打标→成品测量→外观检查→编带→包装。

下面就部分主要工序进行简要的介绍。

混粉:改善钽粉流动性、提高钽块的多孔性,保护模具。

压制成型:操作人员首先根据成型单写明的钽粉,依照工艺要求,混入一定比例的溶剂。这个过程需要不断的搅拌,必须使用充分的均匀混合,待经过一定的时间,溶剂挥发以后,通过

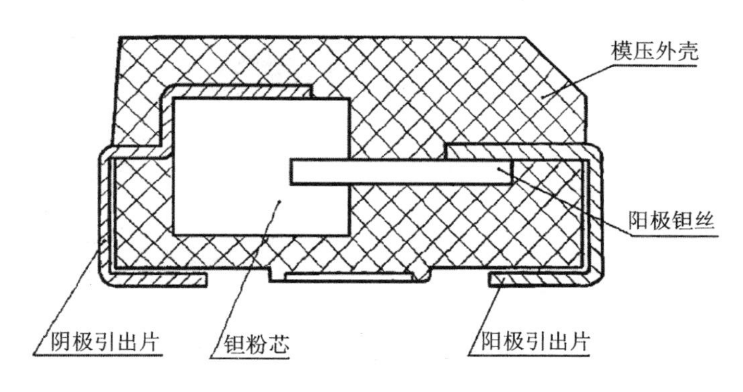

图 3-7 片式固体钽电容结构

成型设备将混合的钽粉和钽丝压制成阳极钽块。

去黏合剂:去除钽块中的黏合剂,使钽块呈多孔性,减少对烧结炉的污染。

烧结:将去除黏合剂的钽块通过烧结炉进行烧结,使其具有一定的机械强度。

试容:烧结过程中,由于炉温的细微差别,因而导致不同坩埚的钽芯子形成电压不一致,需要通过试容来确定每一个烧结坩埚钽块的形成电压。

点焊组架:把单个钽芯子穿上垫片,再点焊到钢条上,最后组装成整架产品。

形成:利用电化学的方法,在阳极钽块表面生成一层致密的无定型态的绝缘五氧化二钽(Ta_2O_5)氧化膜,作为钽电解电容器的介质层。

被膜:目的是在形成好的钽芯子上被覆二氧化锰,以形成电容器的阴极。该工序的工艺十分复杂,针对不同比容的钽芯子所采用的工艺也会大大的不同。被膜工序的二氧化锰被覆情况直接影响钽电容的容量引出。

中测:检查和判定钽芯子电性能参数是否满足预期要求。

浸石墨、银浆:减小阴极引出层的接触电阻,提高钽芯子表面导电性,改善阴极引出。

粘接:浸渍完石墨、银浆后电参数和尺寸合格的钽芯子阳极进行点焊,将阴极黏接在载带上,引出电容器的正、负极。

模压:将电容器钽芯子模压封装起来,提高电容器的机械性能和抗环境影响电性能的能力。

3.4 微机电系统加工技术

微机电系统(MEMS,Micro-Electron-Mechanical System)也叫微电子机械系统,是集微传感器、微执行器、微机械结构、微电源、处理器和控制电流、高性能电子集成器件、接口、通信等于一体的微型器件或系统。MEMS 是一项革命性的新技术,常用的产品包括 MEMS 加速度计、MEMS 麦克风、MEMS 光学传感器、MEMS 压力传感器、MEMS 陀螺仪、MEMS 湿度传感器等。

微机电系统加工技术是在半导体制造技术基础上发展起来的,融合了光刻、腐蚀、薄膜、LIGA、硅表面微加工、体硅微加工、非硅微加工和精密机械加工等技术。图 3-8 所示为微机电系统加工的类型。

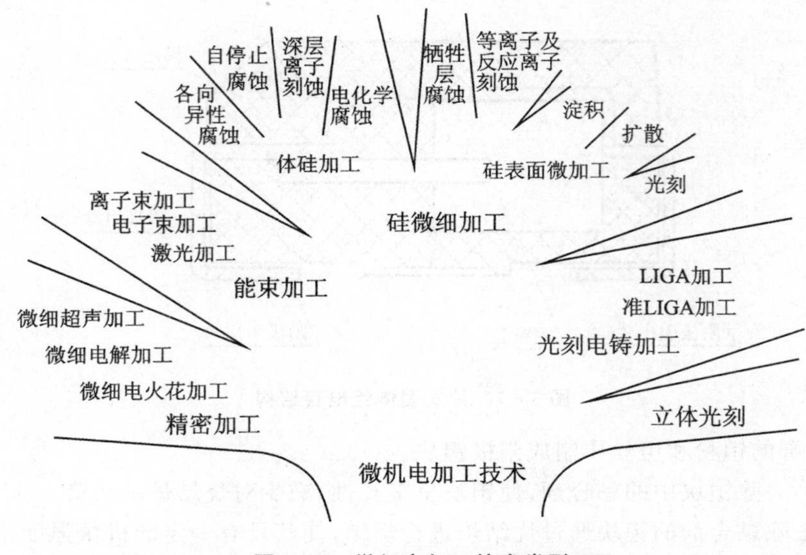

图3-8 微机电加工技术类型

3.4.1 体硅微加工

体硅微加工技术是在生产中最早得到应用的MEMS技术,大多数硅压力传感器的生产均采用这种技术。体硅微加工通过选择性去除硅衬底,对体硅进行三维腐蚀,形成微机械元件。腐蚀又称为刻蚀,是对一种材料的某些部分进行有选择的去除,使被腐蚀物体显露出需要的结构特征。体硅腐蚀技术是形成MEMS结构的最基础、最关键的技术,有化学腐蚀和离子腐蚀两大类,即常指的湿法与干法腐蚀,湿法腐蚀又包括各向异性腐蚀法、选择腐蚀法和电化学腐蚀法。

3.4.2 表面微加工

表面微加工技术又称为表面牺牲层腐蚀技术,是把淀积于硅晶体的表面膜制作加工成MEMS的"机械"部分,然后使其局部与硅体部分分离,呈现可运动的机构。淀积工艺主要应用蒸发、溅射和电镀技术。该工艺技术与常规IC工艺兼容,大量应用了标准的IC工艺的薄膜技术、图形制作技术,而且微机械元件还能很方便地制作在已经完成的电路上,如驱动电路等,直接形成具有一定功能的传感器。

分离工艺主要依靠牺牲层技术。在形成空腔结构过程中,将两层薄膜的下层薄膜设法腐蚀掉,便可得到上层薄膜,并形成一个空腔。被腐蚀掉的下层薄膜在形成空腔的过程中,只起到分离层的作用,故称牺牲层。图3-9为表面微加工技术的主要步骤。

利用牺牲层技术可以加工出多种能活动的微结构,如微型桥、悬臂梁及悬臂块等,这些可以活动的微结构,在微机电系统中常被当作敏感元件和执行元件使用,制成微传感器和微执行器,如谐振式微型压力传感器、谐振式微型陀螺、微型加速度计以及微型电动机和驱动器等。

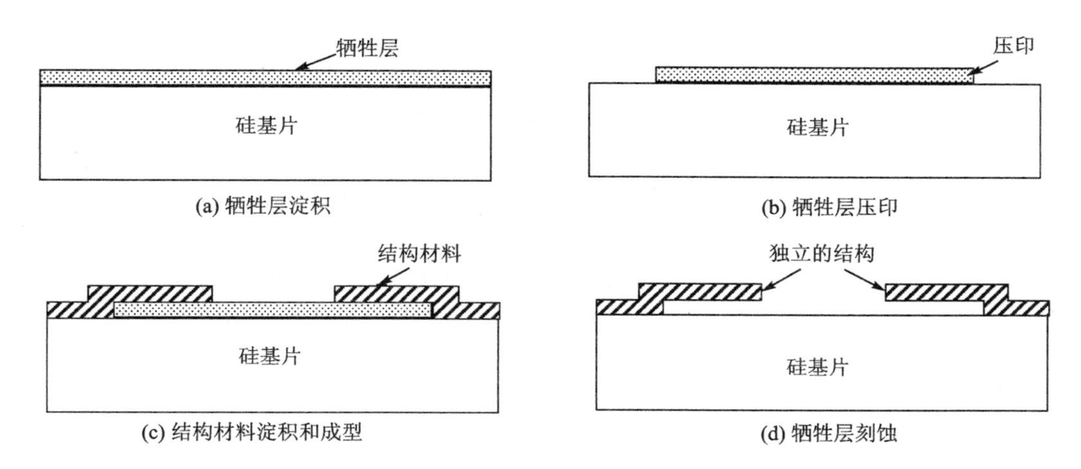

图 3－9　表面微加工技术的主要加工步骤

3.4.3　LIGA 工艺

LIGA 是德语光刻-电镀成型-塑料铸模(Lithographie－Galvanoformung-Abformung)的缩写,是一种基于 X 射线同步辐射光刻技术的三维微结构加工工艺。LIGA 技术适合于制作复杂的微机械结构及其器件,包括膜片、弹性梁、探针、空腔及阀门等。这种技术可加工多种材料,如金属、陶瓷、玻璃、塑料等,突破了半导体工艺对材料和深度的限制,其工艺过程示意图如图 3－10 所示。首先在金属基底上涂 PMMA 胶(Polymethyl Methacrylate,聚甲基丙烯酸甲酯),然后制作光刻版,进行光刻,生成 PMMA 的模具,最后经过电镀镀模和分离,得到各种材料的三维结构。

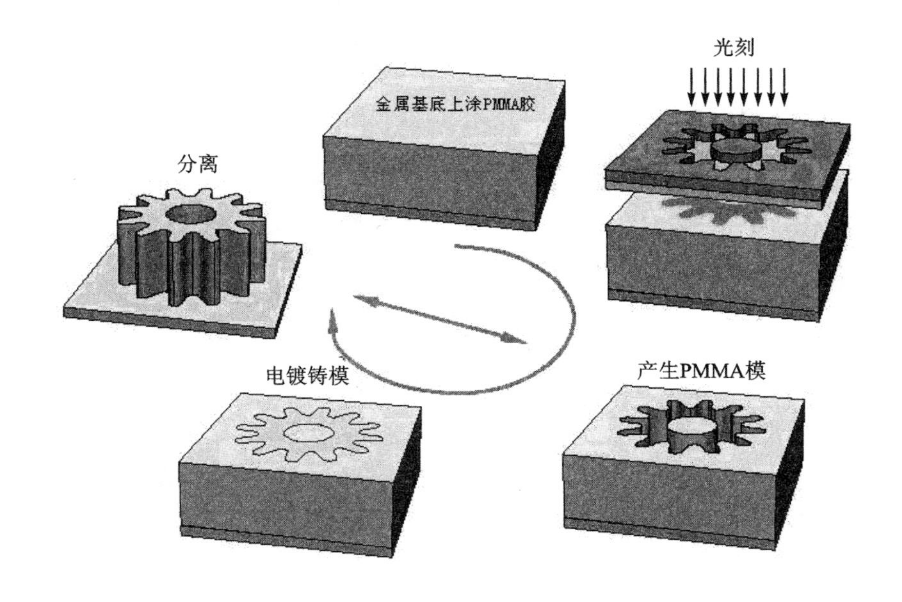

图 3－10　LIGA 技术

LIGA 工艺可制作任意复杂图形结构,特别是纵横比(结构高度与最小横向尺寸的比例)

大的结构,最大可达50,且可重复复制,成本低,符合工业上大批量生产要求。但昂贵的同步辐射X光源和制作复杂的X光掩模限制了它的推广。准LIGA技术是改进的LIGA技术,采用传统的深紫外线曝光、厚光刻胶作掩膜和电镀技术,加工厚度为数微米至数十微米,且与IC工艺兼容性好。在集成电路部分制作之后,准LIGA技术还能够用来制作后续的微机械系统,是一种很有发展前途MEMS制作技术。人们发现将牺牲层腐蚀技术引入到LIGA技术中,可以制造出可动微结构,这突破了原来LIGA技术只能制作固定在基板上的微结构图形的限制,为任意几何形状可动的三维结构制作开辟了道路。这种技术称为SLIGA,利用它能制作出自由摆动、旋转、直线运动的可动微结构器件,大大地拓宽了LIGA技术应用领域。

习　题

3.1 为什么说IT界的摩尔定律会“走向尽头,退出历史舞台”?你如何看待这种说法?请简述理由。

3.2 集成电路的基本工艺有哪些?各自的作用是什么?

3.3 硅片制备过程中为什么要先对天然硅石进行提纯?如何获取单晶硅?

3.4 常规的光刻工艺包括哪些基本步骤?

3.5 薄膜电路和厚膜电路在制造工艺上有何区别?

3.6 简述片式薄膜电阻的制造工艺流程。

3.7 简述片式固体钽电解电容器的制造工艺流程。

3.8 MEMS的制造工艺有哪些?

3.9 请通过查阅相关文献资料,调研目前先进的元器件制造技术及研究现状。

3.10 在制造过程中会出现哪些影响元器件可靠性的工艺隐患?你认为应该如何采取相应的措施在制造过程中保证电子元器件的可靠性?

第4章　微电子封装技术

4.1　微电子封装概述

4.1.1　封装的作用

封装应用于电子工程的历史并不很久。在真空电子管时代，将电子管等器件安装在管座上构成电路设备的技术一般称为“组装”或“装配”。50多年前的晶体管、30多年前的IC等半导体器件细小柔软且性能很强，功能规格多样，为了充分发挥其功能，需要密封来实现与外电路可靠的电气连接，并得到有效的机械性、绝缘性等方面的保护，封装的概念由此产生。

微电子封装的功能主要有电源与信号的分配、散热通道、机械支撑和环境保护等，具体来说：

① 封装可以保证微电子各部位分配恰当的电源，使得芯片与电路产生电流，减少电源不必要的损耗。同时为了使电信号延迟尽可能小，要使互连和引出路径尽可能短。

② 封装还是散热通道，可以增强芯片的导热性能。由于硅芯片面积很小，发热量却很大，这对散热设备是一个极大的考验。封装可在一定程度上增大芯片的表面积，有利于芯片的散热。

③ 封装可以起到固定芯片、连接引线的机械支撑作用。由于硅芯片表面积很小，所以很难通过常规焊接方式连出大量引线，但通过封装，可以很方便地将芯片和引线固定在一起。

④ 封装有效地保护了硅芯片。一般来说，封装时要在硅芯片外面包裹一层致密的保护膜，从而隔绝灰尘和空气中的水、氧气、二氧化碳等腐蚀性物质，大大提高了硅芯片的使用寿命。通过封装还可以为硅芯片穿上一层“盔甲”，防止芯片上细小的电路被划断。

4.1.2　封装发展历程

微电子封装的历史主要划分为以下三个阶段：

第一阶段：20世纪70年代前，以插装型封装为主。包括最初的金属圆形封装，后来的陶瓷双列直插封装（Ceramic Dual In-Line Package，CDIP）和塑料双列直插封装（Plastic Dual In-Line Package，PDIP）。尤其是PDIP，由于性能优良、成本低廉又能批量生产而成为工业及商业主流产品。

第二阶段：20世纪80年代以后，以表面安装类型的四边引线封装为主。当时，表面安装技术被称作电子封装领域的一场革命，得到迅猛发展。与之相适应，一批表面安装技术的封装技术，如塑料引线片式载体（Plastic Lead Chip Carrier，PLCC）、四边引线扁平封装（Quad Flat Package，QFP）、小外形封装（Small Outline Package，SOP）等应运而生，迅速发展。由于密度高、引线节距小、成本低并适于表面安装，塑料四边引线扁平封装（Plastic Quad Flat Package，PQFP）成为这一时期的主导封装形式。但是PQFP在封装密度、I/O数以及电路频率方面还是难以满足微处理器发展的需要。

第三阶段:20世纪90年代以后,以面阵列封装形式为主。20世纪90年代初,集成电路发展到了超大规模阶段,集成电路封装向更高密度和更高速度发展,因此集成电路封装从四边引线型向平面阵列型发展,球栅阵列封装(Ball Grid Array,BGA)出现,并很快成为封装形式的主流,后来又开发出了封装体积更小的芯片尺寸封装(Chip Scale Package,CSP)。也是在同一时期,多芯片组件(Multi Chip Module,MCM)也蓬勃发展起来,被称为电子封装的一场革命。与此同时,由于电路密度和功能的需要,3D(Three Dimension)封装和系统封装(System in Package,SiP)也迅速发展起来。

粗略地归纳封装的发展进程:结构方面DIP→LCC→QFP→BGA→CSP,如图4-1所示;材料方面是金属→陶瓷→塑料;引脚形状是长引线直插→短引线或无引线贴装→球状凸点;装配方式是通孔插装→表面安装→直接安装;维度方面是平面封装→三维封装。

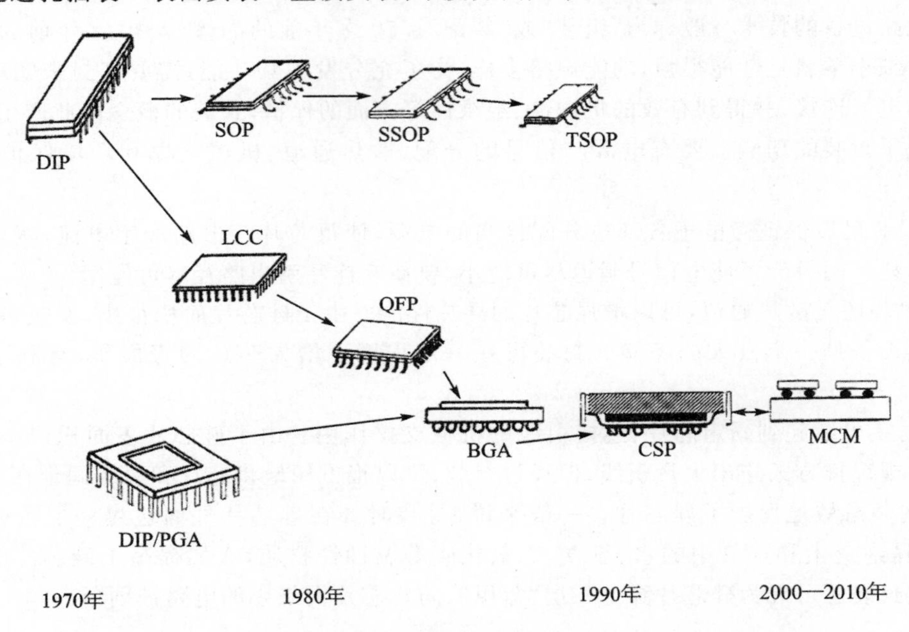

图4-1　微电子封装技术的发展

4.1.3　封装材料

电子元器件的封装材料主要有金属、陶瓷、塑料等。

金属封装是采用金属作为壳体或底座,芯片直接或通过基板安装在外壳或底座上的一种电子封装形式。金属封装属于气密封装,具有良好的散热能力和电磁场屏蔽性,因此常用于高可靠要求领域。

陶瓷封装与金属封装一样,也是一种气密型封装形式,它的价格低于金属封装。陶瓷封装导热率高,散热性好,耐环境能力强,主要应用于航空航天、军事等恶劣环境中。

塑料封装具有重量轻、体积小、成本低、集成化高等优点,广泛应用于民用领域,但属于非气密型封装,耐环境能力差,存在着许多可靠性的问题。如模塑料会吸收潮气,塑料和引线之间的结合不能阻止气体和液体的渗入,表面组装元件焊接加热时封装会出现爆裂;管芯容易产生金属化腐蚀，需要干燥包装、电装后应做三防处理等。

4.2　微电子封装工艺

微电子的封装属于半导体制造中的后工艺，一般包括：晶片减薄和划片、芯片贴装、引线键合或互连、封装、打标、检查测试等多道工序。引线互连包括引线键合、载带自动焊和倒装焊等方式。根据封装内芯片的多少还可分为单芯片组件(Single Chip Module，SCM)和多芯片组件MCM 两大类。应该说，器件封装包含了从圆片划片到电路测试的整个工艺过程，即人们常说的后道封装。

4.2.1　典型封装工艺流程

下面以最普遍的塑料封装工艺为例介绍基本的工艺流程，包括晶片减薄、划片、芯片贴装、引线键合、塑封成型、打标、切筋打弯和检查多道工序，如图 4－2 所示。

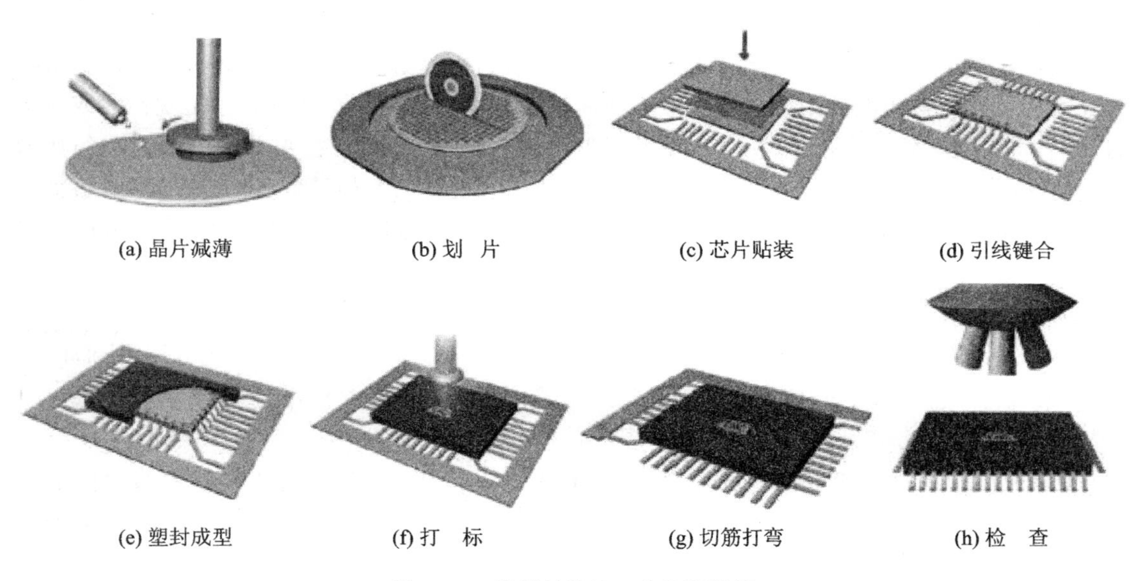

(a) 晶片减薄　(b) 划　片　(c) 芯片贴装　(d) 引线键合

(e) 塑封成型　(f) 打　标　(g) 切筋打弯　(h) 检　查

图 4－2　塑封封装的工艺流程简图

下面将对各个工序进行简单介绍。

(1) 晶片减薄和划片

晶片减薄是从晶片背面进行研磨，将其减薄到适合封装的程度。由于晶片的尺寸越来越大，为了增加其机械强度，防止在加工过程中发生变形、开裂，晶片的厚度也一直在增加。但是，随着系统朝轻薄短小的方向发展，要求芯片封装后模块的厚度变得越来越小。因此，在封装之前，一定要将晶片的厚度减薄到可以接受的程度，以满足芯片装配的要求。在减薄的工序中，受力的均匀性将是关键，否则，晶片很容易变形、开裂。晶片减薄后，可以进行划片。划片机同时配备脉冲激光束、钻石尖的划片工具或是包金刚石的锯刀。划片后需要用显微镜进行检查，看是否有划伤等缺陷，合格的芯片进入下道工序。

(2) 芯片贴装

芯片贴装是将切割下来的芯片贴装到框架的中间焊盘上。常用的芯片贴装工艺方法主要有共晶焊接、导电胶黏接、聚合物黏结等。

在塑料封装中最常用的方法是使用聚合物黏结剂将芯片粘贴到金属框架上。工艺过程如下:用针筒或注射器将黏结剂涂布到芯片焊盘上,然后用自动拾片机(机械手)将芯片精确地放置到芯片焊盘的黏结剂上面,最后烘烤固化。

芯片放置不当会产生一系列问题:如空洞引起芯片局部温度升高,器件发生电性能的退化或热烧毁;环氧黏结剂在引脚上造成搭桥现象,引起内连接问题;在引线键合时造成框架翘曲,使得一边引线应力大,一边引线应力小等。

(3) 引线键合

引线键合是实现芯片与引出端互连技术中最主要的一种。该工艺是用硅铝丝、金线或铜丝将芯片上的键合区和引线框架相连接,实现芯片与外引脚间的互连。该工艺以及芯片的其他互连技术,包括载带自动焊和倒装焊,将在4.2.2节中进行详细介绍。

(4) 塑封成型

塑封成型技术包括转移成型技术、喷射成型技术、预成型技术等,最主要的成型技术是转移成型技术。转移成型使用的材料一般为热固性聚合物。这种材料在低温时是塑性的或流动的,但当将其加热到一定温度时,会发生交联反应,形成刚性固体。在塑料封装中使用的典型成型技术的工艺过程如下:将已贴装好芯片并完成引线键合的框架带置于模具中,塑封料被挤压注入模腔后快速固化,经过一段时间的保压,使得模块达到一定的硬度,然后用顶杆顶出模块。

(5) 打 标

打标就是在封装模块的顶表面印上去不掉的、字迹清楚的字母和标识,包括制造商的信息、国家、器件代码等,主要是为了识别并可跟踪器件的信息。通常使用激光技术进行达标。

(6) 切筋打弯

切筋打弯实际上是两道工序,但通常同时完成。切筋工艺是指切除框架外引脚之间的堤坝以及在框架带上连在一起的地方。打弯工艺则是将引脚弯成一定的形状,以适合装配的需要。这些工艺完成后,要进行封装后的检查,合格才能出货。

上述的塑料封装流程是以引线键合作为互连方式的。

除了塑料封装外,按照不同的封装材料,器件级的封装还可分为金属封装和陶瓷封装两种。金属或陶瓷封装的工艺流程与塑封类似的步骤有芯片减薄、划片、芯片贴装、键合,不同的是金属或陶瓷封装的芯片需要贴装在金属或陶瓷的壳体或基座上,然后通过相应的封盖工艺完成封装。

4.2.2 芯片互连技术

芯片互连技术是实现芯片与芯片、芯片与基板、器件与系统等之间的互连,实现信号的传递和分配的技术。在微电子封装中,互连技术对电路性能影响很关键,对其长期使用的可靠性影响很大。据统计,电路失效中大约有1/4～1/3是由芯片互连引起的。目前广泛使用的互连方法主要有引线键合(WB)、载带自动焊(TAB)和倒装焊(FCB)三种。

1. 引线键合(WB)

WB 是一种传统的、最常用、也是最成熟的芯片互连技术,可分为热压键合、超声键合和超声球键合。

热压焊是热能和压力被分别作用到芯片压点和引线框内端电极以形成金丝键合,键合机的毛细管劈刀将引线定位在被加热的芯片压点并施加压力,力和热结合促成金引线和铝压点形成键合,称为楔压键合,然后劈刀移动到引线框内端电极,同时输送附加的引线,在那里形成另一个楔压键合点。

超声键合是在施加压力的同时通过超声产生振动摩擦,在相同和不同的金属间形成键合。超声频率一般为 60 kHz,超声键合的优点是可避免在键和过程中产生高温。由于进行这种焊接的工具头部成楔形,因此又称为超声楔焊,其键合丝一般为硅铝丝。

超声球键合是结合超声振动、热和压力来形成键合的技术,将基座加热到一定温度(150 ℃),键合丝穿过陶瓷或红宝石劈刀中的毛细管劈刀,利用氢气火焰或电火花将金属丝烧成球形后再用劈刀将金属丝球压在芯片的压焊点上,球键合完成后,键合机移动到基座内端电极压点形成热压的楔压键合。由于在 IC 芯片上是球焊,在管壳上是楔焊,因此该方法又称作球焊法或球-楔焊法(Ball - Wedge Bonding)。球-楔焊接采用的材料主要为金丝,因此也称为金丝球焊。加超声可以降低热压温度,从而大大降低在铝焊盘上形成 Au - Al 金属间化合物的可能性,延长器件寿命,同时降低了电路参数的漂移。因此,超声球键合已逐步取代了热压焊。图 4 - 3 所示为超声球键合的过程。金丝具有电导率大、耐腐蚀等优点,多用于塑封器件,为降低成本,现在许多也采用铜丝。

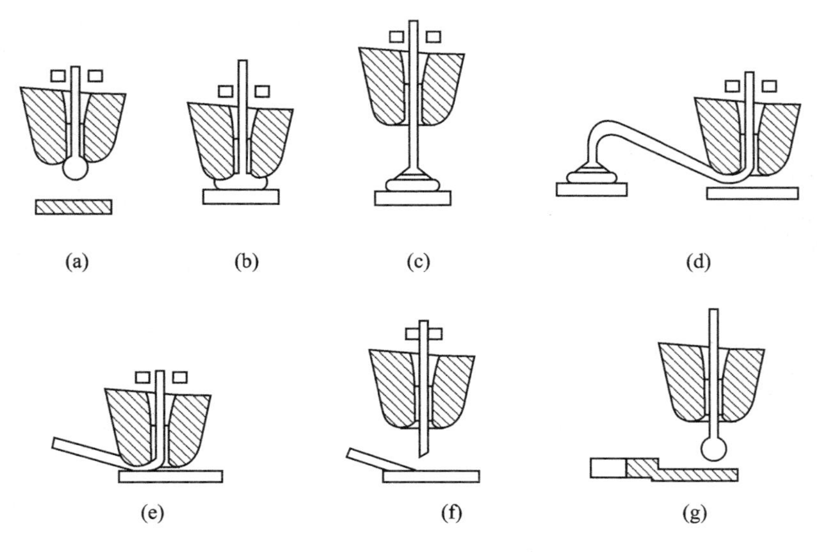

图 4 - 3　超声球键合技术

超声球键合技术的主要步骤包括:图(a) 劈刀下降,焊球被锁定在端部中央;图(b) 在压力、超声、温度的作用下形成连接;图(c) 劈刀上升到弧形最高度;图(d) 高速运动到第二个键合点,形成弧形;图(e) 在压力、超声、温度的作用下形成第二个连接;图(f) 之后劈刀上升至一定位置,送出尾丝,夹住引线,拉断尾丝;图(g) 引燃电弧,形成焊球,进入下一个循环。

据统计,因元器件缺陷中因引线键合造成的失效达 25 %。引线键合的缺陷中,有一部分是工艺造成的,如引线过长,容易碰上裸露芯片或邻近的引线,造成短路而烧毁;划片欠佳,使压焊点太靠近硅片边缘;压焊压力过大,损伤引线,容易断线和诱发电迁移效应;压焊过轻或铝表面太脏,压点虚焊易脱落;压点压偏造成压点之间间距太小,易形成短路;压点处有过长尾丝,引线过松、过紧等。

2. 载带自动焊(TAB)

载带自动焊(TAB)技术是一种基于金属化柔性高分子载带将芯片组装到基板上的互连技术。将芯片上的焊区与电子封装体外壳的I/O或基板上的布线焊区通过有引线图形金属箔丝连接,TAB也是芯片互连技术的一种。

TAB技术中使用的载带是一种金属化膜片,形状类似电影胶片,两边带有齿孔,多采用聚酰亚胺制作。它既作为芯片的支撑,又作为芯片同周围电路的连接引线。载带上有夹在两层聚合物介质膜之间的薄铜箔,铜被刻蚀以形成与芯片压点匹配的电极,有用于黏接芯片的凸点内电极键合区(ILB)以及可焊料黏附到电路板的外电极(OLB)。目前,TAB技术在各种电子产品,例如液晶、IC卡、计算机、电子手表、计算器和照相机中得到了广泛应用。

TAB的工艺步骤是:

① 在裸芯片上形成凸点,主要采用氧化、光刻、溅射和电镀工艺制作在芯片上的铝焊盘上形成;

② 制作柔性载带,载带上有内引线和外引线;

③ 内引线压焊:利用热压焊将芯片上的凸点和载带内的电极键合在一起;

④ 芯片进行密封,常用环氧树脂材料;

⑤ 外引线压焊:用热压或钎焊将载带外电极与布线板上的焊盘进行连接。TAB的关键技术包括三个部分:一是芯片凸点的制作技术;二是TAB载带的制作技术;三是载带引线与芯片凸点的内引线焊接和载带外引线焊接技术。图4-4为TAB的载带和凸点示意图。

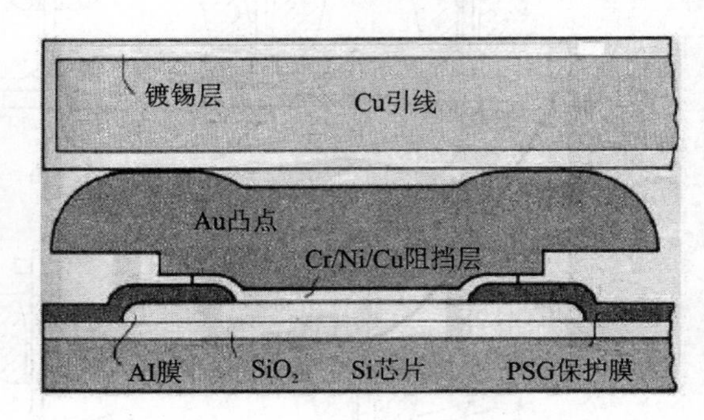

图4-4 TAB载带与凸点

3. 倒装焊(FCB)

倒装焊(Flip Chip Bonding,FCB)技术源于IBM公司,是指在裸芯片电极上形成连接用的凸点,将芯片电极面朝下经钎焊或其他工艺将凸点和封装基板互连的一种方法。

与引线键合技术相比,倒装焊是面阵技术,引脚可以放在芯片下方的XY格点上的任何地方,有效利用了芯片表面积,引线电感变小、串扰变弱、信号传输时间缩短,这是目前从芯片器件到基座之间最短路径的一种封装设计,能够为高速信号提供良好的电连接。倒装焊技术能够确保封装中更多输入/输出引脚的需求，从而大幅缩小封装的尺寸，提高了组装的密度。FCB 使 BGA 封装、CSP 技术得以快速发展。

倒装芯片技术的基本原理是用凸点(通常为由 Sn 和 Pb 组成的锡/铅焊料或者由 Sn、Ag、Cu 组成的无铅焊料)来代替引线实现芯片和基板之间的电气互连，如图 4-5 所示。最常用的焊料凸点工艺被称为 C4(可调整芯片支撑的工艺，Controlled Collapse Chip Carrier)，由 IBM 于 20 世纪 60 年代为将芯片黏贴到陶瓷基座而开发。现在使用的基座是陶瓷或塑料基座。

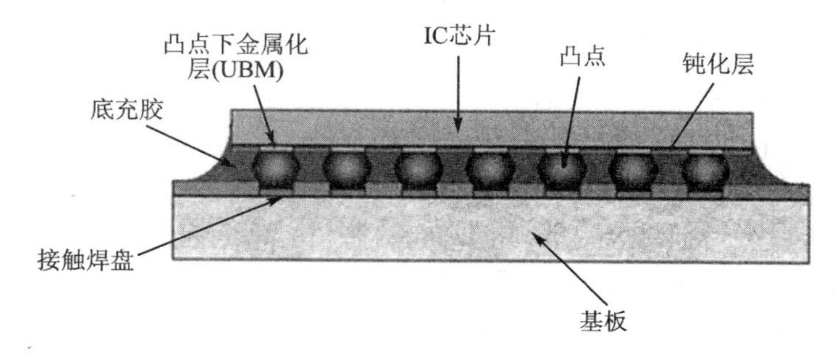

图 4-5　倒装焊芯片内部结构

典型 C4 焊料凸点使用蒸发或物理气相淀积(溅射)法淀积在硅的芯片电极压点上。压点上的 C4 焊料要求有特殊冶金阻挡层(BLM)(见图 4-6)。BLM 提供压点良好的 C4 焊点黏附并禁止扩散。传统上 C4 凸点的直径在 10mil(密耳)的间距时是 4 mil。

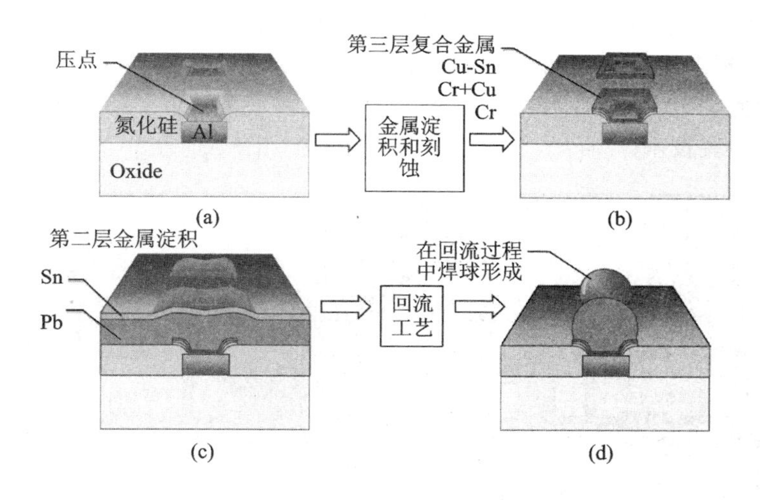

图 4-6　硅片压点上的 C4 焊料凸点

接下来使用对准键合工具将倒装芯片黏贴到基座上。芯片的 C4 焊料凸点被定位在相应的基座接触压点。常用热空气加热，并稍微加压，引起 C4 焊料回流并形成基座和芯片之间的电学和物理连接。

倒装芯片的一个重要可靠性问题是硅片和基座之间热膨胀系数(CTE)失配。严重的 CTE 失配将应力引入焊点，产生焊点裂缝从而引起早期失效。通过在芯片和基座之间用流动环氧树脂填充术可以使问题得以解决(见图 4-7)。环氧树脂的 CTE 被匹配到焊点，使作用于结点的应力有效地减小。使用填充技术，在焊点上应力能被减小到 1/0 以下。

使用环氧树脂填充术的一项重要挑战是，一旦环氧树脂固化，所用的倒装芯片不能被取

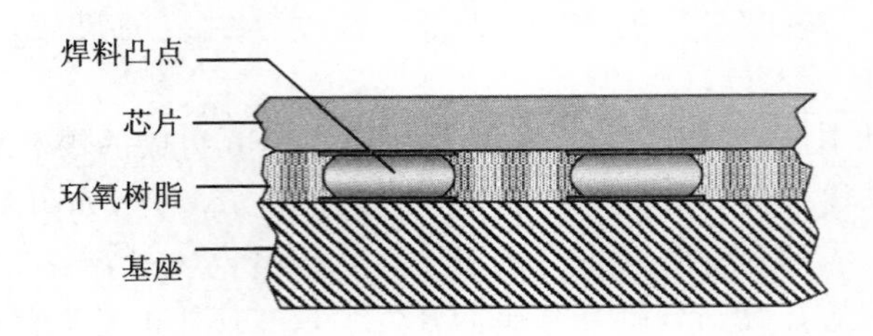

图4-7 倒装芯片的环氧树脂填充术

下。这产生了在测试中发现芯片有缺陷如何返工的问题。因此通常在电学测试后再使用环氧树脂。目前也有新的避免使用环氧树脂填充术的技术,例如在芯片与基座之间添加介质(具有互连结构适应的聚合物材料),以消除两者之间的CTE应力。

倒装工艺的另一个可靠性问题是在施用环氧树脂填充术之前需要清洗芯片底部。回流后的焊料凸点在芯片与基座之间仅留下2~3 mil的间距。焊接要求使用流体化学物质以去除氧化并产生可接受的焊点。有时流体有离子沾污,必须使用去离子水或溶剂将沾污物去除。

4. 硅通孔技术(TSV)

硅通孔技术(Through Silicon Via,TSV)是通过在晶圆间制作垂直通道,在孔中淀积通孔材料(铜、钨、多晶硅等导电物质),从而实现不同芯片层间电气互连的新技术,如图4-8所示。TSV技术将全部的互连技术、封装技术提到晶圆上进行,实现芯片与芯片间垂直叠层互连,无须引线键合,有效缩短互连线长度,减少信号传输延迟和损失,提高信号速度和带宽,降低功耗和封装体积,是实现多功能、高性能、高可靠且更轻、更薄、更小的半导体系统级封装(SiP)的有效途径之一。因此,TSV也被称作继引线键合(WB)、载带自动焊(TAB)和倒装芯片(FC)之后的第四代互连封装技术。

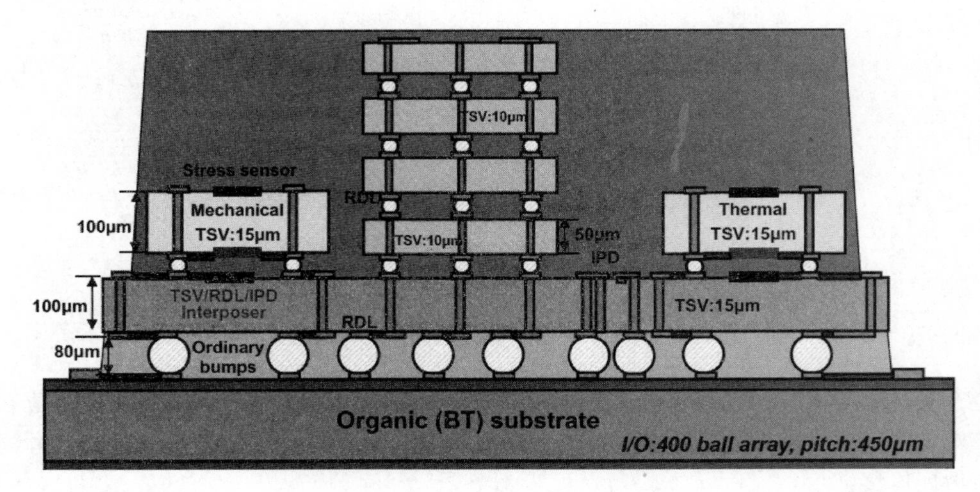

图4-8 基于TSV的3D-SiP封装

TSV工艺分前通孔和后通孔,主要的加工工艺技术包括:通孔制作、通孔薄膜淀积技术、通孔填充、铜化学机械研磨、超薄晶圆减薄、芯片/晶圆叠层键合。制作TSV通孔的方法主要有激光钻孔(Laser Drill)、深反应离子刻蚀(DRIE)等。激光钻孔技术是利用激光的局部超高温度使材料汽化而形成通孔。深反应离子刻蚀技术是借助厚膜光刻技术,在晶圆表面预先形成通孔图形，利用晶圆材质与掩模材料的不同刻蚀速率（刻蚀比>50∶1），形成垂直通孔。

目前，TSV 技术面临的挑战主要来自以下几个方面：通孔的刻蚀、通孔填充材料的选取、工艺流程、堆叠形式与键合方式的选取。如今，TSV 技术已经被广泛应用于存储器、图像传感器、功率放大器等芯片中，虽然目前还未能大量商业化生产，但是随着技术的不断进步与完善，TSV 技术必将会凭借其独特的优势引领微电子行业取得进一步的发展。

4.3　封装的分类及其特点

4.3.1　插装型封装

插装元器件的封装主要包括晶体管外形封装（Ttransistor Outline，TO）、单列直插式封装（Single In-Line Package ，SIP）、双列直插式封装（ Dual In-Line Package，DIP）、Z 型引脚直插式封装（Z In-Line Package ，ZIP）、针栅阵列式封装（Pin Grid Array，PGA）等，如图 4－9 所示。

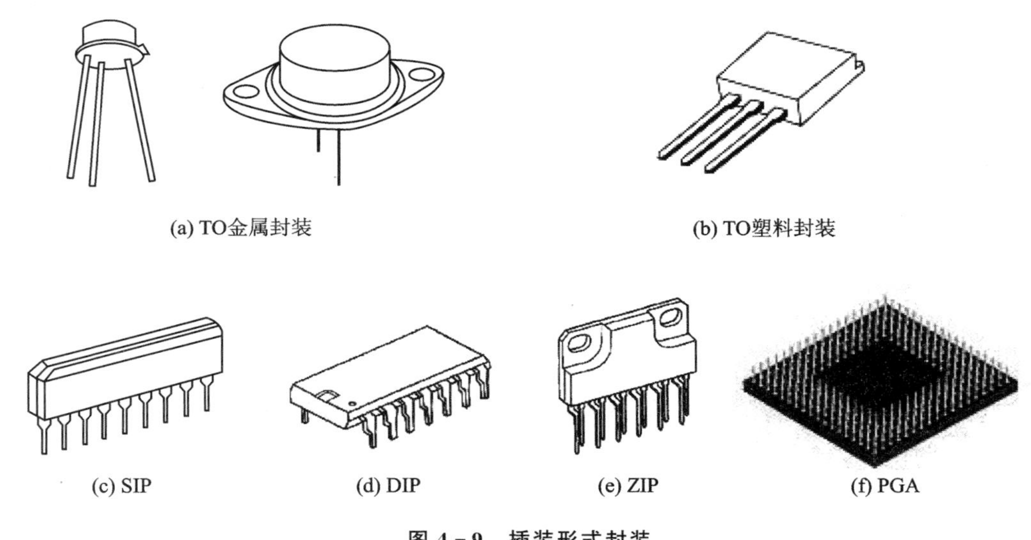

图 4－9　插装形式封装

TO 型金属封装是应用最早的插装封装技术，其工艺简便，适于大批量生产，因此成本低廉。PGA 封装是为了解决大规模集成电路芯片引脚多、封装面积减小而设计的陶瓷封装结构，这种封装是气密性的，可靠性较高，但制作工艺复杂、成本高，适用于可靠性要求高的军品。

DIP 是在 20 世纪 60 年代开发出来的最具代表性的 IC 芯片封装结构，在表面安装元器件出现之前曾是 70 年代大量应用于中、小规模 IC 芯片的主导封装形式，至今仍沿用。有陶瓷全密封型、塑封型以及窄节距型等，其引脚数一般不超过 100 个。采用 DIP 封装的芯片有两排引脚，需要插入到具有 DIP 结构的芯片插座上。这种封装方式适合在 PCB 上穿孔焊接，操作方便，芯片面积与封装面积之间的比值较大，故体积也较大。Intel 系列 CPU 中 8088 就采用这种封装形式，缓存和早期的内存芯片也是这种封装形式。图 4－10 为塑封双列直插式封装示意图。

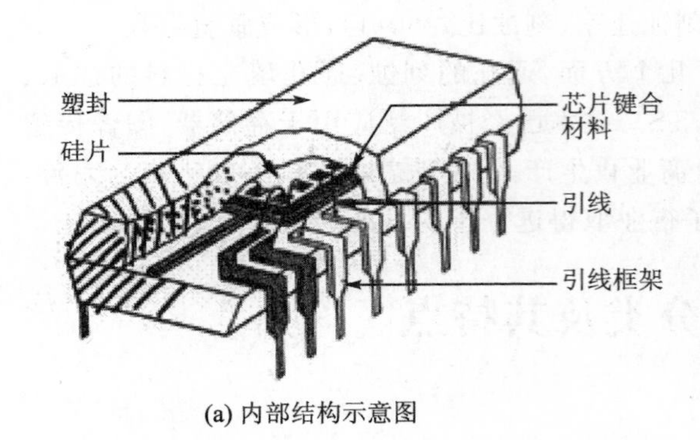

(a) 内部结构示意图

(b) 主板上采用DIP封装的集成电路

图 4-10 塑封双列直插形式封装

4.3.2 表面安装型封装

表面安装型的封装外形可分为小外形晶体管封装(Small Outline Transistor,SOT)、小外形封装、有引脚片式载体封装(Lead Chip Carrier ,LCC)、四边引线扁平封装(Quad Flat Package,QFP)、球栅阵列封装(BGA)、芯片尺寸封装(CSP),如图 4-11 所示。

图 4-11 表面安装形式的封装类型

其中 SOT 主要用于封装半导体二极管和晶体管,有 2~5 个引脚。SOP 为双边引脚,主要封装中小规模的 IC 及少数的大规模 IC 芯片。

1. 四边引线扁平封装

为解决 LSI、VLSI 芯片 I/O 引脚多的问题,满足表面安装型封装高密度、高性能、多性能及高可靠性的要求,日本于 20 世纪 80 年代研发出了四边引脚扁平封装,经过 10 多年的研发使用,在 20 世纪 90 年代成为各类大规模 IC 表面安装器件(Surface Mounted Devices,SMD)的主流封装形式。按照材料可分为 PQFP 和 CQFP,P 表示塑封,C 表示陶瓷封装。图 4-12 为 PQFP 的内部结构和芯片外形图。

QFP 的缺点是当引脚中心距小于 0.65 mm 时,引脚容易弯曲。为了防止引脚变形,现已

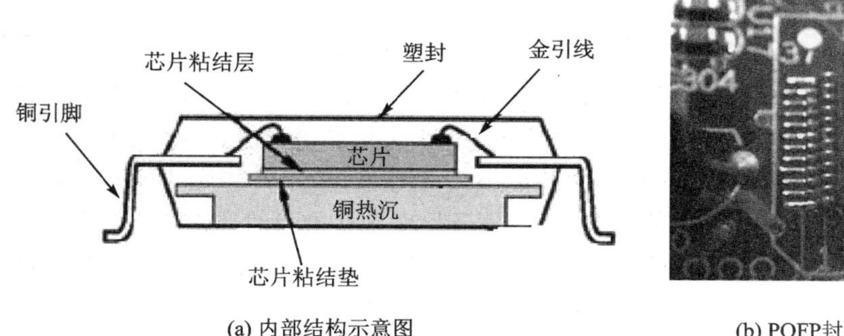

(a) 内部结构示意图

(b) PQFP封装的主板声卡芯片

图 4-12　塑封四边引脚扁平封装

出现了几种改进的 QFP 品种，如封装的四个角带有树脂缓冲垫的 QFP、带树脂保护环覆盖引脚前端的 QFP、在封装本体里设置测试凸点、放在防止引脚变形的专用夹具里就可进行测试的 QFP 等。

2. 球栅阵列封装

球栅阵列封装（BGA）是具有更大互连间距的倒装芯片的扩展，像倒装芯片一样，BGA 在小外形的表面贴装上能够有效获得更多引脚数。BGA 封装采用基板下按阵列方式引出球形引脚的方式，解决了 QFP 等周边引脚封装难以解决的更高引脚数封装的问题。1987 年，西铁城公司开始着手研制 BGA 封装芯片，而后摩托罗拉、康柏等公司也随即加入到开发 BGA 的行列。1993 年，摩托罗拉率先将 BGA 应于移动电话。同年，康柏公司也在工作站、PC 电脑上加以应用。后来 Intel 公司在电脑 CPU 中以及芯片组中开始使用 BGA，这对 BGA 应用领域扩展发挥了重要作用。目前，BGA 已成为热门的表面安装型 IC 封装技术。

BGA 封装技术按照基板的种类可分为塑封（PBGA）、陶瓷封装（CBGA）。图 4-13 为 PBGA 封装内部结构的示意图及外部焊球阵列。

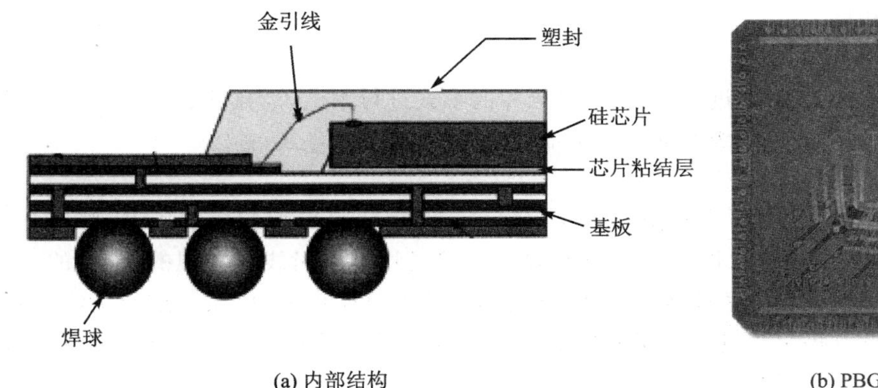

(a) 内部结构

(b) PBGA封装外形

图 4-13　PBGA 封装

BGA 封装的 I/O 引脚数虽然增多，提高了封装密度，但引脚之间的距离远大于 QFP 封装方式，提高了成品率。BGA 引脚牢固，不会像 QFP 那样存在引脚易变形的问题，且引脚短，信号路径短，减小了引脚电感和电容，改善了电性能。

3. 芯片尺寸封装

JEDEC(美国EIA协会联合电子器件工程委员会)的JSTK-012标准规定,LSI芯片封装面积小于或等于LSI芯片面积的120%的产品称为芯片尺寸封装(Chip Size Package或Chip Scale Package,CSP)。CSP技术是由日本三菱公司在1994年提出来的,CSP技术的出现确保VLSI在高性能、高可靠性的前提下实现芯片的最小尺寸封装(接近裸芯片的尺寸),而相对成本却更低,因此符合电子产品小型化的发展潮流,是极具市场竞争力的高密度封装形式。

在各种相同尺寸的芯片封装中,CSP可容纳的引脚数最多,适宜进行多引脚封装,甚至可以应用在I/O数超过2 000的高性能芯片上。CSP的内部布线长度(仅为0.8～1.0 mm)比QFP或BGA的布线长度短得多,寄生引线电容、引线电阻及引线电感均很小,从而使信号传输延迟大为缩短。CSP的存取时间比QFP或BGA短1/5～1/6左右,同时CSP的抗噪能力强,开关噪声只有DIP(双列直插式封装)的1/2。这些主要电学性能指标已经接近裸芯片的水平,在时钟频率已超过双G的高速通信领域,LSI芯片的CSP将是十分理想的选择。

不同类型的CSP产品有不同的封装工艺。从工艺上来看,CSP封装主要可以归纳为以下五种类型:

(1) 柔性基板CSP

柔性基片CSP的IC载体基片是用柔性材料制成的,主要是塑料薄膜。在薄膜上制作有多层金属布线。它的芯片焊盘与基片焊盘间的连接方式可以是倒装芯片键合、TAB键合、引线键合。采用的连接方式不同,封装工艺也不同。

(2) 刚性基板CSP

刚性基板CSP一般是由多层陶瓷做载体基板,封装布线是通过多层陶瓷叠加或经通孔与外层焊球互连。

(3) 引线框架式CSP

引线框架式CSP使用类似常规塑封电路的引线框架,只是它的尺寸要小些,厚度也小。这类芯片尺寸封装分为TAB倒扣式和引线键合式两种。引线框架式CSP封装工艺与传统工艺的塑封工艺完全相同。

(4) 晶圆级CSP

晶圆级CSP是先在圆片上进行封装,并以圆片的形式进行测试,老化筛选,其后再将圆片分割成单一的CSP电路。晶圆级CSP封装后的芯片尺寸与裸片完全一致。

(5)叠层CSP

把两个或两个以上芯片重叠黏附在一个基片上,再封装起来而构成的CSP称为叠层CSP。在叠层CSP中,如果芯片焊盘和CSP焊盘的连接是用键合引线来实现的,下层的芯片就要比上层芯片大一些,在装片时,就可以使下层芯片的焊盘露出来,以便于进行引线键合。在叠层CSP中,也可以将引线键合技术和倒装片键合技术组合起来使用,如上层采用倒装片芯片,下层采用引线键合芯片。

4.3.3 多芯片组件

多芯片组件(MCM,Multi-Chip Module)是将多个裸芯片和其他元器件组装在同一块多层互连基板上进行封装,从而形成高密度和高可靠性的微电子组件。MCM封装设计通过减小封装尺寸和重量,从而同时减小电路电阻和寄生电容,增强电性能。MCM与单芯片封装相比具有如下优点：封装效率（芯片面积与封装面积之比）更高；芯片间距减小，基板连接线长度缩短，提高了电性能；芯片与电路板之间的互连数减少，提高了可靠性。但是 MCM 的设计和研发的工序比较复杂，而且成本也相对较高。图 4-14 为 MCM 外形和内部立体图。

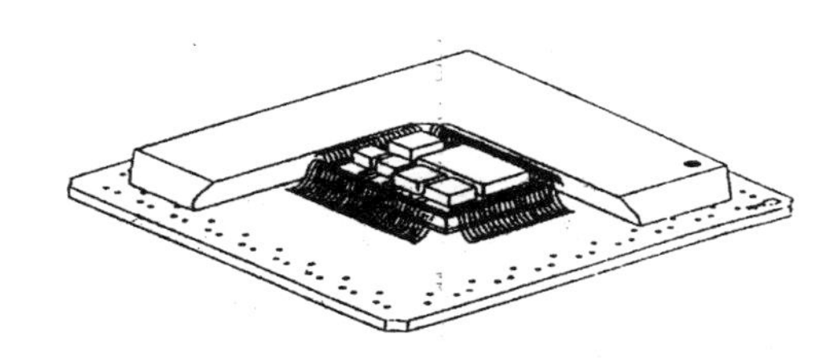

(a) MCM封装外形　　(b) MCM封装立体结构

图 4-14　多芯片组件示意图

根据多层互连基板的结构和工艺技术不同，多芯片组件大体上可以分为三类：多层有机层压板结构（MCM-L）、厚膜或多层共烧陶瓷技术（MCM-C）、淀积多芯片组件（MCM-D）。其常用的互连方式共有三种：引线键合、芯片倒装焊和载带自动焊（TAB）。

4.4　先进封装技术

更高的速度、集成度、可靠性以及更低的成本是集成电路封装追求目标，引线键合技术已证明了其具有低成本和高可靠等优势，但远远不能满足需求。现代封装的目标是通过增加芯片密度来减少内部互连数。图 4-15 为封装技术发展图。

先进的集成电路封装设计在以前的倒装焊、球栅阵列、芯片尺寸封装、多芯片模块等的基础上不断发展，出现了 3D 封装、系统级封装 SIP、晶圆级封装等先进的封装技术，以满足高速、

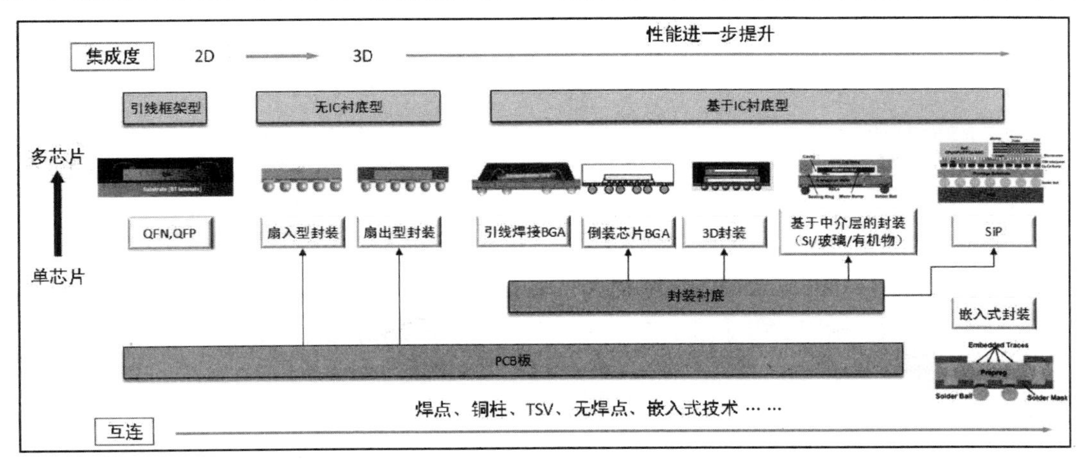

图 4-15　封装技术发展图

高集成度、高可靠等发展需求。部分或全部的互连技术、封装技术到晶圆上进行，如硅通孔技术(Through Silicon Via，TSV)、晶圆级封装(WLP)等。另外单个器件的功能不断扩展，已实现电子整机系统的功能，出现了片上系统(System on Chip，SoC)，即在单一的芯片上实现电子整机系统的功能，以及系统级封装——即通过封装来实现整机系统的功能。传统的半导体制造分为芯片制造的前工艺和互连封装后工艺，而如今芯片制造的前后工艺有时很难分开，许多的封装已融合到芯片的制造工艺中。

4.4.1 晶圆级封装

芯片尺寸封装(CSP)是近些年才出现的一种集成电路的封装形式，目前已有上百种CSP产品，其中晶圆级封装(Wafer Level Package，WLP)是最有发展前途的一种芯片尺寸封装。晶圆级封装是对整片晶圆进行封装测试后再切割得到单个成品芯片的技术，封装后的芯片尺寸可以做到与裸片一致。晶圆级封装具备两个优点：

① 将芯片的I/O接口分布在整个IC芯片的表面，使芯片的尺寸可以达到最小化；

② 晶圆级封装是直接在晶圆片上对芯片进行封装、老化及测试，能够简化工艺流程，提高封装效率。与其他各类CSP相比，晶圆级封装在传统的IC工艺基础上增加了重布线和凸点制作两部分，硅加工工艺和封装测试可以在硅片生产线上进行，WLP成为未来CSP的主流已是大势所趋。

晶圆级封装分为扇入(Fan-in)和扇出(Fan-out)两种形式。扇入型封装是在晶圆片未切割前完成封装工序，即先封装后切割，裸片封装后与裸片本身的尺寸相同，见图4-16。扇入型封装可把芯片上I/O端口都包括在内，通常用于I/O端口数量更少和更小尺寸的器件。

如果芯片的尺寸不足以放下所有的I/O接口，可采用扇出型封装形式(Fan-out)，见图4-17。扇出型封装可通过重布线层(RDL)技术将芯片I/O端口扇出、增加I/O端口数量，进行重新排布。2016年台积电在扇出型晶圆级封装领域开发了集成扇出型封装技术的A10应用处理器，用于苹果iPhone7系列手机。苹果与台积电强强联手，将发展多年的扇出型封装技术带入量产，扇出型封装行业的“春天”真正到来了。扇出型封装面积的扩展意味着可加入有源/无源器件以形成更多的SiP器件，见图4-18。

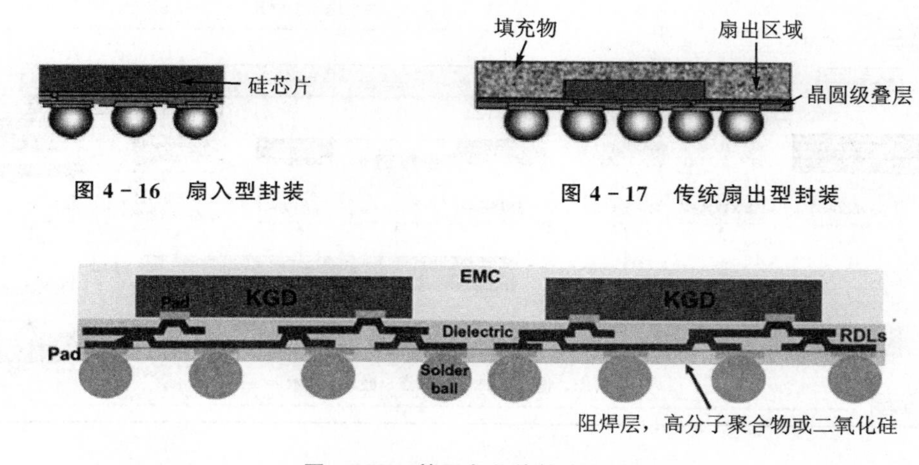

图4-16　扇入型封装

图4-17　传统扇出型封装

图4-18　基于多芯片的扇出封装

晶圆级封装的关键技术是重布线层技术(Redistribution Layer,RDL)和凸焊点制作技术。重布线层技术是在晶圆表面沉积金属层和介质层并形成相应的金属布线图形,来对芯片的 I/O 端口进行重新布局,将其分布到新的、更为宽松的区域,见图 4-19。RDL 采用线宽和间距来度量,线宽和间距分布是指金属布线的宽度和布线之间的间距。

扇出型封装利用 RDL 技术直接将芯片的 I/O 接口向外引出,当在芯片制造中由于光的衍射,光刻能力达到极限后,扇出型封装是最好的解决方法之一。扇出型封装只需要环氧树脂塑封料(EMC)填充,取消了封装基板、引线键合、引框架等结构,成本更低、封装尺寸小,更容易实现 SiP 等封装,同时也具有更好的电气性能和热性能。

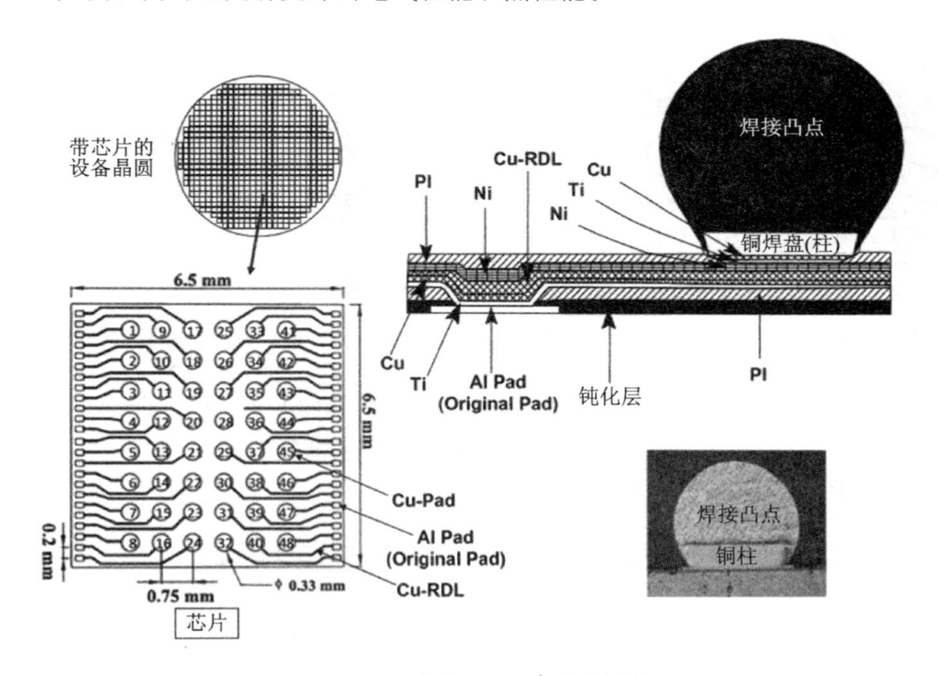

图 4-19　重布线层(RDL)和凸焊点

扇出型封装技术主要分为三种:

① Die-first face-down 技术,最早在 2006 年提出,是指在封装过程中芯片优先并且将芯片功能面朝下的封装方式,是最传统的 FOWLP 技术。

② Die-last 技术,指先将线路做好后装芯片的工艺,可以减缓芯片偏移问题。

③ Die-first face-up 技术,于 2013 年提出,是指芯片优先且芯片功能面朝上的封装方式。扇出型封装由于可以减小封装面积,对焊球数量及间距没有特别的限制,所以应用更加广泛,更具有优势。

4.4.2　3D 封装

三维(3D)封装技术又称立体封装技术,是在二维封装的基础上向空间发展的高密度封装技术。在 3D 封装中,多个芯片垂直或水平(x 轴,y 轴)地叠层在一起,这样可以在第三个方向(z 轴)上进行电互连。三维封装提高了封装密度、降低了封装成本,减小了各个芯片之间互连线的长度,从而提高了器件的运行速度。

3D封装设计可分为三个主要的类别:叠层芯片、叠层封装以及折叠封装。

叠层芯片封装是将IC芯片叠层并互连在一起的3D封装。叠层芯片封装可分为芯片级或晶圆级封装。在晶圆级封装中,部分或全部的封装工序在晶圆上进行;而在芯片级封装中,晶圆已经切割好,所有的封装工序均在IC芯片上进行。

叠层封装是将封装叠层起来并在第三个方向(z方向)实现与PCB之间的互连。图4-21给出了一种3D叠层模制互连器件封装,它首先对单个芯片进行封装,在芯片上制作接触凸点,再将单个芯片封装叠层并互连起来。

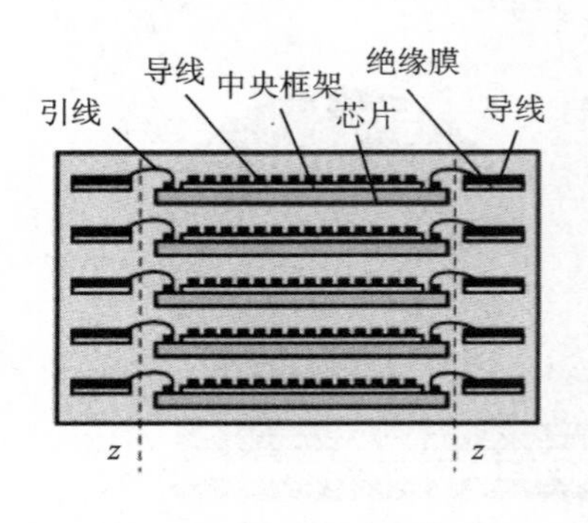

图4-20 叠层芯片

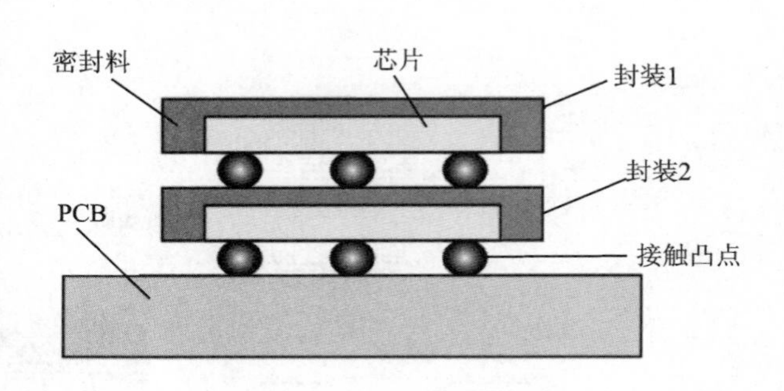

图4-21 模制互连器件叠层封装设计

折叠封装采用柔性基板实现IC芯片(或封装器件)间的互连,并将柔性基板折叠以形成3D封装。图4-22(a)所示为已连接好倒装芯片的折叠前的柔性基板,而图4-22(b)所示为将基板折叠起来形成的3D封装结构。

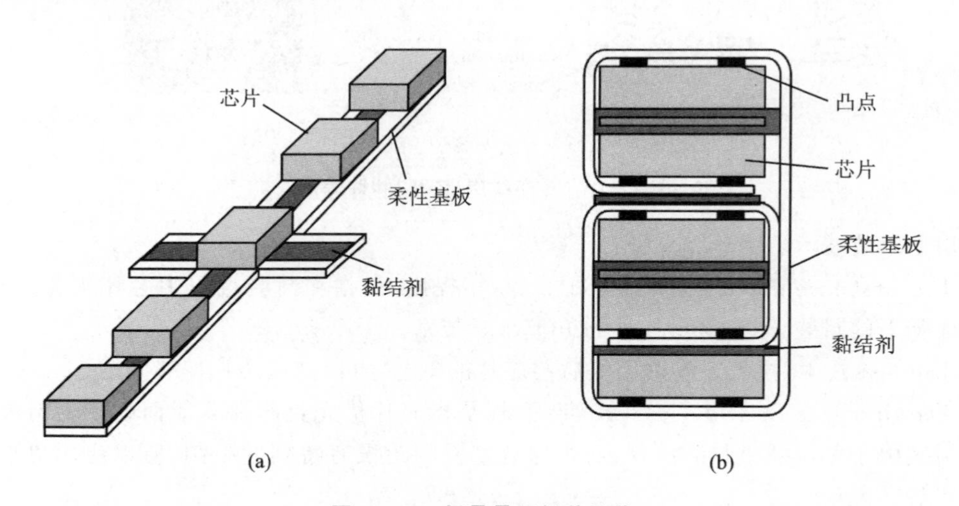

图4-22 折叠叠层倒装芯片

4.4.3 系统级封装

随着科学技术的发展,单个器件已能够实现电子整机系统的功能,通常有两个途径:片上系统SoC和系统级封装SiP。

片上系统SoC,即在单一的芯片上实现电子整机系统的功能。系统级封装SiP,即通过将多个不同的工艺和功能芯片和元件封装在单一封装体，在一块多功能电路基板上可集成微波电路、低频控制电路、数字电路和电源等的子系统来实现整机系统的功能。系统级封装 SiP 为整机系统的功能多样化和小型化提供多种可能的实现。系统级封装 SiP 还可以与片上系统 SoC 互补，实现混合集成，具有设计灵活、周期短、成本低的特点。图 4－23 是典型 SiP 多功能集成示意图。

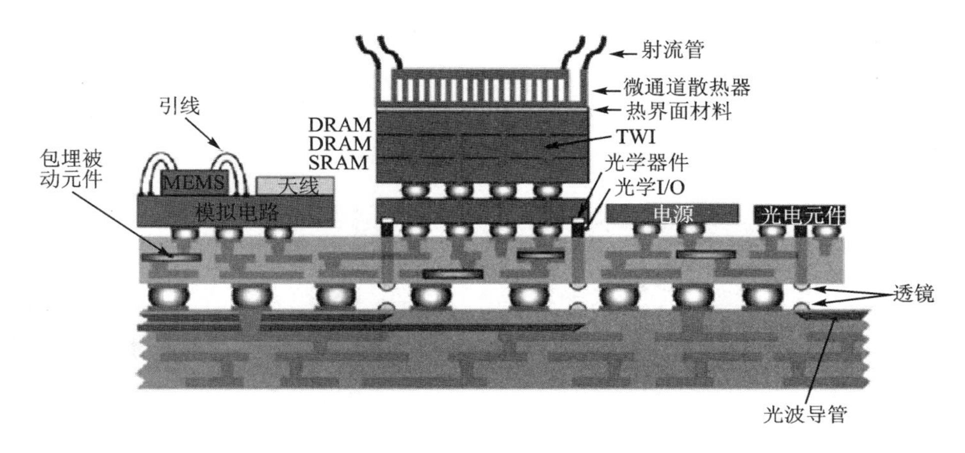

图 4－23　典型 SiP 多功能集成

SoC、SiP 与多芯片组件 MCM 有很多相似之处，都分别提供并实现不同级别电子系统的方法。SoC 是在单一芯片上实现电子整机系统的功能，研发成本高，设计周期长，验证及生产工艺复杂，多用于相对高端的市场。MCM 将两个以上裸芯片和片式元器件组装在一块高密度多层互连基板上，然后封装在外壳内，构成高密度功能电子组件、部件、子系统或系统，多采用混合集成技术，主要应用于有高可靠性要求而不太计较价格因素的高性能的电子领域中。SiP 是针对某个系统进行功能划分，可选择优化的 IC 芯片及元件来实现这些功能，采用成熟的高密度互连技术与单芯片封装相同或相似的设备、材料、工艺技术制作生产，在封装中构成系统级集成，提高性能的同时降低成本，以其很高的性价比应用于中端市场。SiP 也可以实现多芯片堆叠的 3D 封装内的系统集成，在垂直芯片表面的方向上堆叠，互连两块以上裸芯片的封装，其空间占用小，电性能稳定，同时可嵌装不同工艺制作 IC 芯片，内嵌无源元件，甚至光器件和微机电系统 MEMS。

4.4.4　微组装技术

微组装技术（MPT）是混合集成微电子技术发展到高级阶段的产物，是在 SMT 和混合集成技术基础上发展起来的新一代电子组装和互连技术。MPT 综合应用了高密度互连基板技术、多芯片组件技术、系统/子系统组装技术、3D 组装技术等关键工艺技术，把构成电子电路的各种微型元器件（集成电路芯片和片式元器件）组装起来，形成 3D 结构的高密度、高性能、高可靠、微小型和模块化电路产品的先进电子装联技术，是电子整机实现模块化、智能化、高频率和在有限空间内实现组装功能高度综合集成的根本途径。

常规电子组装是以一般电子元器件及普通印制电路板为基础的组装技术。微组装则是以芯片（载体、载带、小型封装元器件等）和高密度多层基板（陶瓷基板、表面安装的细线印制电路板、被釉钢基板等）及微焊接为基础的综合性组装技术。目前微组装技术在微波组件制造中得以广泛应用。

习　题

4.1 微电子封装的作用有哪些?

4.2 简述微电子封装技术的发展历程。

4.3 金属封装、陶瓷封装和塑料封装各自的特点是什么? 主要应用于哪些领域?

4.4 塑料封装工艺包括哪些步骤? 各自的作用是什么?

4.5 目前主要的芯片互连技术有哪些? 除了书中介绍的互连方式,还有哪些先进的芯片互连技术? 请自行查阅相关资料进行了解。

4.6 识别下列封装的类型:

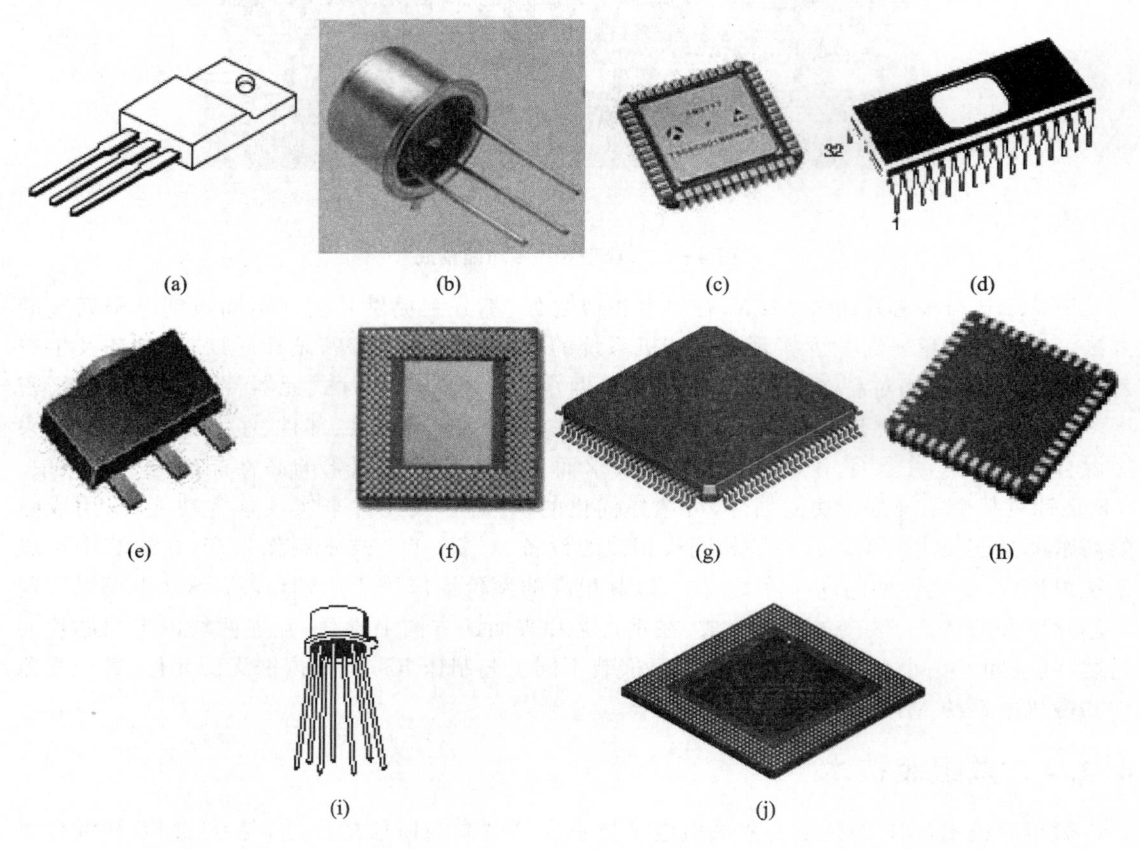

(a)　(b)　(c)　(d)

(e)　(f)　(g)　(h)

(i)　(j)

4.7 简述插装型封装、表面安装型封装和多芯片组件各自的特点。

4.8 简述晶圆级封装的分类及区别。

4.9 除了书中介绍的3D封装种类,你认为还可以有哪些3D封装形式? 请大胆进行设想。

4.10 系统级封装的分类有哪些? 区别是什么?

4.11 微组装技术相比于常规电子组装技术具备哪些优点?

4.12 除了书中介绍的封装形式,还有哪些先进的封装技术? 请自行查阅资料了解。

第5章　电子元器件可靠性试验

5.1　电子元器件可靠性试验

5.1.1　电子元器件可靠性试验的定义

元器件可靠性试验是指对受试样品施加一定的应力(对元器件功能有影响的各种外界因素在可靠性术语中称为应力),在这些应力(指电的、机械的、环境的)作用下,使受试样品反映出性能的变化,从而来判断元器件是否失效的试验。简要地说,为评价分析元器件的可靠性而进行的试验。

元器件可靠性试验是评价元器件可靠性的重要手段。目前把测定、验证、评价、分析等为提高元器件可靠性而进行的各种试验,统称为可靠性试验。

元器件可靠性试验不仅是判定其性能参数是否符合元器件的技术指标,也就是判定元器件合格或不合格,而且还要用数理统计方法进行定量分析,最终目的是得出元器件可靠性指标。

可靠性试验贯穿于元器件产品的研制开发、设计定型、批量生产和使用的各个阶段,只是各阶段试验的目的、内容不同而已。

(1) 研制阶段

研制阶段通过试验来确定元器件的可靠性特征值,通过试验暴露出元器件在设计、材料、工艺阶段存在的问题和有关数据,对设计者、生产者和使用者都是非常有用的。

(2) 设计定型阶段

设计定型阶段可通过可靠性鉴定试验,可以全面考核元器件是否已达到预定的可靠性指标。

(3) 生产阶段

生产阶段评价元器件生产工艺、过程是否稳定可控。

(4) 使用阶段

通过各种可靠性试验,了解元器件在不同的工作、环境条件下的失效规律,摸准失效模式,搞清失效机理,以便采取有效纠正和预防措施,提高元器件的可靠性。

5.1.2　可靠性试验的分类

元器件可靠性试验的分类方法有很多种,主要的分类方法如下:

(1) 按工作方式分类

元器件可靠性试验分为现场试验(实际工作状态)和模拟试验(实验室模拟实际工作状态的试验),如图5-1所示。元器件可靠性试验一般采用模拟试验进行。

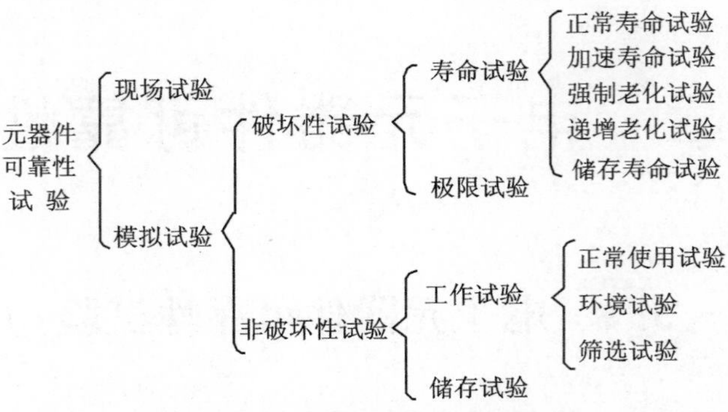

图 5-1 元器件可靠性试验的分类

(2) 按试验的性质分类

元器件可靠性试验分为破坏性试验和非破坏性试验。

(3) 按试验目的分类

元器件可靠性试验分为以下几种:

- 可靠性鉴定试验:为确定元器件产品的可靠性特征量是否达到所要求的水平而进行的试验。
- 寿命试验:为评价和分析元器件的寿命特征量而进行的试验。
- 耐久性试验:为考查元器件性能与所施加的应力条件的影响关系而在一定时间内所进行的试验。
- 筛选试验:为选择具有一定特征或剔除早期失效的元器件而进行的试验。
- 可靠性增长试验:通过对元器件可靠性试验中出现的问题进行深入分析,采取有效纠正措施,系统地并永久消除失效机理,使元器件可靠性获得提高,从而满足或超过预定的可靠性要求的试验。

一般习惯将元器件可靠性试验按照试验项目分为四类:环境试验、寿命试验、特殊检测试验和现场使用试验。其试验类别和试验项目如表 5-1 所列。

表 5-1 可靠性试验按试验项目分类表

试验类别		试验项目
环境试验	气候环境试验	温度、湿度、气压、盐雾试验等
	机械环境试验	振动、冲击、离心试验等
寿命试验	长期寿命试验	长期储存寿命试验 长期工作寿命试验(静态、动态)
	加速寿命试验	恒定应力加速寿命试验 步进应力加速寿命试验 序进应力加速寿命试验
特殊检测试验		与管壳有关的试验 与引线有关的试验 与制造工艺有关的试验
现场使用试验		实际工作试验 现场储存试验 现场环境试验

5.1.3 电子元器件可靠性试验方法的国内外标准

国内外元器件可靠性试验方法常用的标准有：中国国家标准GB，中国国家军用标准GJB，日本工业标准JIS、日本电子机械工业会标准EIAJ、国际电工委员会标准IEC、英国标准BS、美国军用标准MIL、美国电子器件工程联合会标准JEDEC、德国工业标准DIN、欧洲标准CENELEC、俄罗斯国家标准ГОСТ、俄罗斯国家军用标准СТЭК等。各国标准中典型的元器件试验方法的标准文件如下：

（1）中国国家标准GB

• GB/T 15297－1994：微电路模块机械和气候试验方法
• GB/T 4937－1995：半导体器件机械和气候试验方法
• GB/T 2423.44－1997：电工电子产品环境试验

（2）中国国家军用标准GJB

• GJB 128A－97：半导体分立器件试验方法
• GJB 360A－96：电子及电气元件试验方法
• GJB 548B－2005：微电子器件试验方法和程序
• GJB1217－91：电连接器试验方法

（3）日本工业标准

• JISC 7022：半导体集成电路的环境和疲劳试验方法
• JISC 7030：晶体管试验方法
• JISC 7031：小信号半导体二极管试验方法
• JISC 7033：整流二极管试验方法
• JISC 7021：半导体分立器件的环境和疲劳试验方法
• JISC 5020：电子设备用元件的耐候性及机械强度试验方法通则
• JISC 5003：电子设备用元件的失效率试验方法通则

（4）日本电子机械工业协会标准

• SD－121：半导体分立器件的环境及疲劳性试验方法
• IC－121：集成电路的环境及疲劳性试验方法

（5）国际电工委员会标准IEC

• IEC 60749：半导体器件机械和气候环境试验方法

（6）英国标准BS

• BS 9300：半导体器件试验方法
• BS 9400：集成电路试验方法

（7）美国军用标准MIL

• MIL－STD－202E：电子、电气元件试验方法
• MIL－STD－750B：半导体器件试验方法
• MIL－STD－883G：微电子器件试验方法和程序

（8）美国电子器件工程联合会标准JEDEC

• JESD22－A101－B：稳态温度湿度偏压寿命试验方法
• JESD22－A103C：高温储存试验方法

- JESD22－A110－B：高加速温度湿度应力试验方法
- JESD74：早期失效计算方法
- JESD－020C：非密封表贴器件潮湿敏感度等级评价方法

(9) 俄罗斯国家标准 СТЭК、军用标准 ГОСТ

- ГОСТВ 20.57.404－81(СТВСЭВ0264－87)军用电子技术、量子电子学及电工制品质量检验综合体系——符合可靠性要求的评估方法
- СТЭК 436.6476.209 电子技术制品可靠性储存性要求与试验方法
- СТЭК 436.6476.210 电子技术制品可靠性(寿命与无故障)要求与检验方法

5.2　电子元器件可靠性基础试验

5.2.1　可靠性基础试验的定义

元器件可靠性试验是为完成特定目的而进行，由一系列通用的基本试验单元——可靠性基础试验组成的。我们把组成各种可靠性试验的最基本的试验叫作可靠性基础试验。

可靠性基础试验如高温储存试验、振动试验、盐雾试验等，它们都是独立的试验，不同的组合可构成不同的可靠性试验。因此，可靠性基础试验的结果将直接影响元器件可靠性试验的结果。所以，这些通用的可靠性基础试验是做好元器件可靠性试验的重要保证。

元器件可靠性基础试验也是元器件基本性能的主要检测手段，如在元器件研制过程中，为特定的目的经常独立进行某些通用的可靠性基础试验，如检查器件封装的密封性能需要单独进行粗、细检漏试验，检查封装内部是否有可动多余物需要单独进行粒子碰撞噪声检测试验等。

5.2.2　可靠性基础试验的分类

通用的可靠性基础试验有很多种，根据不同的分类方法，可以有多种不同的分类。一般通用的可靠性基础试验可分为电＋热应力试验、环境应力试验、物理试验、空间环境试验等，详细分类如表5－2所列。

表5－2　可靠性基础试验类型、方法、目的及可能暴露的缺陷

应力类型	可靠性基础试验方法	试验目的	可能暴露的缺陷	应　用
电应力＋热应力	高温静态老炼	剔除有隐患的元器件或剔除有制造缺陷的元器件(剔除早期失效的元器件)	扩散缺陷键合缺陷电迁移金属化缺陷参数漂移	筛选试验可靠性评价寿命试验
	高温动态老炼			
	高温交流工作			
	高温反偏			
	低温工作		热载流子效应	可靠性评价
环境应力试验	高温储存	考核元器件在高温条件下工作或储存的适应能力	电稳定性金属化缺陷腐蚀引线键合	鉴定检验筛选试验可靠性评价

续表 5-2

应力类型	可靠性基础试验方法	试验目的	可能暴露的缺陷	应 用
环境应力试验	温度循环	考核元器件在短期内反复承受温度变化的能力及不同结构材料之间的热匹配性能	封装的密封性引线键合管芯焊接硅(裂纹)PN结热缺陷	鉴定检验筛选试验可靠性评价
	热冲击	考核元器件在突然遭到温度剧烈变化时之抵抗能力及适应能力的试验	封装的密封性引线键合芯片粘片硅(裂纹)PN结热缺陷	鉴定检验可靠性评价
	交变湿热试验	确定元器件在高温、高湿度或伴有温度湿度变化条件下工作或储存的适应能力	外引线腐蚀外壳腐蚀离子迁移封装材料(绝缘、膨胀、机械性能)	鉴定检验可靠性评价
	砂 尘	考核产品在飞散尘埃的大气中抵抗尘埃微粒渗透的能力	表面磨蚀电路劣化活动部件阻塞	鉴定检验可靠性评价
	盐 雾	考核元器件在盐雾环境下的抗腐蚀能力	外壳腐蚀外引线腐蚀金属化腐蚀电参数漂移	鉴定检验可靠性评价
	低气压试验	考核元器件对低气压工作环境的适应能力	绝缘(电离、放电、介质损耗)PN结温度	可靠性评价
	恒定加速度	确定元器件在离心加速度作用下的适应能力或评定其结构的牢靠性检验并筛选掉粘片欠佳、内引线与键合点强度较差的器件	封装结构缺陷芯片粘片引线键合芯片裂纹机械强度	鉴定检验筛选试验可靠性评价
	扫频振动	寻找被试验样品的各阶固有频率及在这个频率段的耐振情况	引线键合芯片粘片芯片裂纹	鉴定检验可靠性评价
	振动噪声	考核在规定振动条件下有没有噪声产生	封装异物封装结构缺陷	
	振动疲劳	考核在规定的频率范围内的外载荷的长时间激励对集成电路封装的影响	引线键合芯片粘片芯片裂纹封装结构缺陷	
	机械冲击	确定元器件受到机械冲击时的适应性或评定其结构的牢靠性	封装结构缺陷封装异物芯片粘片引线键合芯片裂纹外引线缺陷	鉴定检验可靠评价

续表 5-2

应力类型	可靠性基础试验方法	试验目的	可能暴露的缺陷	应用
物理试验	密封-粗检漏	确定具有内空腔的元器件和含有封装的元器件的气密性	封装的密封	鉴定检验筛选试验可靠性评价
	密封-细检漏		封装的密封	
	PIND试验	检验封装腔体内是否存在可动多余物。可动导电多余物可能导致微电路等的内部短路失效	封装异物	鉴定检验筛选试验可靠性评价
	内部水气含量试验	测定在金属或陶瓷气密封装器件内的气体中水气的含量,它是破坏性试验	封装内水气含量过高	鉴定检验可靠性评价
	键合强度试验	检验元器件键合处(如微电路封装内部的内引线与芯片和内引线与封装体内外引线端)的键合强度	封装内引线键合	鉴定检验可靠性评价
	芯片剪切强度试验	考核芯片与管壳或基片结合的机械强度	芯片粘片	鉴定检验可靠性评价
	外引线可焊性试验	考核外引线低熔点焊接能力	外引线可焊性	鉴定检验可靠性评价
	涂覆层附着力试验	考核外引线各涂覆层的牢固性	外引线涂覆层牢固性	鉴定检验可靠性评价
	外引线抗拉试验	考核外引线在与其平行方向拉力作用下的引线牢固性和封装密封性	引线牢固性封装密封性	鉴定检验可靠性评价
	外引线抗弯试验	考核外引线受弯曲应力作用(外引线在与其垂直方向的力)时的劣化程度		
	外引线抗疲劳试验	考核外引线抗金属疲劳的能力		
	外引线抗扭矩试验	考核外引线受扭转应力作用(外引线在与其垂直方向的力)时的劣化程度		
	耐溶剂性试验	验证当器件受到溶剂作用时,其标志是否会变模糊	标记附着性差	鉴定检验可靠性评价
	静电放电敏感度试验	考核元器件抗静电放电能力	抗静电能力	鉴定检验可靠性评价
	X射线检查	检测元器件封装内缺陷,特别是密封工艺引起的缺陷和诸如多余物、错误的内引线连接、芯片黏接空洞等内部缺陷	芯片粘片引线形状封装异物芯片裂纹	分析筛选试验
	声学扫描显微镜	利用超声波不同材料接触面的反射特性非破坏性地查找物理缺陷	封装材料的空洞、裂纹、分层;芯片的裂纹、黏接空洞等	分析筛选(主要用于塑封器件)
	扫描电镜	通过对入射电子与样品表面互相作用产生二次电子信号检测得到样品表面放大的图像	芯片表面缺陷引线材料表面缺陷键合缺陷	分析
	能谱分析	通过对入射电子与样品表面互相作用产生俄歇电子信号检测得到样品表面检测点的元素成分	表面成分分析	分析

续表 5-2

应力类型	可靠性基础试验方法	试验目的	可能暴露的缺陷	应　用
辐射应力	热真空试验	在压力不高于 6.5×10^{-3}Pa 的试验室中进行热试验，模拟空间环境中以辐射为换热主导方式的效应，测试器件在热真空环境下的可靠性	漏电流增大工作速度改变参数和功能失效增益下降衰减增大翻转烧毁闩锁暗电流增大	可靠性评价
	总电离剂量辐照	对已封装的半导体集成电路进行钴 60γ 射线源电离辐射总剂量作用，以评价低剂量率电离辐射对器件作用（明显的时变效应）		鉴定检验可靠性评价
	中子辐射	检测和测量半导体器件关键参数在中子环境中的退化与中子注量的关系		鉴定检验可靠性评价
	单粒子效应	获得器件单粒子翻转截面、锁定截面与入射离子 LET 的关系，测定半导体器件单粒子翻转与锁定的敏感性；考核 MOSFETs 单粒子烧毁和栅穿的敏感度		鉴定检验可靠性评价

5.2.3　环境应力试验

1. 温度循环试验

① 试验目的：考核电子元器件在短期内反复承受温度变化的能力及不同结构材料之间的热匹配性能。温度循环试验是模拟温度交替变化环境对电子元器件的机械性能及电气性能影响的试验。

② 试验原理：电子元器件在实际使用中可能会遇到温差变化比较大的环境条件。例如，在严寒冬天把电子产品从室内移到室外工作或从室外移至室内工作，会遇到温度的大幅度变化；又如飞机从机场起飞后迅速爬升高空或从高空俯冲着地时，机载电子设备将会遇到大幅度的温度变化。因此要求电子元器件也应具有承受这种大温差温度变化的能力。

温度循环试验的目的主要是考核测定元器件在短期内反复承受极端高、低温变化的能力，以及极端温度交替突变对器件的影响，从而暴露出元器件因材料热胀冷缩性能不匹配、内引线和管芯涂料温度系数不匹配、芯片裂纹、接触不良、制造工艺等原因而造成的失效并加以剔除。元器件温度循环环境应力试验是比较普遍和有效的一种筛选方法。

③ 试验设备：温度循环试验箱。

④ 产生的缺陷：封装的密封性、引线键合、管芯焊接、硅片（裂纹）、PN 结缺陷。

2. 高温储存试验

（1）试验目的

电子元器件的失效大多是由于环境温度造成体内和表面的各种物理、化学变化所引起的。温度升高后，使得化学反应速率大大加快，其失效过程也得到加速，使有缺陷的元器件能及时暴露。

通过提高元器件环境温度,加速元器件中可能发生或存在的任何化学反应过程(例如由水气或其他离子所引起的腐蚀作用,表面漏电、玷污以及金-铝之间金属化合物的生成等),使具有潜在缺陷的元器件提前失效而剔除。高温储存试验对于表面玷污、引线键合不良、氧化层缺陷等都有很好的筛选作用。

(2) 试验原理

高温储存是在试验箱内模拟高温条件对元器件施加高温应力(不加电应力),使得元器件体内和表面的各种物理、化学变化的化学反应速率大大加快,其失效过程也得到加速,使有缺陷的元器件能尽早暴露。

高温储存试验的特点:

① 最大的优点是操作简便易行,可以大批量进行,投资少,其筛选效果也不差,因而是目前比较普遍采用的筛选试验项目。

② 通过高温储存还可以使元器件的性能参数稳定,减少使用中的参数漂移,故在 GJB548 中也把高温储存试验称为稳定性烘焙试验。

③ 对于工艺和设计水平较高的成熟器件,由于器件本身已很稳定,所以做高温储存筛选效果很差,筛选率几乎为零。

(3) 试验设备和缺陷

试验设备采用高温试验箱。产生的缺陷:电稳定性、金属化、硅腐蚀、引线键合。

(4) 注意事项

① 温度-时间应力的确定:在不损害半导体器件的情况下筛选温度越高越好,因此尽可能提高储存温度。储存温度须根据管壳结构、材料性质、组装、密封工艺而定,同时还应特别注意温度和时间的合理确定。

有人认为温度越高、时间越长筛选考核就越严格,这是错误的。例如:如果储存温度过高、时间过长则使器件加速退化以及对器件的封装有破坏性,还有可能造成引线镀层微裂及引线氧化,使得可焊性变差。

确定温度、时间对应关系的原则是:保持对元器件施加的应力强度不能变,即如果提高了储存温度就应减少储存时间。

对于半导体器件来说,最高储存温度除了受到金属与半导体材料共熔点温度限制以外,还受到器件封装所用的键合丝材料、外壳漆层及标志耐热温度和引线氧化温度的限制。因此,金-铝键合的器件最高储存温度可选用 150 ℃,铝-铝键合的最高可选用 200 ℃,金-金键合的器件最高可选用 300 ℃。对电容器来说,最高储存温度除了受到介质耐热温度限制外,还受到外壳漆层和标志耐热温度以及引线氧化温度的限制,某些电容器还受到外壳浸渍材料的限制,因此,电容器的最高储存温度一般都取它的正极限温度。

② 高温储存多数在封装后进行,半导体器件也有在封装前的圆片阶段或键合后进行,或封装前后都进行。

③ 高温储存试验结束后必须对元器件进行测试对比,如按 GJB 548B 中规定,必须在 96 h 内测试完毕。

3. 温度热冲击试验

① 试验目的:考核电子元器件在突然经受温度剧烈变化时的抵抗能力及适应能力的

试验。

② 试验原理：温度的剧烈变化引起热变形的剧烈变化，从而引起剧烈的应力变化。应力超过极限应力，便会出现裂纹，甚至断裂。热冲击之后能否正常工作便表明该电子元器件的抗热冲击能力。

③ 试验设备：液体介质高低温冲击试验箱。

④ 可能暴露的缺陷：封装的密封性、引线键合、芯片粘片、芯片（裂纹）、PN 结缺陷。

4. 恒定湿热试验

① 试验目的：确定元器件在高温、高湿条件下工作或储存适应能力。

② 试验原理：高温和高湿度的同时作用，会加速金属件的腐蚀和绝缘材料的老化。对于半导体器件，如果水气渗透进管芯，还会引起电参数的变化。尤其在两种不同金属材料的键合处或连接处，由于水气渗入会产生电化学反应，从而使腐蚀速度大大加快。此外，在湿热环境中，管壳的电镀层可能会剥落，外引线可能生锈或锈断。因此，高温高湿度的环境条件是考核元器件稳定性和可靠性的重要试验之一。

③ 试验设备：恒定湿热试验箱。

④ 产生的缺陷：外引线腐蚀、外壳腐蚀、离子迁移、封装材料（绝缘、膨胀、机械性能）。

5. 交变湿热试验

① 试验目的：用加速方式评估元器件及其所用材料在炎热和高湿条件（典型的热带环境）下抗退化效应的能力。

② 试验原理：元器件处于交变的高湿、高温条件下时，水气借助于温度以扩散、热运动、呼吸作用、毛细现象等被吸入器件内部。这时的吸入量一方面和温度、绝对湿度、时间有关（温度越高、水分子的活动能越大，水分子越容易进入器件内部；绝对湿度越大，水分子含量就越多，水分子渗入器件内部的可能性也增大）；另一方面与温度变化率、温差有关（温度变化率则决定了单位时间内“呼吸”的次数；温差的大小决定了“呼吸”程度的大小）。高温和高湿度的同时交变作用，会加速金属配件的腐蚀和绝缘材料的老化。

本试验与稳态湿热试验不同，它采用温度循环来提高试验效果，其目的在于提供一个凝露和干燥的交替过程，使进入密封外壳内的水气产生“呼吸”作用，从而使腐蚀过程加速。在高温下，潮气的影响将更加明显，增强试验效果。

试验包括一个低温子循环，因为凝结水气引起的应力会使裂缝加宽，它能使在其他情况下不易发现的退化作用加速显现。这样，通过测量电特性（包括击穿电压和绝缘电阻）或进行密封试验就可以揭示该退化现象。

如果需要，本试验还可以对某些元器件施加一定的电负荷，从而确定载流元器件特别是细导线和节点的抗电化学腐蚀的能力。

③ 试验设备：高低温交变湿热试验箱。

④ 产生的缺陷：外引线腐蚀、外壳腐蚀、离子迁移、封装材料（绝缘、膨胀、机械性能）。

6. 砂尘试验

① 试验目的：考核电子元器件在大气中抵抗尘埃微粒渗透的能力。

② 试验原理：砂尘环境是引起许多设备失效的一个重要环境因素。广泛分布的砂尘环境对设备系统具有严重的影响，可造成冲蚀、磨损、腐蚀及渗透等失效模式。

③ 试验设备:吹尘试验箱。

④ 产生的缺陷:外壳磨损和磨蚀、密封渗透、电性能劣化。

7. 盐雾试验

① 试验目的:考核电子元器件在盐雾环境下的抗腐蚀能力。

② 试验原理:盐雾对电子元器件有较大的侵蚀和电解腐蚀作用;如果器件在盐雾环境下抗腐蚀的能力低(器件的电镀层或油漆层质量不好,器件密封不严等),经过盐雾试验后,器件便失效。

③ 试验设备:盐雾试验箱。

④ 可能暴露的缺陷:外壳腐蚀、外引线腐蚀、金属化腐蚀、电参数漂移。

8. 高低温低气压试验

(1) 试验目的

考核元器件对低气压工作环境的适应能力。

(2) 试验原理、试验设备和缺陷

当气压减小时空气绝缘性能会减弱,易产生电晕放电、介质损耗增加、电离等现象;气压减小使元器件的散热条件变差,元器件温度上升。这些因素都会使被试样品在低气压条件下丧失规定的功能,有时会产生永久性损伤。试验设备:高低温低气压试验箱。可能暴露的缺陷:绝缘(电离、放电、介质损耗)、结温。

9. 机械振动试验

(1) 试验目的

考核被试电子元器件抵抗各种机械振动应力的能力,包括扫频振动试验、振动疲劳试验、振动噪声试验、随机振动试验,各振动试验的目的如下。

扫频振动试验:寻找被试验样品在规定的频率范围内的各阶固有频率及耐振情况。

振动疲劳试验:考核被试样品在规定的频率范围内长时间激励下的抗疲劳能力。

振动噪声试验:考核被试样品在规定的振动条件下元器件有没有电噪声产生。

随机振动试验:考核被试样品在随机激励下抵抗随机振动的能力。

(2) 试验原理

机械振动试验是在实验室里模拟各种恶劣的振动条件(将样品紧固在振动台专用的夹具上)以检验对器件性能和可靠性的影响,确定器件承受规定振动等级的能力。通过试验能暴露产品在生产工艺中的一些缺陷(诸如封装结构、引线焊接、键合不良、内引线过长、黏接缺陷等)。

振动试验可分为在振动过程中加电检查和不加电检查两种。加电检查振动试验能够发现元器件的瞬时短路、开路和金属微粒多余物等缺陷。

(3) 试验设备和缺陷

设备采用机械振动试验台。机械振动试验可能暴露的缺陷:外引线、引线键合、芯片粘片、芯片裂纹、结构缺陷。

10. 机械冲击试验

(1) 试验目的

确定电子元器件受到机械冲击时的适应性或评定其结构的牢靠性,主要是模拟元器件在运输、搬运、使用过程中遇到的各种不同程度的机械冲击。

(2) 试验原理

短时间内极大的冲击力(极大的冲量)作用在试验样品上,从而引起试验样品产生极大的瞬态振动(位移),在试验样品内产生极大的应力和应变,抗冲击能力弱的试验样品就会因冲击而损坏或性能降低。

(3) 试验设备和缺陷

机械冲击试验台(有时可用振动台代替冲击台)和冲击传感器系统。可能暴露的缺陷:结构缺陷、封装异物、芯片粘片、引线键合、芯片裂纹、外引线。

11. 恒定加速度试验

(1) 试验目的

确定电子元器件在离心加速度作用下的适应能力或评定其结构的牢靠性。

(2) 试验原理

恒定加速度试验就是用机械旋转产生离心加速度以获得恒加速度的一种试验,又被称为离心加速度试验或稳定加速度试验,其目的是通过该试验来确定电子元器件在离心加速度作用下的适应能力或评定其结构的牢靠性,以弥补做机械冲击和振动试验时可能未检出的有结构或机械类型缺陷的器件。

(3) 试验设备和可能暴露的缺陷

离心加速度试验机,结构缺陷、芯片粘片、引线键合、芯片裂纹、机械强度。

(4) 试验注意事项

① 施加的应力强度与管壳重量、管壳内腔周长及器件类型有关,应严格按照标准规定执行,以免由于过应力而给器件留下隐患。

② 器件外壳应采用专用夹具固定好,否则容易对外壳产生损伤性应力。例如:用细砂物质作填充料的离心罐应尽量将其填实并对器件表面加以保护,以免填充料磨坏器件表面,甚至压凹器件管帽。

③ 对内部元件主基座平面与 Y 轴垂直的器件,管壳安装的方向应是使芯片脱离黏结的方向,即仅在称为 Y_1 的方向进行试验。

5.2.4 物理试验

1. 外部目检

① 试验目的:本试验的目的是检验已封装器件的工艺质量是否符合适用文件的要求。

② 试验设备:试验中采用的设备应包括能至少放大至 10 倍的光学设备,该设备具有较大的可以接受的可见视场,如 5～10 倍立体显微镜。

③ 可检查的缺陷:

a) 元器件外引线的机械损伤、断裂、锈蚀等现象。

b) 元器件主体的变形、颈缩、严重掉漆、开裂等现象。

c) 元器件型号、极性等标志是否清晰、正确。

2. 微粒碰撞噪声检测(PIND)试验

① 试验目的:检验封装腔体内是否存在可动多余物。可动多余物可能导致微电路等的内部短路失效。

② 试验原理:对有内部空腔的密封元器件(如微电路)施加适当的机械冲击应力,使粘附于密封件内腔的多余物成为可动多余物。再同时施加振动应力,使可动多余物产生振动,振动的多余物与腔体壁撞击产生噪声。通过换能器检测噪声,从而判断腔内有无多余物。

③ 试验设备:微粒碰撞噪声检测仪。

④ 可能暴露的缺陷:封装异物。

⑤ 注意事项:

a) 有内腔的密封件(如微电路)内引线较长。在做微粒碰撞噪声检测试验时,长引线的颤动也可能检测出噪声。改变振动频率,噪声有变化时,其噪声往往是由长引线的颤动产生。

b) 所有黏附剂应对其传送的机械能量有较小的衰减系数。

c) 冲击脉冲的峰值加速度、延续时间和次数应严格控制,否则试验可能是破坏性的。

d) 当有内腔的密封件内有柔软细长的多余物(如各种纤维丝)时,用微粒碰撞噪声检测试验有时可以检测出多余物,有时则检测不出,这与多余物的长短、质量、悬挂方式、悬挂位置及粒子碰撞噪声检测试验的精度有关。

e) 虽然检测结果显示有多余物,实际打开检查,找不出多余物。这时,应仔细分析产生噪声的原因,并用试验证实。有的密封件内仅有一块印制板,但做微粒碰撞噪声检测试验时,有噪声输出。实际上这是因印制版在试验中与印制板导轨碰撞所致,固定好印制板后就再也无噪声输出。

f) 为保证有效的剔除有多余物的器件,可多进行几次试验。

g) 在元件内空腔中有可活动部分时(如继电器等),必须从示波器波形中将由于继电器的活动部件振动所形成的波形与多余物振动所形成的波形区别开,以免误检。

h) PIND设备灵敏度对测试结果的正确性有很大影响,因此,在每次试验的前后都应对其灵敏度检测单元(STU)进行校验,不合格时则认为本次试验数据无效。

3. 内部目检

(1) 试验目的

a) 为了检查元器件的内部材料、结构和工艺是否符合适用文件的要求。

b) 为了查出可能导致器件在正常使用时失效的内部缺陷并剔除相应的器件,通常应在封盖或密封前对器件作100%的内部目检。

c) 在确定承制方对微电子器件的质量控制和操作程序的有效性时,也可在封盖前按抽样方式作本项试验。

d) 破坏性物理分析需要进行的项目。

e) 高可靠微电路规定了严格和详细的内部目检项目和程序。

f) 进行失效分析。

(2) 试验设备

具有规定放大倍数的光学仪器、照相设备、各种目检判据(如标尺、图样和照片等)的合适夹具。

(3) 可检查的缺陷

金属化、钝化层、键合、芯片黏接、芯片、内引线等缺陷属于可检查却必须检查的。

4. 键合强度试验

(1) 试验目的

检验半导体器件封装内部的内引线的键合强度。

(2) 试验原理和试验设备

对元器件的内部键合引线施加使两部件分离的拉力，若此力达到某规定值，则该元器件键合强度合格。

键合强度试验分为破坏和非破坏性键合强度试验。

若试验中拉力不大于最小键合力规定值的80%，该试验称为非破坏性键合强度试验。有时作为筛选试验项目。若试验时拉力增加到键合断裂时停止，则试验为破坏性键合强度试验。

对微电路等元器件而言，键合强度试验的目的是对其键合性能做批次性评价，所以试验样品要满足抽样要求。

试验设备为键合强度拉力机。

5. 芯片剪切强度试验

试验目的和试验原理

考核芯片与芯片外壳或基片结合的机械强度。

对芯片加垂直芯片脱离基片/底座方向的力(附着强度试验)，或对芯片加平行芯片与基片/底座结合面方向的力(剪切强度试验)，若此力达到某规定值，则该芯片剪切(附着)强度为合格。试验设备采用剪切强度测试仪。

6. 内部水汽含量分析试验

① 试验目的：测定在金属或陶瓷气密封装器件内的汽体中水汽的含量，这是破坏性试验。

② 试验原理：通过质谱分析技术测量(预烘焙+烘焙抽气+穿刺+质谱分析)。

③ 试验设备：内部气体成分分析仪(高灵敏度、高分辨率4级质谱仪)。

④ 由此可发现的缺陷：密封性、内部水气含量超标。

7. 密封性检查

(1) 试验目的

确定具有内空腔的密封封装元器件封装的气密性。

对于半导体器件来说，为保证其长期使用寿命和高的可靠性，必须确保器件具有较好的密封性，以抵御在使用环境中各种气体的侵入。例如，侵入管壳内部的湿气、盐雾以及其他玷污性的或腐蚀性的气体，随着时间的积累，都会造成器件在性能上的退化或形成潜在的失效，如：漏电的增大、放大系数的变化、击穿电压的降低等。在高空使用时，由于管壳内部气体的逃逸致使器件的导热性能减弱和电解质介电常数的变化而影响器件的使用。因此，器件的密封性问题是影响器件可靠性的一个极为重要问题。

密封性检查主要用于剔除管壳及其密封工艺中所存在的一些潜在缺陷，如：裂纹、焊缝开裂、微小漏孔、气孔以及封盖对准欠佳等。

人们以漏气速率的大小来衡量器件气密性的好坏。漏气速率越小的产品，表明它的密封性能越好。我们通常称这种检查漏气速率的技术为检漏技术。

(2) 试验原理

检漏分为粗检漏和细检漏两种。通常以漏气速率 $1\text{Pa}\cdot\text{cm}^3/\text{s}$($1\ \text{Pa}=9.87\times10^{-3}\text{atm}$)为

分界,即等效标准漏率小于1Pa·cm^3/s的任何泄漏为细漏,标准漏率大于1Pa·cm^3/s的任何泄漏为粗漏。粗检漏用来检查漏率较大的器件(漏气率大于10^{-5}atm·cm^3/s为漏气严重),细检漏用于检查细微的漏气检漏器件采用(漏气率小于10^{-5}atm·cm^3/s)。一般要求两种情况都做试验。

目前,最常用的检漏方法是"氟碳化合物粗检漏试验"和"示踪气体(氦)细检漏试验"。

(3) 试验设备

检漏器件采用粗、细检漏加压台,氦质谱检漏仪和氟碳化合物检漏试验仪。

(4) 检漏试验应注意以下几点

a) 对气密性要求不高的器件,允许作粗检漏。但对于气密性要求高的器件,由于细检漏检测不出大漏率的器件,所以只作细检是不够的,必须细、粗检漏配合进行。

b) 由于粗检漏使用液体做示踪媒质,可能会堵塞细小漏孔而影响细检结果的准确性,所以检漏的顺序必须是先做细检漏后做粗检漏。

c) 在加压时应考虑待检器件的封装能否承受这个压强;如不能承受,可按相关标准选择合适的气压及相应的恒压时间,以免损坏元器件的封装。

8. 外引线可焊性试验

(1) 试验目的

考核元器件外引线承受低熔点焊接的能力。

(2) 试验原理

在给定的条件下经过水气老化预处理的元器件的外引线浸入规定组分、规定温度的熔锡中。经过规定的时间后,可焊性好的引线外表面会涂覆上足够面积的焊锡。

(3) 试验设备

采用的设备是焊料槽、水汽老化室、焊剂(松香等)、焊料(焊锡等)、温度计、焊接用夹具等。

9. 外引线牢固性试验

(1) 试验目的

考核电子元器件外引线在拉力、扭矩、弯曲、疲劳应力作用下的引线牢固性和封装密封性。

(2) 试验原理

让外引线承受一定的拉力、扭矩、弯曲、疲劳应力,若引线出现裂纹、断裂,引线与基体间出现裂纹、断开等现象,则表明该引线的强度不高、引线焊接不牢或封装密封性不好。因此,根据外引线在应力作用下是否出现引线裂纹、断裂,引线与基体间出现的裂纹、断开等现象就可以判断外引线的牢固性和封装密封性。

10. 外引线涂覆层附着力试验

(1) 试验目的

考核外引线各涂覆层的牢固性。

(2) 试验原理

除外引线涂覆层附着力好的外引线外涂覆上涂层后,经过任意弯曲,各涂层的接触面均不会出现裂纹、剥落、脱皮、起泡或分离等现象。经涂层的外引线,根据各涂覆层的接触面出现裂纹、剥落、脱皮、起泡或分离等现象的强弱，就可以判断外引线涂覆层附着力的好坏。

11. X 射线检查与试验

(1) 试验目的

本检查与试验的目的是用非破坏性的方法检测封装内的缺陷，特别是密封工艺引起的缺陷和诸如外来物质、错误的内引线连接、芯片附着材料中的或采用玻璃密封时玻璃中的空隙等内部缺陷。

X 射线检查与试验具有双重作用：

a) 由于这种方法是非破坏性的，可用作筛选。

元器件密封以后，内部缺陷常要解剖后方能发现，如果采用 X 射线照相方法，就可以透过外壳发现金属微粒、键合缺陷、内部引线损伤、芯片粘结不良等缺陷。

b) 在制造过程中借助这种方法可以剔除有缺陷的产品，国外半导体器件生产厂也都在系统地采用 X 射线检验金属与塑料封装器件的组装工艺。

(2) 试验原理

X 射线检测是根据样品不同部位对 X 射线吸收率和透射率的不同，利用 X 射线通过样品各部位衰减后的射线强度检测样品内部缺陷的一种方法。透过材料的 X 射线强度随材料的 X 射线吸收系数和厚度作指数衰减。

(3) 试验设备

X 射线检测仪作为试验与检测设备。

12. 声学扫描显微分析试验

(1) 试验目的

利用超声波反射模式的声学成像原理，采用非破坏性地查找元器件封装存在的物理缺陷是试验的目的。

(2) 试验原理

声学扫描显微分析技术主要利用超声波的如下特性：

a) 碰到空气(分层或离层)100%反射；

b) 在任何界面会反射；

c) 波长非常短，所以和光线一样直线传播。

反射式扫描声学显微镜利用超声波换能器在样品上方以一定的方式作机械扫描，换能器发出一定频率(5～200 MHz)的超声波，经过声学透镜聚焦，由耦合介质传到样品。换能器由电子开关控制，使其在发射方式和接收方式之间交替变换。超声脉冲透射进样品的内部并被样品内的某个界面反射形成回波，其往返的时间由界面到换能器的距离决定，回波由显示器显示，其显示的波形是样品在不同界面的反射时间与距离的关系。通过时间窗口控制时间，采集某一特定界面的回波而排除其他回波，通过控制换能器的范围，在平面上以机械扫描的方式产生一幅超声图像。其工作原理如图 5－2 所示。

(3) 试验设备和可能产生的缺陷

声学扫描显微镜作为本试验的设备，由此产生的缺陷是

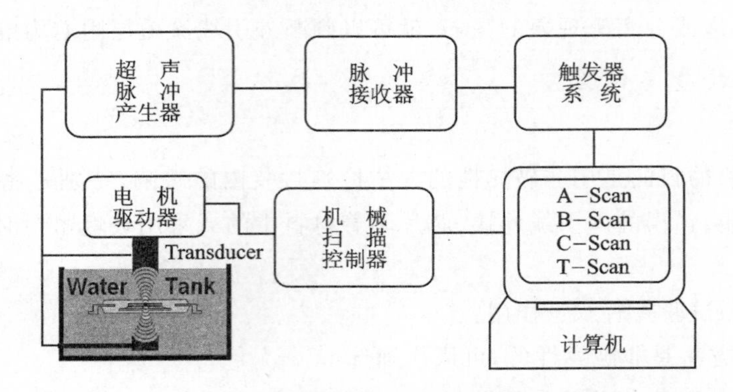

图 5-2 扫描声学显微镜原理图

a）模塑化合物与引线框架、芯片基座之间的分层；

b）模塑化合物的空洞和裂纹；

c）芯片粘接材料中的未粘接区域和空洞(如果可能)。

13. 扫描电镜分析

(1) 试验目的

检查集成电路晶圆或芯片表面上器件互连线金属化层的质量，特别是对钝化层台阶处的金属化质量。

(2) 试验原理

电子枪发射的电子束，经透镜和物镜的聚焦后，以较小的直径、较高的能量和强度到达试样的表面。入射电子与样品固体表面互相作用，产生各种信号(二次发射电子、背散射电子、吸收电子、X射线、俄歇电子、阴极发光和透射电子等)。由在试样旁边的检测器接收，所带信息送入视频放大器放大，通过显示器显示出来。由于显像管的偏转线圈和电镜镜筒中的扫描线圈的扫描电流是严格同步的，所以由检测器对样品表面的逐点检测的信息与显像管上的相应点的亮度是一一对应的，从而在荧光屏上产生放大了的反映样品表面的形貌的图像，其原理图如图5-3所示。

(3) 试验设备

扫描电子显微镜作为扫描电镜的分析仪。

14. X射线显微分析

(1) 试验目的

样品表面微区成分定性和定量分析。

(2) 试验原理

其工作原理与扫描电镜相似，同样利用电子束产生的不同信息。具有一定能量的电子束照射到样品上，样品中多个组成元素因受激发而发射各自的特征X射线，测定这些X射线的频率高低或强度，就可以进行试样成分的定性和定量分析。

一般X射线显微分析仪多以扫描电镜的附件方式出现，使扫描电镜不仅可以进行表面形貌分析，还可同时进行微区成分分析。

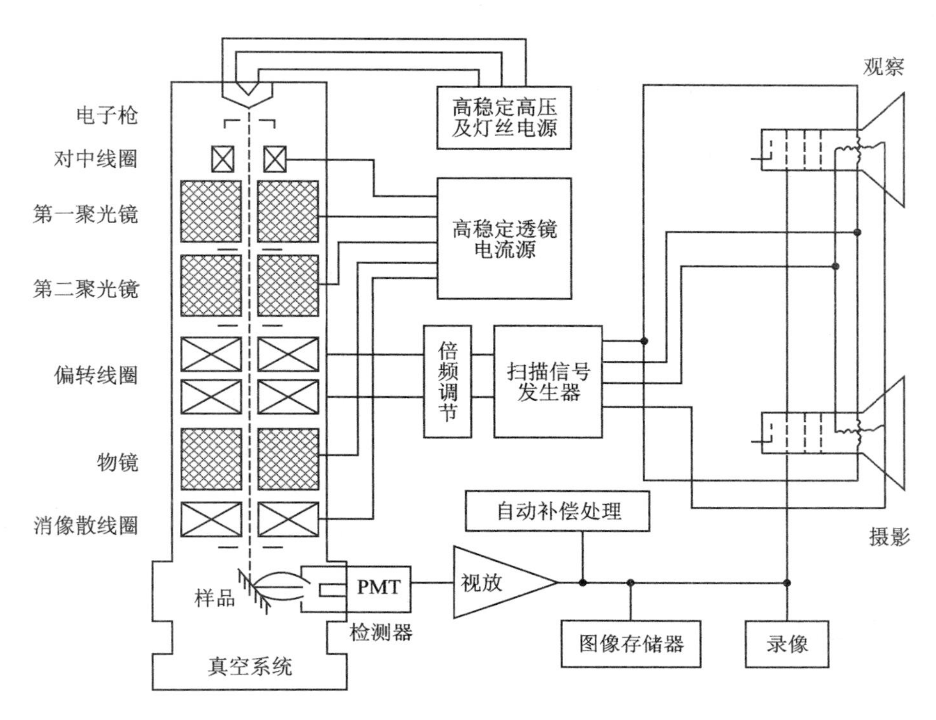

图5-3　扫描电镜结构原理图

(3) 试验设备

X射线能谱仪作为试验设备,可以对材料表面进行成分的定性和定量分析。

15. 俄歇电子能谱分析

(1) 试验目的

表面成分分析,检查合金接触质量、涂层质量、键合质量和晶粒间界。

(2) 试验原理

扫描电镜入射电子与样品表面原子相互作用,产生相应元素的俄歇电子,这些具有特征能量的电子进入附近的能谱分析仪,分析仪利用静电或磁的作用,对进入的电子根据其所携带的能量进行色散或偏转,使对应于某一特定能量的电子汇聚在分析器的出口处,而将其他能量的电子阻挡掉。在出口处放置一检测器检测通过分析仪送来的俄歇电子信号,由此建立的俄歇电子信号和样品表面成分的原子序数之间有明显的关联,从而能够进行样品表面的成分分析。

(3) 试验设备

试验设备为俄歇能谱仪。

16. 静电放电敏感度试验

(1) 试验目的

给出半导体器件所承受静电放电的能力,通过对受静电放电作用造成损伤和退化的敏感度的测定,可对半导体器件进行静电敏感度分级。该试验为破坏性试验。

(2) 试验原理

通过模拟人体、设备或器件放电的电流波形,按规定的组合及顺序对器件的各引出端放电。找出器件产生损伤的阈值静电放电电压,以器件敏感参数的变化量超过规定值的最小静电放电电压作为器件抗静电放电能力的表征值。

(3) 试验设备

试验设备为静电敏感度测试仪。

17. 耐溶剂性试验

(1) 试验目的

本试验的目的是验证当器件受到溶剂作用时,其标志是否会变模糊。溶剂不得引起材料或涂覆发生有害的、机械的或电的损坏或者变质。

(2) 试验原理

试验样品经过预处理后分别浸入3种规定溶液中按照规定程序处理,完成后将器件漂洗干净,并将整个表面吹干。5 min后,检验样品以确定器件标志的退化程度。

(3) 试验设备

3种规定成分的溶液,必要的加温设备,显微镜和毛刷。器件有损坏迹象或规定的标记出现下述情况者应视为失效。

5.2.5 老化试验

1. 老化试验目的和原理

(1) 试验目的

剔除早期失效元器件。

(2) 试验原理

“老化试验”也称“老练试验”是指在一定的环境温度下、较长的时间内对元器件连续施加一定的电应力,通过电-热应力的综合作用来加速元器件内部的各种物理、化学反应过程,促使隐藏于元器件内部的各种潜在缺陷及早暴露,从而达到剔除早期失效产品的目的。

老化试验一般有如下作用:

a) 对于工艺制造过程中可能存在的一系列缺陷,如表面沾污、引线焊接不良、沟道漏电、硅片裂纹、氧化层缺陷、局部发热点、补充击穿等都有较好的筛选效果。

b) 对于无缺陷的元器件,老炼也可促使其电参数稳定。

2. 半导体器件常用的老炼试验方法

(1) 常温静态功率老炼

常温静态功率老炼就是使器件处在室温下老炼。半导体的PN结处于正偏导通状态,器件老炼所需要的热应力,是由器件本身所消耗的功率转换而来的。由于器件在老炼过程中受到电、热的综合作用,器件内部的各种物理、化学反应过程被加速,促使其潜在缺陷提前暴露,从而把有缺陷的器件剔除。这种老炼方法无需高温设备,操作也很简便,因此被普遍采用。在器件的安全范围内,适当加大老炼功率(提高器件结温)可以收到更好的老炼效果,并且可以缩短老炼时间。

为了使老炼取得满意的效果,应注意下面几点:

a) 老炼设备应有良好的防自激振荡措施。

b）给器件施加电压时，要从零开始缓慢地增加，去电压时也要缓慢地减小，否则电源电压的突变所产生的瞬间脉冲可能会损伤器件。老炼后要在标准或规范规定的时间内及时测量，否则某些老炼时超差的参数会恢复到原来数值。

c）为保证晶体管能在最高结温下老炼，应准确测量晶体管热阻。

对于集成电路来说，由于其工作电压和工作电流都受到较大的限制，自身的结温温升很少，如不提高环境温度很难达到有效地老炼所需的温度。因此，常温静态功率老炼只在部分集成电路（线性电路和数字电路）中应用。

（2）高温静态功率老炼

高温静态功率老炼的加电方式及试验电路形式均与常温静态功率老炼的相同，区别在于前者在较高的环境温度下进行。由于器件处在较高的环境温度下进行老炼，集成电路的结温就可达到很高的温度。因此，一般说来，集成电路的高温静态功率老炼效果比常温静态功率老炼要好。

我国军用电子元器件标准中明确规定集成电路要进行高温静态功率老炼，具体条件是：在产品标准规定的额定电源电压、额定负载、信号及线路下进行老炼。老炼条件为：125±3 ℃、168 h（可根据需要确定）。老炼过程中至少每 8 h 监测一次。

（3）高温反偏老炼

在高温反偏老炼中，器件的 PN 结被同时加上高温环境应力和反向偏压电应力，器件内部无电流或仅有微小的电流通过，几乎不消耗功率。这种老炼方法对剔除具有表面效应缺陷的早期失效器件特别有效，因而在一些反向应用的半导体器件老炼中得到广泛的应用。

（4）高温动态老炼

高温动态老炼主要用于数字器件，这种老炼方法是在被老炼器件的输入端由脉冲信号驱动，使器件不停地处于翻转状态。这种老炼方法很接近器件的实际使用状态。

高温动态老炼有两种基本试验电路：串联开关和并联开关试验电路。

串联开关试验电路又称“环形计数器”电路。其特点是：把全部受试器件的输出输入端串联起来，组成一个环形计数电路。由于前级的输出就是后一级的输入，即后一级就是前一级的负载，这就无须外加激励信号和外加负载，故设备简单，容易实现。缺点是任一被试器件失效，都会使整个环形系统停止工作，使试验中断。直到换上新的试验电路或短接有问题的器件，试验才恢复正常。

并联开关试验电路：其特点是被测器件与激励电源相并联，因此每个被试器件都能单独由外加的开关电压来驱动，每个被试器件的输出端均可接一模拟最大值的负载，从而克服了串联开关老炼的缺点。

高温动态老炼的试验条件一般是在最高额定工作温度和最高额定工作电压下老炼 168 至 240 h，例如：民用器件通常为几小时，军用高可靠性器件可选择 100～168 h，宇航级器件可选择 240 h，甚至更长的周期。

3. 元件的老炼

电阻元件老炼试验一般按照规范的要求施加功率和温度环境，要特别注意的是老炼是否有散热的要求。

电容器老炼试验一般采用高温电压老炼。这种方法是：在电容器最高额定工作温度下施加额定电压，持续 96～100 h，以剔除因介质有缺陷而造成击穿、短路的产品。例如有机薄膜电容器介质中的针孔、疵点和导电微粒，在高温电压老炼中会导致电容器短路失效；有严重缺陷的液体钽电解电容器在高温电压老炼时,流经缺陷处的短路电流很大,使产品温度骤然升高。电解质与焊料迅速气化,使压力达到足以使产品遭到破坏的程度。

对于没有潜在缺陷的电容器,高温电压老炼能消除产品中的内应力,改善介质性能,提高电容器的容量稳定性。高温电压老炼能使介质有缺陷的金属化纸介(或塑料箔膜)电容器产生“自愈”,恢复其性能。

4. 做高温老炼试验应该注意的事项

① 各种元器件的电应力的选择要适当,可以等于或稍高于额定条件,应注意高于额定条件但不能引入新的失效机理。例如,有些元器件负荷瞬时超过最大额定值时会立即劣化或击穿,即使一些劣化的器件以后能暂时工作,其寿命将会缩短。

② 经过高温老炼试验后要求壳温冷却到低于35 ℃时才允许给器件断电。由于在高温无电场作用下,可动离子能做无规则运动,使得器件已失效的性能恢复正常,从而可能会掩盖曾经失效的现象。

③ 老炼试验后的测试一般要求在试验结束后96 h内完成。

5.2.6 空间环境试验

1. 热真空试验

(1) 试验目的

检验在6.5×10^{-3}Pa以下的真空、以辐射为换热主导方式的环境下产品的性能和功能。

(2) 试验设备

采用真空容器、真空抽气系统、测控系统设备。

2. 空间环境辐射试验

微电子器件与辐射相关的试验主要有2类:辐射总剂量试验和单粒子效应试验。

(1) 辐射总剂量

辐射总剂量TID(Total Ionizing Dose)是指电子器件在辐射环境下的特性,器件的电学特性产生严重退化(永久故障)前所能承受的总吸收辐射能量级。单位为:rad,即存积在1 g硅中的能量。

(2) 单粒子效应

单粒子效应SEE(Single-Event Effect)指单个高能粒子撞击引起的电子器件状态的瞬时扰动,或是永久性的损伤。单粒子对不同的器件类型、不同的工艺有不同的影响,表5-3列出单粒子效应的不同类型。

表5-3 单粒子效应分类

类 型	英文缩写	定 义
单粒子翻转	SEU(Single Event Upset)	存储单元逻辑状态改变
单粒子闩锁	SEL(Single Event Latchup)	PNPN结构中的大电流再生状态
单粒子烧毁	SEB(Single Event Burnout)	大电流导致器件烧毁
单粒子栅穿	SEGR(Single Event Gate Rupture)	栅介质因大电流流过而击穿
单粒子多位翻转	MBU(Multiple Bit Upset)	一个粒子入射导致存储单元多个位的状态改变
单粒子扰动	SED(Single Event Disturb)	存储单元逻辑状态出现瞬时改变

续表 5-3

类　型	英文缩写	定　义
单粒子瞬态脉冲	SET(Single Event Transient)	瞬态电流在混合逻辑电路中传播,导致输出错误
单粒子快速反向	SES(Single Event Snapback)	NMOS 器件中产生的大电流再生状态
单粒子功能中断	SEFI(Single Event FunctionalInterrupt)	一个翻转导致控制部件出错
单粒子位移损伤	SPDD(Single Particle Displacement Damage)	因位移效应造成的永久损伤(晶格错乱)
单粒子位硬错误	SHE(Single HardError)&Stuck at Bit Error	单个位出现不可恢复性错误

(3) 辐射试验可能暴露的缺陷

辐射试验可能暴露的缺陷有漏电流增大、工作速度改变、参数和功能失效、增益下降、漏电流增大、不灵敏、衰减增大、翻转、烧毁、栅断裂、闭锁、暗电流增大、效率退化。

5.2.7　塑封器件特殊的可靠性基础试验

虽然塑封微电路早在 20 世纪 50 年代初期就出现在市场上,且和气密性封装器件(如金属、陶瓷封装)相比,在重量、尺寸、成本及实用性方面有一系列的明显优点。

- 重量轻,塑封器件重量大约是陶瓷封装的一半;
- 体积小,较小结构,如小外形封装(SOP)、较薄的结构如薄形小外形封装(TSOP);
- 价格廉,塑封器件价格比气密性器件低得多。

也正由于塑封器件的明显优点,塑封器件的生产量迅速增加,很快占据了整个微电路市场的大部分。但在相当长时期内各军用系统设计部门均明确规定:军用系统中不允许使用塑封器件,主要原因就在于塑封微电路存在包括非气密封装在内的一系列影响可靠性的问题。如今塑封微电路可靠性已有了明显提高,其轻、小、廉等优点对军用市场有着巨大的吸引力,并已经在一些高可靠性要求中使用。

除上面介绍的一些基础试验外(不包括与封装气密性有关的试验),还有塑封器件可靠性基础试验、塑封器件特殊的试验项目。表 5-4 列出了多种塑封器件特殊的基础试验项目。

表 5-4　多种塑封器件特殊的试验

可靠性试验方法	典型条件	最终检查	失效模式	失效机理	使用标准
温度/湿度偏压试验	85 ℃/85% RH 加偏置	外观检查电性能测试	焊线拉起,引线间漏电,芯片/芯片黏附性差,界面剥离,焊接基座腐蚀,金属化和/或引线开路	电解腐蚀,分层和开裂延伸	JESD22-Al01
高加速应力试验 HAST	135 ℃/85% RH 加偏置	外观检查电性能测试	焊线拉起,引线间漏电,芯片/芯片基座黏附性差,界面剥离,焊接基座腐蚀,金属化和/或引线开路	相互扩散,腐蚀,生长枝状结晶、聚合差,粘附性差	JESD22-Al10

续表 5-4

可靠性试验方法	典型条件	最终检查	失效模式	失效机理	使用标准
耐焊接热试验	在100～260 ℃范围内以40 ℃/s的速率变化并在260 ℃时保持10 s	声学扫描外观检验	封装裂纹或界面剥离、分层	湿气进入,产生裂纹和裂纹扩展	JESD22-B106
高压蒸煮试验	121 ℃,相对湿度100%,15psig。最短试验时间为96 h	声学扫描外观检验	焊线拉起,引线间漏电,芯片/芯片基座黏附性差,界面剥离,焊接基座腐蚀,金属化和/或引线开路	金属化腐蚀、潮湿进入和分层	JESD22-A102-C

5.3　电子元器件可靠性寿命试验

5.3.1　可靠性寿命试验的定义和分类

寿命试验是元器件可靠性试验的一个重要内容,是为评价分析元器件产品寿命特征值而进行的试验。它是在实验室里模拟元器件实际工作状态或储存状态,投入一定数量的样品进行试验,记录样品数量、试验条件、失效个数、失效时间等,试验结束后进行统计分析,从而评估元器件的寿命特征、失效规律,计算元器件的失效率和平均寿命等可靠性特征量。

元器件寿命试验也有多种分类方法:

- 按试验结束的方式来分类,可分为定时截尾(试验达到规定试验时间就停止)试验和定数截尾(试验达到规定的失效数就停止)试验。
- 按试验时间长短来分类,可分为长期寿命试验和加速寿命试验,长期寿命试验又可分为长期储存寿命试验和长期工作寿命试验。

(1) 长期储存寿命试验

储存寿命试验是指模拟元器件在规定环境条件下处于非工作状态时,评价其存放寿命的试验。试验周期在1 000 h以上的称为长期储存寿命试验。环境条件要根据使用情况来定。我国地域辽阔,环境条件差别很大,所以在确定环境条件时,一定要了解使用方对元器件使用环境的要求。由于储存试验是处于非工作状态,一般失效率较低,寿命较长,需要抽出较多的样品进行较长的时间来做试验,周期长达3～5年或更长。通过试验所积累的数据,对于提高元器件质量、预测元器件的可靠性是很有价值的。

(2) 长期工作寿命试验

工作寿命试验是指模拟元器件在规定环境应力条件下,加上负荷使之处于工作状态时,评价其工作寿命的试验,试验周期在1 000 h以上的称为长期工作寿命试验。

工作寿命试验又可分为连续工作寿命试验和间断工作寿命试验。前者又可分为静态和动态两种工作寿命试验。静态工作寿命试验用于评价元器件在额定应力下工作的可靠性,在规定的室温条件下,对元器件施加最大耗散功率,分别在240、480、1 000、2 000、3 000、4 000、5 000

h 测量器件的电参数。间断工作寿命试验则是使样品处于工作和断开两种状态转换的寿命试验，如可以用于评估大功率器件内部耐温度剧变和电应力突变的能力。

5.3.2　可靠性寿命试验方案设计

在确定和了解电子元器件可靠性指标的试验中，一般都在可靠性筛选合格的产品中抽样进行。任何设计合理、工艺成熟、质量控制严格的生产线上生产出来的元器件都具有一定的可靠性，这类元器件经过严格的工艺筛选和剔除掉早期失效后，可以认为早期失效产品已经剔除，其失效分布已进入偶然失效期。在这段时期内，元器件的寿命分布接近指数分布，即失效率接近于常数，基本上属于指数分布。即使有些产品虽不服从指数分布，例如服从威布尔分布，但当其形状参数 m 接近于 1，威布尔分布可以用指数分布来近似。因此，研究指数分布的寿命试验具有普遍意义。

指数分布的特点是：失效率为常数；平均寿命和特征寿命相同，均为失效率的倒数；当产品工作至平均时间结束时，其可靠性下降至原来的 36.8 %。在指数分布情形下，元器件的可靠性特征量表达式很简单，只要掌握了元器件的失效率就可以知道元器件的全部分布特性。

本小节在假定产品的失效率为常数的条件下，介绍可靠性寿命试验的方案设计。

1. 试验样品的抽取方法和数量的确定

因为寿命试验的目的是了解元器件的可靠性指标，因此试验样品必须选择本产品型号中具有代表性的规格，而且试验样品必须在经过可靠性筛选试验合格的元器件批中随机抽取。

受试样品的多少，将影响可靠性特征量估计的精确度，其一般原则是：样品数量大，则试验时间短，试验结果较精确，但测试工作量大，试验成本高。因此，抽取样品数量的大小既要保证统计分析的正确性，又要考虑试验费用不能太大，为试验设备所允许，不能片面地追求某一方面的要求。对于高可靠、长寿命的元器件，成本及试验费用又较低时，样品数可多一些，一般不低于 30 只。对于普通电子元器件样品数量不少于 10 只，特殊产品不得少于 5 只。

2. 试验应力类型的选择和应力水平的确定

试验应力类型的选择视试验目的而定。若要了解元器件的储存寿命，仅施加环境应力即可，若要了解其工作寿命就必须施加一定的环境应力或电应力。这是因为元器件的失效是由失效机理决定的，同一个元器件往往同时存在着不同的失效机理，而失效机理是否发展和发展速度快慢，与外加应力有密切关系。对于寿命试验来说，受试产品的失效机理一定要与实际使用状态的失效机理相一致，否则，寿命试验所得数据没有实用价值。因此，要分析和研究在寿命试验中对失效机理的发展有促进作用的应力类型，也就是要选择对元器件失效影响最显著或者最敏感的应力，而且这些应力所激发的失效机理应与实际使用状态的失效机理相同。因为这些应力比较充分反映或者比较明显地影响元器件的可靠性和寿命。此外，这些应力是容易控制和测量的，否则寿命试验难于按设计方案进行。对于电子元器件与材料使用状态所承受的和导致失效最主要的应力是温度和电应力，因此常选用这些应力进行寿命试验。它们可以是单一的应力，也可以是两个或两个以上应力的同时作用。

在试验过程中，要严格控制试验条件，保持试验条件的一致性，这是保证试验结果的正确性所必须的。

试验应力的水平也应视试验目的而定。一般地说,试验应力高,产品失效快,试验时间短,但最高应力受限于产品本身的使用极限,通常应以不改变元器件在正常使用条件下的失效机理为原则。如无特殊规定,试验应力水平应选择产品技术标准规定的额定值。

3. 测试周期的确定

为了能使最后的分析结果尽量精确,最好在整个寿命试验中,采用自动监测、连续测试,以得到确切的失效时间。在没有自动记录失效设备的场合下,只能采用间歇测试的办法,即相隔一定的时间进行一次测试。其测试周期的选择将直接影响元器件可靠性指标的估计精度。测试周期的长短与元器件的寿命分布、施加应力的大小有关。测试周期太短,会增加测试工作量,太长又会失掉一些有用的信息量。

确定测试周期的原则是:在不过多地增加检查和测试工作量的情况下,应尽可能比较清楚地了解元器件的失效分布情况,不要使元器件失效过于集中在一、二个测试周期内,一般要求有五个以上的测试点(指能测到失效元器件的测试点),每个测试点上测到的失效数应大致相同。

在确定具体元器件的测试周期时,要对元器件的失效情况或失效分布有所了解。这种了解可以从以往试验所累积的数据或资料中来确定,也可以选取少量样品作快速寿命试验来获得。对于试验应力大、失效进程快的试验,测试周期选短一些;应力小、失效进程慢的试验,测试周期选长一些,可以在试验过程中逐步调整,总的希望在可靠性寿命分布的坐标轴上大致等距选择。例如当元器件寿命分布是指数分布类型时,则寿命试验开始后的测试周期要短些,然后可适当地加长。

总的测试时间选择的原则如前所述,希望各测试周期内能比较均衡地测试到失效样品数,防止某个测试周期内失效过于集中或不必要地增加测试次数。

4. 试验截止时间的确定

试验截止时间是寿命试验中的一个特殊矛盾。它与样品数量及所达到的失效数有关。一般电子元器件寿命都非常长,加之试验数据采用统计分析方法,故采用截尾试验。对于低应力寿命试验,常采用定时截尾,即试验达到规定时间停止试验(一般要求截止时间 t 为平均寿命的1.6倍以上,如采用1 000 h、5 000 h等),对于高应力下的寿命试验,常采用定数截尾,即当累积失效数或累积失效概率达到规定值(一般应在30 %、40 %或50 %以上)时截止试验。试验截止时间一经确定,在试验过程中不得变动,以保证统计处理的正确性。

假设元器件寿命分布服从指数分布,并且已知元器件在该试验条件下的平均寿命 μ_0、试验样品数 n,如果采用定数截尾时,试验样品失效数达到 r 便结束试验,则所需的试验时间可由下式计算。

$$t = \mu_0 \ln \frac{n}{n-r} \tag{5-1}$$

不了解产品的平均寿命,则可通过摸底试验把平均寿命的数值大致估算出来。

5. 失效标准或失效判据

失效标准就是判断产品失效的技术指标。它可以是元器件完全失效(如击穿、开路、短路、烧毁等),也可以是部分失效(元器件的性能超过某种确定的界限,但没有完全丧失规定功能的失效)。一个元器件往往有好几项技术指标(或性能参数),在寿命试验中规定:只要元器件有一项指标(或参数)超出了标准就判为失效。例如,瓷介电容器的主要技术指标有电容量、绝缘电阻、损耗正切值等,只要这些指标中有一项超出了规定,就应判为失效。如没有特殊规定,通常都是以元器件技术规范中所规定的技术标准作为失效标准的判据。

6. 确定测量参数和测试方法

所选择的测量参数要能够显示失效机理的发展进程,也就是说,选择那些对失效机理的发展能起到指示作用的灵敏参数。测量的参数可能不止一个,因此在测量时必须避免各参数的测量方法相互影响,认真确定其先后顺序。选择参数的测量方法时,还必须尽量避免对其样品失效机理的发展引起促进、减缓或破坏作用,更不能引入新的失效机理。

在被测样品去除应力后,其参数值随时间会逐渐变化而趋近于某一恒定值,为了获得稳定而准确的参数值,又不过多地耗费时间,可以选择一组样品经过一定时间试验后,进行恢复时间与性能参数变化关系的研究,曲线参数趋于基本恒定的时间,即为最佳的测量恢复时间。一般规定,在正常大气条件下恢复 2～4 h,或按有关元器件技术标准的规定进行。

试验过程中各次测试应在相同的仪器、仪表上进行,以保证测试数据的可信度。

7. 寿命试验结束后数据的处理方法

指数分布截尾寿命试验数据的统计分析可以采用图估法和数值解析统计方法。数值解析法目前最常采用的是点估计法和区间估计法。

(1) 点估计法

点估计法是利用数据的统计分析,从子样的观测值对母体分布的未知参数真实值给出一个估计数值的方法,得到的是一种近似的估计值,其估计近似程度与子样的大小和所采用的计算方法有关。

(2) 区间估计法

区间估计法是利用统计分析对分布的未知参数给出一个估计范围的方法。

限于篇幅,关于寿命试验结束后的数据统计分析方法的详细介绍可参见数理统计方面的参考书。

5.3.3　加速寿命试验介绍

在元器件发展日新月异的时期,微电子器件的技术更新颖、功能更复杂、使用环境更苛刻、可靠性要求更高、寿命要求更长,同时产品的市场周期更短,竞争更激烈。长期寿命试验已不能对高可靠性、长寿命产品的可靠性特征量进行有效评估,为解决这一矛盾只有使用加速寿命试验技术。

加速寿命试验是指在不改变受试样品的失效机理的前提下,采用加大应力的方法促使样品在短期内失效,预测其在正常工作条件或储存条件下可靠性的试验类型。

1. 加速寿命试验的目的

加速寿命试验的目的包括:

- 解决试验样品数量和试验时间之间的矛盾;
- 通过数理统计和外推的方法,获得有效的可靠性特征数据;
- 考核产品的结构、材料和工艺过程,鉴定和改进产品的质量;
- 运用加严的环境条件和应力条件,检查元器件是否有异常分布,提出有缺陷的早期失

效产品,即对元器件进行可靠性筛选;

- 通过在加严的环境条件和应力条件下的试验,确定产品能承受安全应力的极限水平;
- 作为失效率鉴定试验的一种手段。

2. 加速寿命试验的类型

按照施加加速应力的方式,加速寿命可以分为三类:恒定应力加速寿命试验、步进应力加速寿命试验和序进应力加速寿命试验。

(1) 恒定应力加速寿命试验

恒定应力加速寿命试验中,先选取一组高于正常应力水平 S_0 的加速应力水平 $S_1<S_2<\cdots<S_k$,将一定数量的样品分为 k 组,每组样品在独立的应力水平下进行寿命试验,直到各组均有一定数量的样品发生失效为止。

(2) 步进应力加速寿命试验

步进应力加速寿命试验中,先选取一组高于正常应力水平 S_0 的加速应力水平 $S_1<S_2<\cdots<S_k$,先将一定数量的样品置于 S_1 的应力水平下进行试验,经过一段时间后,在 S_1 应力水平下将未失效的样品置于 S_2 的应力水平下进行试验。如此重复,直到在 S_k 应力水平下有一定数量的样品发生失效为止。

(3) 序进应力加速寿命试验

序进应力加速寿命试验是假设应力水平随时间是连续变化的,如线性变化、循环应力、弹簧应力、三角函数应力等,特点是应力变化快、样品的失效时间短。

三种加速寿命试验的比较如表5-5所列。

表5-5 三种加速寿命试验方法比较

应力类型	优 点	缺 点	应用情况
恒定应力	模型成熟,试验简单,易成功	所需试样较多,试验时间较长	应用最广
步进应力	所需试样较少,加速效率较高	较复杂,试验数据统计分析难度大	
序进应力	加速效率最高	更复杂,需要专门的装置产生符合条件的加速应力,统计分析最复杂	应用受到很大限制,实际使用较少

3. 加速应力、加速因子与加速模型

(1) 加速应力

根据加速寿命试验的假设:产品在正常应力水平和加速应力水平下的失效机理不变。加速寿命试验中选择的加速应力要求能加速产品的失效,但同时不能改变失效机理,一旦改变了失效机理,就失去了加速寿命试验的基础。

应力的选择对试验的加速效率影响很大,一般应根据产品的失效机理与失效模式来选择加速应力。加速寿命试验中常用的应力有:温度、湿度、振动、压力、电应力、温度循环等,这些应力既可以单独使用,也可以多种组合使用。

(2) 加速系数

设产品承受的加速应力为 S,第 i 级加速应力水平为 S_i,正常应力水平为 S_0,在 S_i,S_0 下,可靠度为 R 时,产品的寿命分别为 $t_{R,0}$,$t_{R,i}$,则时间之比 τ 为

$$\tau=\frac{t_{R,0}}{t_{R,i}} \tag{5-2}$$

式中，τ 表示了加速应力水平 S_i 对正常应力水平 S_0 的加速系数，简称加速系数。

加速系数是加速寿命试验中的重要参数，是加速应力下产品某种寿命特征值与正常应力下寿命特征值的比值，也称加速因子，是一个无量纲数。加速系数反映了加速寿命试验中某加速应力水平的加速效果。

(3) 加速模型

加速寿命试验的基本思想是利用高应力下的寿命特征去外推正常应力水平下的寿命特征。实现这个基本思想的关键在于建立寿命特征与应力水平之间的关系，这种寿命特征与应力水平之间的关系就是通常所说的加速模型。寿命特征与应力之间的关系通常是非线性的，但可以通过对寿命数据或应力水平进行数学变换，如对数变换、倒数变换等，有可能将其转化为线性关系。

常见的加速模型与其对应的加速系数如表 5-6 所列。

表 5-6 常用的加速模型及其加速系数

加速模型	数学表达式	应力参数	加速系数
阿伦尼乌斯模型	$R(T)=A\exp\left(-\frac{E}{kT}\right)$	温度应力 T	$\tau=\frac{t_1}{t_2}=\exp\left[-\frac{E}{k}\left(\frac{1}{T_1}-\frac{1}{T_2}\right)\right]$
艾林模型	$R(T,S)=R_0\exp(\varphi S)$ $R_0=a\frac{k}{h}T\exp\left(-\frac{E}{kT}\right)$ $\varphi=C+\frac{DS}{T}$	温度应力 T 非温应力 S	$\tau=\frac{t_1}{t_2}=\frac{R_{02}\exp(\varphi_2 S_2)}{R_{01}\exp(\varphi_1 S_1)}$
逆幂律模型	$t=\frac{1}{KV^{\varphi}}$	电应力 V	$\tau=\frac{t_1}{t_2}=\left(\frac{V_1}{V_2}\right)^{\varphi}$

4. 加速寿命试验的局限性

加速寿命试验可以大大缩短正常应力寿命试验所需时间，节省人力和设备，但是加速寿命试验也有其局限性。

① 加速寿命试验是一种破坏性试验，因此只能抽取小部分样品进行检验。虽然从统计上足以代表产品的可靠性水平，但是存在置信度的问题。

② 对于比较复杂的器件，如集成电路，实际上起主导作用的失效机理往往是复杂甚至事先不可预知的，如果只使用单一的加速应力进行试验，结果是不够全面的。同时，在失效机理不够明确的条件下，采用加速外推的方法会造成较大的误差。对于具有多种复杂失效机理的器件，理想的加速寿命试验是很难实现的。

③ 加速寿命试验的基本假设是在高应力条件下的失效机理与正常应力条件下的失效机理相同。此外试验数据分析需要选择或假定应力与寿命之间的函数关系。实际上，高应力可能会引入在正常应力下不会发生的新的失效模式，当有多种应力共同作用时，各种失效模式会对它们存在不同的敏感性，以至于各个失效模式发生的概率随着应力的改变而改变。也就是说，加速寿命试验的基本假设通常是很难保证的，因此，除非试验条件与实际使用条件很接近

且试验数据的分析和建模恰当,否则从加速寿命试验数据外推所估计的可靠性只能看作是固有可靠性的一种近似,而不能视作现场可靠性指标。

5.4 电子元器件可靠性鉴定试验

5.4.1 可靠性鉴定试验的目的

可靠性鉴定试验是为验证元器件设计是否达到规定的可靠性要求,按选定的抽样方案,抽取产品在规定的条件下进行的试验。其目的是向定购方提供合格证明,表明产品已经符合最低可接受的可靠性等级和质量。一般情况下,有可靠性指标要求的新研或改进元器件,特别是任务关键或新技术含量较高的元器件,应进行可靠性鉴定试验,确定厂家是否有能力成批生产符合规范要求的专用元器件。

因为鉴定试验的目的是为了验证产品的设计是否达到规定的可靠性要求水平,因此进行鉴定试验的元器件必须是经过筛选试验的合格产品。

5.4.2 可靠性鉴定试验的分类和特点

在电子元器件可靠性鉴定程序中,鉴定试验通常由多组可靠性试验项目和测试项目组成。在进行可靠性鉴定试验时,以GJB 548《微电子器件试验方法和程序》为依据。根据GJB 548的规定,鉴定试验可用于器件的初始鉴定、产品或工艺发生变化时的重新鉴定以及保持合格资格的周期试验。根据试验目的和项目的区别,可分为A、B、C、D、E五组。以B级质量等级微电子器件鉴定为例,其鉴定试验如表5-7所列。

表5-7 GJB 548规定的B级质量等级微电子器件鉴定试验

分　组	鉴定试验目的	鉴定试验项目
A组	电测试(功能、性能评价)	高温、低温、常温下的静态试验、动态试验、功能试验及开关试验
B组	物理性能评价	外形尺寸、耐溶剂性、可焊性、内部目检和结构检查、键合强度
C组	针对芯片评价	稳态寿命试验、终点电测试
D组	针对封装评价	外形尺寸、引线牢固性、密封、热冲击、温度循环、耐湿、机械冲击、振动、盐雾、内部水汽含量等
E组 (适用时)	辐射强度保证	中子辐射、稳态总剂量辐射、瞬态电离辐射、辐射锁定

5.4.3 可靠性鉴定试验的程序

可靠性鉴定试验的程序应适用于全部的鉴定检验要求。从筛选合格的批次中随机抽取部分样品作为鉴定检验批,将样品按照质量等级要求进行分组,进行器件的初始鉴定、产品或工艺发生变化时的重新鉴定以及保持合格资格的周期试验。按照失效判据进行判定,以保证器件和批的质量符合有关订购文件的要求。

1. 鉴定检验批组成

鉴定检验批是指按同一生产条件或按规定的方式汇总起来供鉴定检验用的，由一定数量样本组成的鉴定检验体。批样品应从生产批或生产子批中随机抽取。在连续生产的情况下，也可以采取定期抽取样本的方式。定期抽取样本的前提是抽样程序和产品满足标准规定的鉴定检验批组成的各项要求。

2. 鉴定试验样品抽取

提交试验的器件数量(与批的大小无关)应由承制方选定，并应符合A、B、C和D组(以及需要时E组)检验各分组的检验判据要求。对于要求有变量数据的分组，鉴定试验的所有样品都应在鉴定试验开始之前编序列号。

鉴定检验批应由承制方选定。检验批或检验子批最初含有的样品(S级除外)至少两倍于鉴定试验所需要的器件数。A、B、C、D组及需要E组中各分组样品选择应按GJB 548的规定。抽样时，采用GJB 597附录B中规定的LTPD方法制订的抽样方案。采用此种方案，将以很高的置信度保证不合格样品率大于规定的LTPD值的批不会被接收。

3. 测试、试验项目及条件

鉴定试验各分组应当按照GJB 548标准规定的测试、试验项目、条件及顺序进行。各组试验的参数、测试条件和极限应符合GJB 548方法5005A和适用的详细规范的规定。其中A组试验可以按任意的先后顺序进行。如果检验批是由若干子批组成的，则每个子批都应按规定通过相应的试验。

4. 失效判据

在A、B、C或D组(以及需要时E组)试验中，任何一项试验允许的失效数应由相应的检验要求确定。应提供表征所有试验和测量结果的数据量值，对于规定变化量极限要求的参数，应根据该器件序列号提供初始测量和最终测量的变量数据，作为判断是否超出标准规定的量值要求的判据。

5. 允许失效数

进行鉴定检验的器件在某个分组的一项或多项试验中失效，则应当视为一个不合格品。各项试验允许的最大失效数应当由适用的检验要求和GJB 597中规定的抽样方案及其置信度、失效率等级来确定，并判断各组的鉴定试验结果是否满足要求。

6. 试验数据处理和出具鉴定报告

可靠性鉴定试验结束后，应提供表征所有试验和测量结果的数据总结和结果判定。通过所有分组的各项试验，满足各单项试验合格判据，认为鉴定检验合格，可以出具相应的鉴定试验报告。

7. 失效报告与纠正措施报告

当鉴定试验过程中出现失效品时，鉴定机构应当组织产品承制方进行失效分析，并采取纠正措施，防止此类不合格现象再次出现。同时，形成失效分析报告、纠正措施报告等，提交使用方。然后根据情况进行二次鉴定检验。

8. 鉴定合格资格的维持

为了保持鉴定合格，承制方应每隔12个月向鉴定机构提交一份报告，同时鉴定机构应规定第一次报告的日期。

5.4.4 可靠性鉴定试验案例

质量保证等级为B级的某型单片集成电路，按照GJB 548中规定的单片集成电路鉴定检验试验项目和程序，以及GJB 597中规定的实施鉴定试验的方案进行鉴定检验。相应的鉴定试验方案如表5-8所列。

表5-8 某型单片集成电路(B级)鉴定试验方案

组别	检验项目	技术要求	样本数(接收数)(只)	备注
A1 A2 A3	输入高电平电压 V_{IH}	方法：Q/FC20245-2008，详细规范条款见3.3和3.4 条件：$V_{DD}=3.3$ V或5 V；-55 ℃$\leqslant T_A \leqslant$125 ℃ 要求：$V_{IH}\geqslant 2$ V	A1分组 $T_A=25$ ℃ 116(0) A2分组 $T_A=125$ ℃ 76(0) A3分组 $T_A=-55$ ℃ 45(0)	——
	输入低电平电压 V_{IL}	方法：Q/FC20245-2008，详细规范条款见3.3和3.4 条件：$V_{DD}=3.3$ V或5 V；-55 ℃$\leqslant T_A \leqslant$125 ℃ 要求：$V_{IL}\leqslant 0.8$ V		——
	输出高电平电压 V_{OH}	方法：Q/FC20245-2008，详细规范条款见3.3和3.4 条件：$V_{DD}=5$ V；-55 ℃$\leqslant T_A \leqslant$125 ℃；外挂20 kΩ上拉电阻 要求：$V_{OH}\geqslant 3.3$ V		——
	输出高电平电压 V_{OL}	方法：Q/FC20245-2008，详细规范条款见3.3和3.4 条件：$V_{DD}=5$ V；-55 ℃$\leqslant T_A \leqslant$125 ℃；$I_{OL}=1$ mA 要求：$V_{OL}\leqslant 0.4$ V		——
	输入高电平漏电流 I_{IH1}	方法：Q/FC20245-2008，详细规范条款见3.3和3.4 条件：$V_{DD}=3.3$ V或5 V；-55 ℃$\leqslant T_A \leqslant$125 ℃；$V_I=V_{DD}$；SDA端 要求：$I_{IH1}\leqslant 20$ μA		——
	输入高电平漏电流 I_{IH2}	方法：Q/FC20245-2008，详细规范条款见3.3和3.4 条件：$V_{DD}=3.3$ V或5 V；-55 ℃$\leqslant T_A \leqslant$125 ℃；$V_I=V_{DD}$；SCL端 要求：$I_{IH2}\leqslant 100$ μA		——
	输入低电平漏电流 I_{IL}	方法：Q/FC20245-2008，详细规范条款见3.3和3.4 条件：$V_{DD}=3.3$ V或5 V；-55 ℃$\leqslant T_A \leqslant$125 ℃；$V_I=0$ 要求：$I_{IL}\leqslant 15$ μA		——
A4	$T_A=25$ ℃	方法：Q/FC20245-2008，详细规范条款见3.3和3.4 条件：$V_{DD}=3.3$ V或5 V；$f=1$ MHz 要求：$I_A\leqslant 10$ mA	116(0)	——
A5	$T_A=125$ ℃		76(0)	
A6	$T_A=-55$ ℃		45(0)	
A7	25 ℃功能测试	技术要求详见Q/FC20245-2008，详细规范条款见4.4.2和/FC 20245.2-2008《JM88SC1616型加密存储器电路测试向量集》	116(0)	——
A8a	125 ℃功能测试		76(0)	——
A8b	-55 ℃功能测试		45(0)	——

续表5-8

组别	检验项目	技术要求	样本数 (接收数)(只)	备注
A9	同步时钟频率 f_{CLK}	方法:Q/FC20245-2008,详细规范条款见3.3和3.4 条件:V_{DD}=3.3 V或5 V; −55 ℃≤T_A≤125 ℃ 要求:f_{CLK}≤1 MHz	T_A=25 ℃ 116(0)	——
A10	时钟低到数据有效时间 t_{AA}	方法:Q/FC20245-2008,详细规范条款见3.3和3.4 条件:V_{CC}=5 V; −55 ℃≤T_A≤125 ℃ 要求:t_{AA}≤35 ns	T_A=125 ℃ 76(0)	——
A11	写周期时间t_{WR}	方法:Q/FC20245-2008,详细规范条款见3.3和3.4 条件:V_{CC}=5 V; −55 ℃≤T_A≤125 ℃ 要求:t_{WR}≤9 ms	T_A=−55 ℃ 45(0)	——
B1	物理尺寸	方法:Q/FC20245-2008,详细规范条款见3.2.4和GJB548B方法2016 要求:不超过规定公差或极限值	2	——
B2	耐溶剂性	方法:GJB548B方法2015.1 条件:将样品分成相等的三组,分别将样品完全浸在三种溶剂中:A.20～30 ℃下配制的1份体积的分析纯异丙醇与3份体积的75号航空汽油的混合溶剂;B.半水溶性的溶剂;C.63～70 ℃下42份体积的去离子水、1份体积的乙二醇-丁醚及1份体积的单乙醇胺的混合液。至少浸泡1min,刷10次,共重复3次 要求:试验后标记不应有部分或全部脱落、退色、抹掉、变模糊	3	——
B3	可焊性	方法:按GJB548B方法2003.1 条件:水汽老化8 h±0.5,焊料温度:245(1±5) ℃,浸润时间:5(1±0.5) s,测试引线数15根 要求:引线浸渍部分连续焊锡面积大于95%;针孔、空洞、孔隙等未浸润或脱浸润不超过总面积的5%	3	——
B4	内部目检和机械性能	方法:按GJB548B方法2014的规定 条件:采用显微镜进行检测 要求:产品材料、设计和结构符合Q/FC20245-2008详细规范要求	1	——
B5	键合强度	方法:按GJB548B方法2011.1 条件:条件D,超声焊,在引线中央施加与芯片或基片表面垂直的拉力。硅铝丝直径为0.032 mm,共试验22根引线 要求:最小键合强度不小于0.020 N	4	——
B8	静电放电敏感度	方法:按GJB548B方法3015 条件:500V静电打击,每个电压正负脉冲各打三次,正极先打,间隔1s 要求:试验后电参数符合Q/FC20245-2008详细规范3.3中表1中要求	3	——
	终点电测试	同A1分组		——

续表 5-8

组别	检验项目		技术要求	样本数(接收数)(只)	备注
B9	验证毁钥功能		方法:Q/FC20245-2008,详细规范见条款 4.4.3 条件:28 V、1 A 电流加在 V_{DD} 端口 要求:试验后器件全部烧坏,功能失效	3	——
	终点电测试		同 A1 、A7 分组		——
C1-1	稳态寿命		方法:GJB548B 方法 1005.1 和 Q/FC20245-2008,详细规范见 4.2 中图 7 条件:$V_{DD}=3.3$ V,135^{+10}_{-0}℃,496 h 要求:试验后电参数符合 Q/FC20245-2008,详细规范见 3.3 中表 1 中要求	45(0)	——
C1-2	终点电测试		同 A1、A7 分组		——
C2-1	温度循环		方法:按 GJB548B 方法 1010.1 条件:条件 C,温度:-65^{0}_{-10}℃～150^{+15}_{0}℃,循环 10 次,停留时间:≥10 min,转换时间:≤1 min 要求:试验后外壳、引线、封口无缺陷和损坏迹象,标志清晰	15(0)	——
C2-2	恒定加速度		方法:按 GJB548B 方法 2001.1 条件:条件 D,20 000 g,Y1 方向 1 min 要求:试验后外壳、引线、封口无缺陷和损坏迹象,标志清晰		——
C2-3	密封	细检漏	方法:按 GJB548B 方法 1014.2,试验条件 A1 条件:氦质谱检漏,413 kPa,2h 要求:漏率 R1≤5×10^{-3} Pa.cm^3/s(He)		——
		粗检漏	方法:按 GJB548B 方法 1014.2,试验条件 C1 条件:411 kPa,2 h,氟碳化合物检漏 要求:无一串明显气泡或两个以上大气泡		——
C2-4	目检		方法:按 GJB548B 方法 1010.1 的目检判据 条件:不放大或放大 3 倍以内对样品标志进行检查,放大 10～20 倍对外壳引线或封口进行检查 要求:外壳、引线、封口无缺陷和损坏迹象,标志清晰		——
C2-5	终点电测试		同 A1、A7 分组		——
D1	物理尺寸		方法:Q/FC20245-2008,详细规范条款见 3.2.4 和 GJB548B 方法 2016 要求:不超过规定公差或极限值	15(0)	——

续表 5－8

组别	检验项目	技术要求	样本数 (接收数)(只)	备注
D2	引　线 牢固性	方法:按 GJB548B 方法 2004.2 和 Q/FC20245－2008,详细规范条款见 4.4.5 条件:条件 D,在垂直于焊接区表面方向对焊接区至少非冲击性地施加 2.22 N 应力,并至少保持 30 s,共 15 根引线 要求:去掉应力后,放大 10～20 倍检查时,引线与器件本体之间不应出现断线、松动和相对位移	15(0)	3 只器件 15 条引线
D3－1	热冲击	方法:按 GJB548B 方法 1011.1 和 Q/FC20245－2008,详细规范条款见 4.4.5 条件:条件 A,温度:100 ℃$^{+10}_{0}$℃～0 ℃$^{0}_{-10}$℃,循环 15 次,停留时间:≥2 min,转换时间:≤10 s 要求:试验后外壳、引线、封口无缺陷和损坏迹象,标志清晰		——
D3－2	温度循环	方法:按 GJB548B 方法 1010.1 和 Q/FC20245－2008,详细规范条款见 4.4.5 条件:条件 C,温度:－65$^{0}_{-10}$℃～150$^{+15}_{0}$℃,循环 100 次,停留时间:≥10 min,转换时间:≤1 min 要求:试验后外壳、引线、封口无缺陷和损坏迹象,标志清晰		——
D3－3	耐　湿	方法:按 GJB548B 方法 1004.1 条件:10 次循环,其中 5 个循环含低温子循环,每循环 24 h,温湿度变化如 GJB548B 方法 1004.1 中图 1004.1－1 所示 要求:试验后标志无全部或部分脱落、褪色、弄脏、模糊,清晰可辨;任何封装零件(即封盖、引线或管帽)的镀涂或底金属被腐蚀的面积不超过 5%	15(0)	——
D3－4	目　检	方法:按 GJB548B 方法 1010.1 和 1004.1 目检判据 条件:不放大或放大 3 倍以内对样品标志进行检查、放大 10～20 倍对外壳引线或封口进行检查 要求:外壳、引线、封口无缺陷和损坏迹象,标志清晰		——
D3－5	密封　细检漏	方法:按 GJB548B 方法 1014.2,试验条件 A1 条件:氦质谱检漏,413 kPa,2 h 要求:漏率 R1≤5×10^{-3} Pa.cm^{3}/s(He)		——
	密封　粗检漏	方法:按 GJB548B 方法 1014.2,试验条件 C1 条件:411 kPa,2 h,氟碳化合物检漏 要求:无一串明显气泡或两个以上大气泡		——
D3－6	终点电测试	同 A1、A7 分组		——

续表 5-8

<table>
<tr><th>组别</th><th colspan="2">检验项目</th><th>技术要求</th><th>样本数
(接收数)(只)</th><th>备注</th></tr>
<tr><td>D4-1</td><td colspan="2">机械冲击</td><td>方法:按 GJB548B 方法 2002.1
条件:条件 B,加速度:14 700 m/s^2(1 500 g),半正弦波,脉冲宽度:0.5 ms,三轴六个方向各 5 次
要求:试验后外壳、引线、封口无缺陷和损坏迹象,标志清晰</td><td rowspan="7">15(0)</td><td>——</td></tr>
<tr><td>D4-2</td><td colspan="2">扫频振动</td><td>方法:按 GJB548B 方法 2007
条件:条件 A,频率范围:20 Hz~2 000 Hz,峰值加速度:196 m/s^2,振幅两倍幅值:1.52 mm(±10%),每次扫频时间不小于 4 min,三个方向各扫描 4 次,共 12 次
要求:外壳、引线、封口无缺陷或损坏迹象,标志清晰</td><td>——</td></tr>
<tr><td>D4-3</td><td colspan="2">恒定加速度</td><td>方法:按 GJB548B 方法 2001.1
条件:条件 D,20 000 g,Y1 方向 1 min
要求:试验后外壳、引线、封口无缺陷和损坏迹象,标志清晰</td><td>——</td></tr>
<tr><td rowspan="2">D4-4</td><td rowspan="2">密封</td><td>细检漏</td><td>方法:按 GJB548B 方法 1014.2,试验条件 A1
条件:氦质谱检漏,413 kPa,2 h
要求:漏率 R1≤5×10^{-3}Pa.cm^3/s(He)</td><td>——</td></tr>
<tr><td>粗检漏</td><td>方法:按 GJB548B 方法 1014.2,试验条件 C1
条件:411 kPa,2 h,氟碳化合物检漏
要求:无一串明显气泡或两个以上大气泡</td><td>——</td></tr>
<tr><td>D4-5</td><td colspan="2">目 检</td><td>方法:按 GJB548B 方法 2002.1 和 2007 的目检判据
条件:不放大或放大 3 倍对样品标志进行检查、放大 10~20 倍对外壳引线或封口进行检查
要求:外壳、引线、封口无缺陷和损坏迹象,标志清晰</td><td>——</td></tr>
<tr><td>D4-6</td><td colspan="2">终点电测试</td><td>同 A1、A7 分组</td><td>——</td></tr>
<tr><td>D5-1</td><td colspan="2">盐 雾</td><td>方法:按 GJB548B 方法 1009.2
条件:条件 A,试验时间 24 h
要求:标志清晰,引线完好,管壳镀涂或底金属腐蚀面积≤5%</td><td rowspan="3">15</td><td>——</td></tr>
<tr><td>D5-2</td><td colspan="2">目 检</td><td>方法:按 GJB548B 方法 1009.2 目检判据
要求:同 GJB548B 方法 1009.2 目检判据</td><td>——</td></tr>
<tr><td>D5-3</td><td colspan="2">密 封</td><td>同 D3-5 分组</td><td>——</td></tr>
<tr><td>D6</td><td colspan="2">内部水汽含量</td><td>方法:GJB548B 方法 1018.1
条件:在 100(1±5) ℃下预烘焙 12~24 h
要求:最大 5 000 ppm</td><td>3 或 5</td><td>——</td></tr>
</table>

续表 5-8

组别	检验项目	技术要求	样本数（接收数）（只）	备注
E1	中子辐射	25 ℃;GJB548B 方法 1017	11(0)	——
	终点电测试	Q/FC20245-2008 详细规范		——
E2	稳态总剂量	25 ℃最大电源电压;GJB548B 方法 1019.2	22(0)	——
	终点电测试	Q/FC20245-2008 详细规范		——
E3	瞬态电离辐射	25 ℃;GJB548B 方法 1021.1 或 1023.1	11(0)	——
	终点电测试	Q/FC20245-2008 详细规范		——

习　题

5.1 元器件可靠性试验的目的是什么？

5.2 元器件可靠性寿命试验和可靠性鉴定试验的定义分别是什么？

5.3 可靠性基础试验的定义是什么？举出几种可靠性基础试验。

5.4 可靠性寿命试验按照试验应力水平可分为哪两种？它们在试验应力水平上有什么区别？

5.5 已知某型号新研元器件的寿命分布符合指数分布，通过摸底试验得到其平均寿命约为 1 000 h，现对其进行定数截尾的可靠性寿命试验，规定失效率达到 40 %时截止试验，那么所需的试验时间大约为多长？

5.6 进行加速寿命试验应保证的三个前提分别是什么？思考如果试验过程中未能确保这些要素，可能造成的负面影响。

5.7 结合所学可靠性试验技术与统计分析方法，思考实施应力加速寿命试验时可能遇到的问题。

5.8 针对某元器件进行了 1 000 h 的恒定应力加速寿命试验，得到各个测试节点的失效率数据如表 5-9 所列，其中 S_0 为正常使用应力，$S_1 \sim S_3$ 为加速应力。

根据以上试验数据，计算三种加速应力下的加速因子。

5.9 若已知习题 5.8 中被测元器件的寿命分布符合指数分布，则其在正常使用应力下的失效前时间大约为多少？

5.10 鉴定试验与筛选试验进行的先后顺序是什么？为什么要如此安排？

5.11 进行可靠性鉴定试验的时机有哪些？

5.12 需要进行 E 组鉴定检验程序的元器件，在使用环境上可能有什么特殊之处？

表 5-9　某元器件恒定应力加速寿命试验失效率数据

应力水平	试验时间/h					
	0	200	400	600	800	1 000
S_0	0	0.1	0.18	0.26	0.33	0.39

续表 5-9

应力水平	试验时间/h					
	0	200	400	600	800	1 000
S_1	0	0.18	0.33	0.45	0.55	0.63
S_2	0	0.33	0.55	0.7	0.8	0.86
S_3	0	0.63	0.86	0.95	0.98	0.99

第 6 章　电子元器件使用可靠性保证

6.1　电子元器件的使用质量管理流程

为保证元器件的使用质量达到预期目标而进行的各项工作称为元器件使用质量管理。元器件使用质量管理的一般过程包括：选择、采购、监制、验收、二次筛选、破坏性物理分析、失效分析、保管储存、超期复验、发放、装联和调试、使用、静电防护、不合格元器件处理、评审、质量信息管理等工作内容。针对军用产品用元器件，其质量保证流程(除评审、信息管理)如图 6-1 所示。

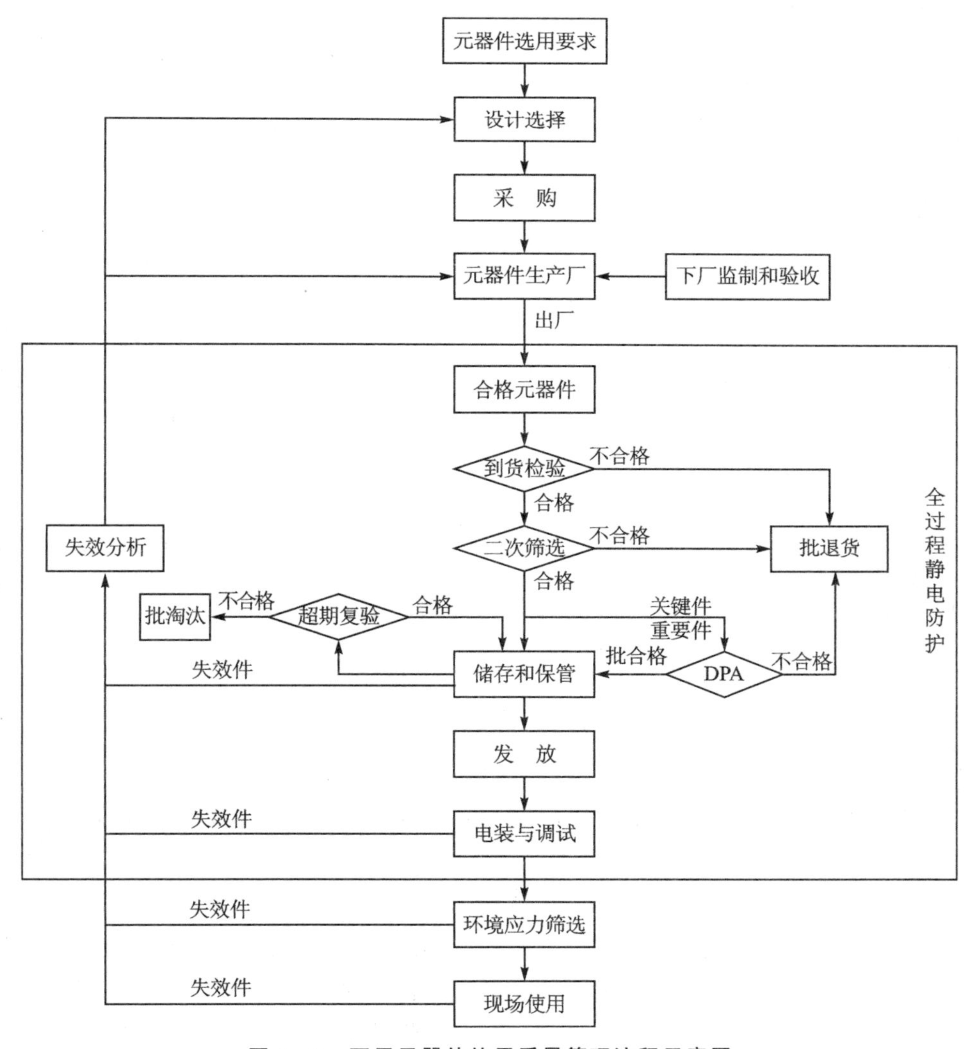

图 6-1　军用元器件使用质量管理流程示意图

在军用元器件的使用质量管理流程中,产品设计人员根据产品设计要求,依据上级单位颁布的元器件优选或推荐目录,选择产品适用的元器件型号。在产品设计过程中,设计人员除满足产品功能要求外,应考虑对产品用元器件进行降额设计、热设计、抗辐射,并防止产品电路出现瞬态过载、寄生耦合等问题,以满足产品可靠性要求。在产品设计初步完成后,由采购部门完成对元器件的采购,并且对元器件的关键、重要或"七专"质量等级及以上的半导体器件应到元器件生产厂进行监制和验收。合格元器件到货以后,使用方应进行到货检验,对元器件原则上应全部进行二次筛选,对关键、重要的元器件应按产品要求进行破坏性物理分析。对发现的不合格元器件批次要退货,对合格元器件要进行科学的储存和保管,对超过储存期的元器件要进行复验复查,按需要发放元器件并进行电装和调试,完成产品研制与生产。在元器件从出厂到装机调试过程中,各使用环节都应严格实施元器件的防静电要求。在产品研制生产及元器件使用各个环节中,对关键、重要元器件或重复出现失效的元器件应进行专门的失效分析。在元器件使用质量管理过程中,产品研制和生产单位应对元器件使用的合理性进行评审,并对元器件质量和可靠性信息进行收集、反馈和统计分析。

6.1.1 元器件选择

正确并合理地选择元器件,才能实现设计目的并确保产品的可靠性,这是元器件使用质量管理流程中的关键环节,应特别关注。产品设计人员应根据元器件使用部位的电性能、体积、重量,以及使用环境要求、供货单位的质量保证、价格因素等,选择元器件型号并考虑所选元器件的外形封装形式、防静电、耐辐射等要求。选择元器件的特性(如电应力和最高工作温度)时应留有余量,不能选择实际使用应力接近极限值的元器件,应降额使用。

对于军用装备用元器件时,产品研制单位应制定军用装备电子元器件优选目录作为选用、质量管理和采购的依据。产品设计人员应严格按照元器件目录选用元器件,目录外选用应严格审批。设计人员应根据具体设备可靠性要求选择元器件执行的规范和质量等级。

6.1.2 元器件采购

元器件的正确采购也是元器件质量控制的一个重要环节,元器件采购工作的目的是使用单位采购到的元器件与设计选择要求的性能和质量一致。采购时应按照"保证质量,节省经费,尽量集中"的原则,统一组织采购,其一般流程如图 6-2 所示。

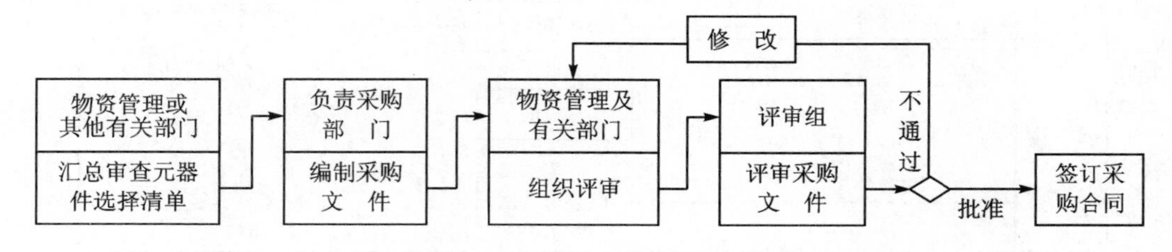

图 6-2 元器件采购的一般流程

元器件正式采购以前,使用单位应依据产品设计需求,编制采购文件并按照规定的程序履行审批手续。采购合同应根据采购文件的要求签订,合同内容应该包括采购元器件的名称、型号规格、技术标准、质量等级、验收方式、生产日期、防护要求等质量保证条款。对进口元器件的采购,应委托有信誉的供应商(代理商)进行。

采购过程中，对元器件生产及供应商的评价和管理十分重要。元器件使用单位可以根据历史检验结果、使用经验以及调研情况确定元器件生产及供应商，一般选择元器件优选目录上列举的生产和供应商，并实施动态管理、优胜劣汰。元器件使用及采购单位应该定期跟踪和考察元器件生产及供应商，考察内容包括产品质量管理水平，执行标准，生产工艺，生产设备，技术能力，各类例行试验，老炼筛选，交货期，信誉，价格，地理位置等。

6.1.3　元器件监制

元器件监制是到元器件生产厂去对元器件生产过程进行监督。通过监制能够及早发现影响元器件固有可靠性的各种薄弱环节，使具有潜在严重缺陷的元器件在生产阶段就予以剔除。元器件使用及采购单位可以根据使用需要，对产品用的关键元器件提出认定与监控要求。对于在采购合同中规定了需要到元器件生产单位去监制的元器件，则应该由产品研制单位组织或委托具备监制资格的人员，按照采购合同中规定的元器件标准或协议，到供货单位进行监制。

元器件的监制主要有重点工序监制和全过程监制两种方式，无论应用哪一种监制工作方式，都是通过对生产单位已检验合格的监制品进行抽检或全检，来全面了解和掌握元器件生产单位当前的生产工艺状况和重点工序的质量控制状态。对于高质量等级器件，应在器件封帽前进行生产工艺质量监制。在监制过程中，监制人员应及时向元器件生产单位反映发现的质量问题，当发现严重质量问题或不合格元器件的比例较大时，应停止监制工作，并要求元器件生产单位重新检验或直接拒收有质量问题的元器件批次。在监制工作完成以后，监制人员应该编写监制报告，并对监制工作的质量负责。

6.1.4　元器件验收

元器件验收是元器件生产厂把好元器件质量的最后一道关，它对保证元器件的质量和供货进度以及减少经济损失均能起到重要作用。元器件验收包括了下厂验收和到货检验（或复验）两种形式。

下厂验收是指采购单位组织具备验收资格的人员，按照采购合同中规定的元器件标准或协议，到供货单位进行验收的过程。下厂验收的主要工作包括：核实采购合同，了解提交验收的元器件的生产全过程质量控制情况，特别是元器件在生产过程发生的质量问题、处理分析结果以及采取的纠正措施；检查交验元器件的储存期是否满足采购合同的规定；审查元器件生产单位的质量证明文件（包括筛选试验报告、工艺流程卡、质量一致性检验报告和产品合格证等）；按采购合同的要求完成验收、试验，包括筛选和检查其他试验的数据、进行内部目检和抽样做部分破坏性检查等工作。对通过了验收、试验并达到采购合同要求的交验元器件批应予接收，而对未通过验收试验、或未通过质量一致性检验、或筛选试验超过规定允许不合格品率（PDA）、或发现生产工艺控制不满足要求的元器件批应予拒收。下厂验收的元器件原则上储存期应超过 1 个月。

到货检验是指采购单位在元器件到货后，在规定时间（一般不超过一个月或由合同规定）内完成元器件检验的过程。到货检验的主要工作有：检查元器件的包装箱的外观质量，完好无损才可开箱；检查质量证明文件是否齐全；检查静电敏感元器件是否有静电敏感标志，是否采取了静电防护措施；检查到货元器件的品种、规格及数量是否与发货单相符；完成合同规定的到货后应检测的项目等。对不符合合同要求的元器件,应通知供货单位,根据具体情况进行处理。

6.1.5 元器件二次筛选

产品在设计生产过程中由于原材料、工艺条件、设备状况,以及操作人员不可能始终处于理想的状态,所以很可能造成产品的缺陷,缺陷将使产品不能按设计如期使用或储存,而要提前失效,这就是早期失效。元器件筛选是指为了选择具有一定特性的产品或剔除早期失效而对100%元器件进行的一种或几种试验,筛选试验是发现或检测产品缺陷和弱点的重要手段,是提高元器件可靠性水平的有效措施。元器件的筛选分为一次筛选和二次筛选,一次筛选是元器件生产厂出厂前对元器件进行的筛选。如果元器件生产单位已做的筛选试验不能满足产品对元器件质量控制要求时,为确保产品用元器件的使用质量,元器件的使用单位对已经验收合格的元器件可进行二次筛选,或使用单位认为有必要(如对常出现的质量问题以及一次筛选有疑问等)在一次筛选后再次进行筛选。原则上应对元器件100%进行二次筛选。

元器件二次筛选的技术条件(包括试验项目、应力条件、合格判据等)可根据元器件的质量保证要求和元器件生产单位已做过的项目和条件确定,一般不应重复一次筛选项目和条件。对于元器件二次筛选结果,应依据产品筛选规范中对总不合格品率和单项不合格品率的要求进行判别。如筛选元器件批次的总不合格品率或单项不合格品率超过规定要求,则该批次元器件均不合格,整批不得用于军用产品。二次筛选合格的元器件应在元器件上标上便于辨认的标记,不合格的元器件或批次应严格隔离,并按不合格品处理。

从发展角度看,随着我国元器件质量的不断提高,二次筛选的范围会不断缩小,筛选项目也会不断减少,直到最终不进行二次筛选。

6.1.6 元器件破坏性物理分析(DPA)

破坏性物理分析(DPA)是元器件生产单位和使用单位为检验元器件生产的质量是否满足元器件交付和使用要求而进行的一项重要质量检测工作。DPA是为验证元器件的设计、结构、材料和制造的质量是否满足预定用途或有关规范的要求,对元器件合格批产品按批次抽样的样品,在解剖前后进行一系列检验和分析的全过程,并做出生产批质量合格与否的结论。DPA能发现元器件内部的潜在缺陷,防止有严重缺陷的元器件装机使用,是确保元器件的质量和可靠性的重要手段,在我国航天、航空等领域起了明显的作用。但是DPA只能用抽样的方式判断元器件的批质量,所以取得的结论有一定的风险,增加抽样数有助于减少将不合格批误判为合格批的风险性。

对电子设备元器件的验收、库存元器件超期复验以及需要验证已装机关键元器件的质量时,应实施DPA分析。DPA一般应在元器件装机以前完成,只有当需要验证已装机元器件的质量时,可以抽取库存同一元器件生产单位规格相同、批次相同或相近的元器件制作DPA。元器件DPA的工作应按GJB4027A—2006的要求和方法具体实施,其实施方法由非破坏性试验和破坏性试验两部分组成。以密封半导体集成电路为例,DPA分析的一般项目与程序包括:外部目检、X射线检查、颗粒碰撞噪声检测(PIND)、密封性检测、内部气体成分分析、开帽内部目检、键合强度试验、芯片剪切试验、扫描电子显微镜(SEM)检查等。

6.1.7　元器件失效分析

对元器件失效原因的诊断过程称为失效分析。失效分析是为确定失效模式和失效机理，提出纠正措施，防止这种失效模式和失效机理的重复出现。产品用元器件在试验、二次筛选、储存和传递、装联、测试以及使用过程中，发生了致命失效或参数严重超差，应作失效分析（失效物理分析）。失效分析后应找出失效原因，以便了解元器件失效机理，并应作出属于个别失效还是批次性质量问题的明确结论。当发现元器件失效现象后应进行初步分析，确认失效后将失效元器件在电路板上拆下来（在拆卸过程中不得引入影响失效分析准确性的因素），并按规定将失效元器件送交具有失效分析资格的机构进行失效分析。

失效分析工作应该按照程序进行，一般包括：对失效情况汇总和分析；确认失效模式并根据失效模式列出失效部位全部疑点；制定排除疑点的方案和方法；定位失效部位；提出导致失效部位失效的假设和采用分析技术与试验验证；通过验证提出对失效的纠正措施；验证纠正措施的效果并实施等。负责失效分析的单位进行分析后，应编写元器件失效分析报告提交给委托单位，并对分析的准确性负责。

6.1.8　元器件使用

设备设计师在合理选择元器件的同时，应进一步采用降额设计、热设计、容差设计、环境防护设计等可靠性设计技术，提高元器件使用的可靠性。

（1）元器件进行降额使用

由于元器件的失效率与其工作应力直接相关，使元器件实际使用应力低于其规定的额定应力，从而达到降低工作失效率、延长使用寿命的目的，设计电子设备时，可按 GJB/Z35《电子元器件降额准则》对元器件合理地降额使用。需要降额的主要参数有结温、电压和电流。

（2）开展热设计

温度是影响元器件失效率的重要因素。对微电路来说，温度每升高 10 ℃大约可使失效率增加一倍。因此在元器件的布局、安装过程中，必须充分考虑到热的因素，采取有效的热设计和环境保护设计，将半导体分立器件以及微电路的结温控制在允许范围内。

（3）开展容差设计

设计电子设备时，应适当放宽元器件参数允许变化范围（包括温度漂移、时间漂移等），以保证元器件的参数在一定范围内变化时，电子设备仍能正常的工作。

（4）考虑元器件的抗辐射问题

在航天器中使用的元器件，通常受到来自外太空的各种射线的损伤，进而使电子系统失效，因此设计人员须考虑辐射的影响，需要时应采用抗辐射加固的半导体器件。

（5）防止元器件的静电损伤

元器件在制造、储存、运输及装配过程中，由于仪器设备、材料及操作者的相对运动，均可能因摩擦而产生几千伏的静电电压，当元器件与这些带电体接触时，带电体就会通过元器件“引出腿”放电。静电放电对器件造成的损伤往往具有隐蔽性和发展性，即静电放电造成的损伤有时难以检查出来，但经过一定时间之后暴露，导致元器件完全失效。通常不仅 MOS 器件对静电放电损伤敏感，在双极器件和混合集成电路中，此项问题也会造成严重后果。

6.1.9　元器件电装与调试

正确、严格的电装与调试是保证元器件使用质量的重要工作内容。元器件的电装操作是将若干个元器件按要求进行有序的组装和连接的过程,包括电装工艺设计和工艺操作。电装前应核对装机元器件是否有通过二次筛选标志,并按照工艺操作规定进行元器件电装,电装后应该组织相关人员进行严格检查,合格后方能进行电路板(单板)的测试。电路板应按操作规程进行调试,调试时应采取必要的防护措施,特别需要注意测试设备应良好接地,禁止电路板及整机在通电情况下装联或拆卸元器件。

6.1.10　元器件储存保管和超期复验

通常元器件必须储存在清洁、通风、无腐蚀气体并有温度和相对湿度指示仪表的场所,管理人员应定期记录库房的温度、湿度,做到按元器件分类、分批、不同质量等级等要求分别进行保管,应标志明显、存放合理、排列有序。在库房存放过程中,对有定期测试要求的元器件应该进行定期质量检验,发现不合格品及时报废隔离出库,做出标记并记录在案。对某些元器件的储存应满足以下特殊要求:

① 对静电放电敏感的元器件的储存和传递,要采取有效的防护措施;

② 对磁场敏感但本身无磁屏蔽的元件,要存放在具有磁屏蔽作用的容器内;

③ 非密封片式元器件要存放在充惰性气体的密封容器内,或存放在采取有效去湿措施(如加吸湿剂等)的密封容器内;

④ 微电机等机电元件的油封及单元包装应保持完整。

对库房中存放的元器件应制订元器件储存期要求(可参考表5-9)。元器件的储存期与元器件的材料、结构和储存的环境条件有关,有效储存期与元器件质量等级有关。对超过规定储存期要求的元器件,元器件使用前应按规定进行超期复验(可参考GJB/Z123-99《宇航用电子元器件有效储存期及超期复验指南》),或报废处理。

6.1.11　元器件发放

为了做好元器件发放的质量管理工作,发放应按产品元器件配套表进行。发放时分别包装,防止混淆,对静电敏感的元器件要采用防静电的包装。合格元器件的发放,应该由负责试验的单位或元器件保管单位签署元器件合格证或合格的有关标记,作为允许产品使用或装机的凭证。对元器件更换或元器件损坏的补领,则应严格按规定办理有关手续后发放。

6.1.12　失效或不合格元器件处理

在验收、到货检验、二次筛选、储存、装联和调试以及使用过程中,发现了失效或不合格元器件时,应记录和隔离,对失效的元器件应进行失效分析。分析结果如为批次性失效,应整批拒收或退换。如为非批次性失效,则剔除失效元器件后可以接收或使用。必要时应抽样进行DPA,以验证失效的非批次性。

对于使用的元器件,应整批进行针对性的检验或筛选,当不合格品率不小于允许的不合格品率(PDA)时,剔除不合格品后可整批接收或继续使用;当不合格品率大于PDA时,应整批拒收、退换或者整批元器件不得在军工产品上使用。

6.1.13　元器件的评审

为确保产品质量，产品研制过程中研制单位可以组织专家对影响元器件质量的有关问题进行评审，以发现元器件选用过程中存在的问题，并提出改进意见。评审以前应做好评审的准备工作，同时邀请具有一定的经验和专长的专家或人员参加评审。

在元器件的评审工作中，应该主要包括：检查元器件的选用是否符合优选要求？检查关键、重要的元器件选用情况是否正确合理？检查元器件的使用（降额设计、热设计和安装工艺等）是否符合有关规定？是否按规定进行了元器件验收、复验、二次筛选和破坏性物理分析，以及对不合格批的处理？产品已用的元器件是否符合规定的元器件储存期要求？是否按规定进行了元器件验收、复验、二次筛选和破坏性物理分析？是否对失效元器件进行了失效分析、信息反馈及采取了有效纠正措施。

6.1.14　元器件质量信息管理

为确保产品可靠性及其在研制和使用过程中的有效质量控制，产品研制单位应对产品用元器件进行数据管理，并制定元器件质量信息的收集反馈、统计分析，以及故障处理的管理方法。军用产品的元器件质量信息反馈，可以参照型号元器件质量信息（包括收集、传递、反馈、统计、分析与处理等）管理办法进行，并建立元器件使用全过程的质量档案，包括文件和元器件各种数据资料。

信息管理应能提供的查询能力包括：元器件优选目录、目录外选用的元器件、国外进口元器件型号、规格、质量等级、数量及货源等、使用的元器件目录、合格元器件供应商名单；元器件验收（复验）、二次筛选、DPA、失效分析等有关数据；各种试验、性能调试、环境试验、环境应力筛选、可靠性试验中有关元器件问题及数据；装机元器件清单等。

6.2　元器件选择与分析评价及其控制要求

6.2.1　元器件选择与分析评价过程

正确并合理的选择元器件，并对元器件选用过程进行管理和有效控制，是实现设计目标的有效手段。元器件选用及其控制的一般过程如图 6-3 所示。元器件的选用应首先分析产品设计和元器件使用需求及其限制条件，根据元器件优选相关原则（或优选目录）选择元器件。对于选择元器件，应该明确其可能遇到的局部使用环境，对其性能、可靠性、费用、电装、生产制造商及元器件代理商能力等进行评价。

（1）产品设计与元器件使用需求及其限制分析

元器件的选择和使用必须符合产品的需求，同时还必须要考虑到受产品设计特性限制的要求。需求和限制分析的目标是通过分析使设计工程师可以选择恰当的元器件使之符合所需的产品。这些分析可能包括产品功能需求分析、外形及尺寸需求、市场价格期望、产品研制周期和上市时间需求、技术性限制、成本限制、测试需求、质量需求等内容。如果产品是直接售于最终用户,则需求及限制分析往往是由行业内的技术龙头企业来决定的,如果产品是一个系统内的配套产品,那么需求和限制应由包含该产品的系统产品来确定。

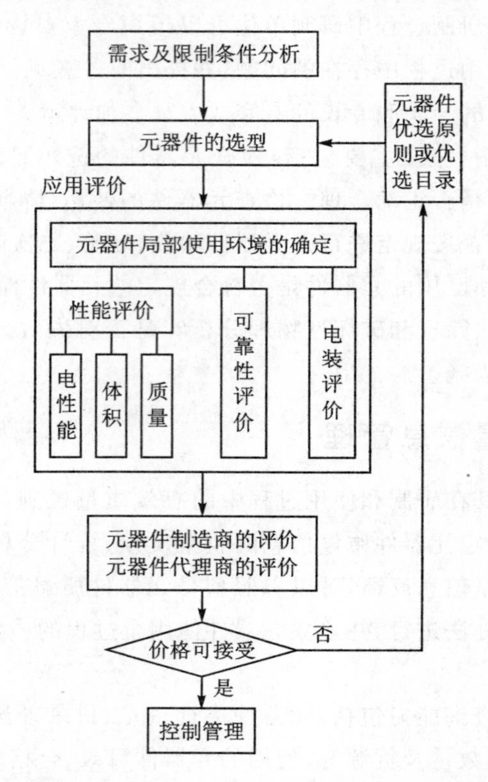

图6-3　元器件的选用及其控制过程示意图

(2) 元器件的选择

备选元器件是指那种符合产品的功能需求,并考虑到了未来技术发展的元器件。此外,备选元器件还必须考虑一个合理的可接受的费用。备选元器件可由元器件的可用性进行度量,它是指元器件易于获得的一种度量,由目前元器件存货的总数、可预计的元器件需求的数量、元器件的订单量、产品生产计划、元器件的供货期限、元器件断货计划等确定。如果实在找不到相应元器件,那么产品设计必须更改。

对于军用产品而言,设计人员必须按《型号元器件优选目录》或有关部门制定的《元器件优选目录》选择适用的元器件。对于超出《型号元器件优选目录》以外的,则必须确保选择的元器件技术性能和质量等级符合型号有关规定,选择时应尽可能压缩所采用元器件的品种、规格和生产厂,不允许使用已经停产或即将停产的军用元器件。

(3) 元器件局部使用环境的确定

元器件的寿命周期环境包括元器件的组装、储存、元器件使用等情况相关的环境。各类环境中载荷情况可能包括稳定状态的温度、温度范围、循环及升降率、湿度水平、压力载荷及升降率、振动或冲击载荷、化学暴露、噪音水平、沙尘、电磁辐射水平、由电源、电流或电压引起的应力等等。这些条件都可能影响产品的性能和可靠性。元器件局部使用环境是指产品中邻近该元器件的环境，它随产品的整个过程环境变化。

设计人员应全面分析元器件寿命周期内的内部和外部应力条件。外部应力条件包括元器件将可能遇到的环境和相关的应力，可通过实验或数字仿真来确定。内部应力条件与产生元器件的应力相关，例如功率耗损、内辐射、潜在污染的释放和泄露。如果元器件与系统中的其他元器件相连，那么与交互界面相关的应力(如外部的功率消耗、电压短暂出现、电压突起、电子噪音、热耗损)可能也需要考虑。

(4) 元器件的性能评价

在元器件正常工作条件的范围之内，常常有最低和最高应力的限制。元器件选择应使得元器件的电、机械和功能性能适合产品的运行条件。元器件性能评价的目标是评价元器件适应产品功能和电性能需求的能力。

工程师通过设计把产品用的各类元器件整合在一起，确保元器件能够工作在各自的正常工作条件下，甚至在其最坏工作条件下(如供应电压变化、载荷变化和信号变化)，也不会出现过应力情况。通过分析应该明确所选元器件是否产品满足电性能要求以及适应使用环境，或者也可通过修改环境条件以确保元器件工作在允许的温度范围内，例如通过热设计使元器件被转移到其他位置上或者增加冷却装置。

(5) 可靠性评价

可靠性评价为产品设计工程师提供了元器件在特定使用条件下可靠工作的持续能力。如果元器件的可靠性不能通过可靠性评价过程得以保证，产品设计工程师应考虑一种可替换的元器件或改进产品设计，包括加入热设计、减震处理和修改组装参数等。

可靠性评价可以通过元器件鉴定试验、虚拟鉴定试验获得。鉴定试验是元器件制造商为鉴定元器件质量等级和可靠性水平而专门实施的试验，其试验数据可从元器件制造商处获得。如果元器件使用载荷的大小和持续时间低于鉴定试验，并且试验样本和结果可接受，那么元器件的可靠性是可以接受的。如果元器件使用载荷的大小和持续时间不低于鉴定试验，这时可以考虑采用虚拟鉴定的方法。虚拟鉴定试验是一种基于失效物理的仿真方法，用于识别与元器件应用载荷相关的失效机理，并评价其可正常使用的寿命。

(6) 元器件的电装评价

在元器件的选择过程中，必须考虑与产品电装相关的诸多问题，包括电装过程兼容性问题、电路板走线兼容性问题。如果上述问题考虑不周，元器件可能不会被选用。

① 电装过程兼容性。主要考虑的问题包括：元器件大小形状和把元器件装到电路板上的装配方法；检查元器件定位以及与电路板上其他元器件的相互位置；检查电路板的布局，如正确基准位置、调整孔等。

② 线路的兼容性。主要考虑的走线问题包括：电路板上需要多大面积才能把该元器件装上去？安装该元器件时是否需要多层板以便避开一些线路？对于区域排列方式的电路板(例如球栅阵列封装)来说，元器件的一个限制要求是避开走线。如果元器件的I/O在区域阵列格式里，元器件就不能装到该系统里，除非它的所有的I/O在元器件的下部。如果一种特定元器件的选择会引起电路板内重大的布局和走线问题，那么这种元器件可能会被拒用。

(7) 元器件持续供应能力的评价

为了保持竞争性,元器件制造商经常开发新品种元器件和停产老品种元器件。如果元器件不能在产品寿命周期中支持该产品,那么就会出现产品和它所使用的元器件之间的寿命周期的不一致。当技术领先时间、元器件退市风险等在产品设计阶段被忽略时,其后果可能会很昂贵,造成重大经济损失,例如军用产品中经常面临的元器件断档问题。

元器件持续供应能力的评价过程应能阻止设计人员选择那些已经废除或不久将要断档的元器件。元器件的选择主要依赖于可采用的预防管理策略(如重新设计、终生购买、从外部市场购买、元器件替换)。如果产品研发的管理部门认为元器件和产品之间存在不可接受的寿命周期不一致问题,那么该元器件是不适合的,应被拒用。

(8) 元器件制造商与代理商的评价

制造商评价是指评价元器件制造商生产一致性好的元器件的能力。代理商评价是指评价代理商能够不影响元器件的内在质量条件下提供元器件以及提供所需服务的能力。产品质量管理部门应基于产品需要来确定这些评价的最低可接受水平,如果元器件制造商与代理商能够满足最低可接受的水平,则制造商所提供的元器件产品就可以成为备选元器件。

6.2.2 元器件优选目录制定与使用

对于军用装备所用元器件,产品研制单位应该按照 GJB3404《电子元器件选用管理要求》制定军用电子元器件优选目录作为选用、质量管理和采购的依据。元器件优选目录应根据产品研制和生产不同阶段进行动态控制(补充或修改)。

元器件优选目录由研制单位按有关标准规定的要求内容和程序制定,为了使产品设计人员能择优选择元器件品种、规格和生产厂,并控制选择的元器件质量等级,以及压缩元器件品种、规格和生产厂,达到保证元器件的使用质量,减少保障费用的目的。

产品研制单位应在方案设计阶段开始就编制产品元器件优选目录,编制目录时要优先将通过国家军用标准认证并列入合格产品目录的元器件和生产厂列入"目录",要选择经实践证明质量稳定、可靠性高、技术先进的标准元器件作为优选品种。元器件生产执行的标准应具有先进性,在满足需求的前提下,优选目录应最大限度地压缩元器件品种、规格和生产厂。要选择有良好质量保证能力、供货及时、价格合理、信守合同、有成功合作经历的元器件生产厂作为优选目录中的供货单位。

元器件优选目录的主要内容形式见表6-1,应包括序号、元器件名称和型号、规格,主要技术参数,封装形式、质量等级、采用标准、质量等级,生产厂或研制单位等内容。元器件目录应包含产品绝大部分选用的元器件,如半导体集成电路、半导体混合电路、半导体分立器件、电阻器、电容器、电感器、变压器、继电器(电磁式、固体式)、电连接器、开关、晶体等。优选目录中应列入有关的技术条件及规范、生产厂通信地址、订货时规范填写型号规格示例等。

产品的设计工程师应严格按元器件优选目录选用元器件,超目录选用应严格审批。型号及产品的各级质量管理部门应该检查、监督"目录"的实施情况,并根据工程任务的进展以及元器件品种、质量和供货单位的变化,及时修订元器件优选目录,对"目录"实行动态管理。

表6-1　元器件优选目录的项目内容

序号	名称	型号	主要技术参数	技术标准	质量等级	封装外形	生产厂或研制单位	备注
⋮	⋮	⋮	⋮	⋮	⋮	⋮	⋮	⋮

6.2.3　军用产品元器件的选择

(1) 军用产品元器件选择的要素

军用电子设备使用环境一般都较为恶劣,其质量和可靠性水平要求很高,特别是对大多数航空与航天产品,它们对产品可靠性都有着极高的要求。军用产品设计人员必须根据元器件的性能特性要求、使用环境要求、质量等级要求等要素,正确合理的选择元器件,才能达到有效使用的目的。

① 特性选择:根据元器件的使用部位的电性能、体积、重量等要求,在元器件优选目录或推荐目录中选择元器件的品种、规格和供货单位。选择元器件的特性时应留有足够的余量,不能选择实际使用应力接近甚至超过其极限值的元器件,应按规定降额使用。

② 质量等级选择:根据整机的可靠性要求选择元器件执行的规范和质量等级。使用国产元器件应按GJB299的有效版本、国外元器件应按MIL-HDBK-217的有效版本进行可靠性预计,如果选用低质量等级的元器件达不到分配的指标,则应改选高质量等级的元器件。

③ 环境适应性选择:根据元器件使用的环境要求,选择元器件工作适用的温度范围、可承受的振动频率范围和量级、以及密封性、静电敏感度、辐射强度保证(RHA)等级等承受环境的能力。

设计人员根据任务要求选择元器件并填写了元器件选择清单后,经有关部门按型号任务汇总,应在适当范围内组织评审。

(2) 军用元器件选择的一般原则

对于军用型号产品中元器件的选择,除了元器件的技术标准(包括技术性能指标、质量等级等)需满足设备的要求外,还应遵循以下基本原则:

① 首先从《型号元器件优选目录》或有关部门制定的《元器件优选目录》中选择。

② 选择经实践证明质量稳定、可靠性高有发展前途的标准元器件,不允许选择淘汰品种。

③ 在满足性能、质量要求前提下,优先选用国产元器件。

④ 选择设备适用的元器件质量等级,并应满足设备可靠性指标要求和规定的元器件选择最低质量等级要求。

⑤ 元器件型号、规格的选定,除了满足电路要求外,还应通过降额设计和元器件热设计后确定。

⑥ 应最大限度地压缩元器件型号、规格和生产厂。

⑦ 选择有质量保证、供货稳定、通过国家认证合格的生产厂。

⑧ 不得选择禁止使用的元器件和尽可能减少选用限制使用的元器件。

(3) 元器件质量等级的选择

产品用元器件质量等级的高低直接决定了产品的质量和可靠性水平的高低。因此型号要求高可靠性的设备,应选择较高质量等级的元器件,型号中关键或重要设备也应采用高质量等级的元器件。为了同时能够满足产品质量和经济性的要求,各种不同设备或同一设备可以采用不同质量等级的元器件。当设备可靠性预计达不到规定值时,可进一步提高所选的元器件质量等级,但不能盲目地选择质量等级过高的元器件,这样会使型号研制和生产成本增加。对可靠性偏低的元器件品种(如:继电器、电位器)应选较高质量等级元器件,对使用数量较多的元器件(如电阻器)也应提高其选择的质量等级。

6.3 电子元器件应用验证

6.3.1 元器件应用验证的定义和目的

元器件应用验证是对元器件在应用于型号产品前开展的一系列试验、评估和综合评价等工作,针对型号的实际应用情况,有针对地开发验证平台、进行验证工作,以确定元器件研制的成熟度和在工程中应用的适用度,经综合分析评价得出型号可用度或可用性结论,并形成应用指南,有效指导元器件产品成熟和合理应用,确保型号应用中的风险降至最低。

我国电子设备尤其是军用电子设备在选用进口元器件时仍然面临断档、禁运、假冒伪劣、安全隐患、测试困难等问题。使用工业级器件或提前采购备用对以上问题只能起到缓解作用,要减少武器装备系统对进口元器件的依赖,促进国产元器件自主保障和创新能力的提升,必须寻求元器件的国产化替代。

目前我国的元器件研制已经取得了较大进展,技术水平快速提高,产品系列逐渐完善。但是已经完成研制的元器件在部分型号中的推广应用过程中仍然存在“不好用”“不敢用”和“用不好”等问题,其原因主要有两方面:一方面,对部分元器件研制技术仍未成熟,且标准化的元器件的鉴定试验方法和技术与实际应用情况存在一定差距,试验项目和应力剖面也不能覆盖元器件的应用状态,导致通过鉴定的元器件在应用过程中仍然出现不少问题;另一方面,研制、鉴定和质量保证过程能提供的元器件信息数据尚不能充分表征其功能、性能、质量可靠性和环境适应性,难以充分指导用户使用,这就使得用户更加趋向于使用已经有成功应用经历和数据较为充分的成熟元器件,新研元器件的推广仍然存在一定难度。

为提高元器件的国产化水平,适应新型武器装备对元器件功能、性能、质量可靠性和环境适应性更高的要求,元器件的研制和保证思路应当从“满足产品规范和合同要求”转变为“确保产品耐应力裕度、提高应用适应性、保证工程可靠使用”。因此,急需提高新研元器件的技术成熟度和应用适用度,通过开展应用验证工作,以得出明确的评价结论并促进元器件的成熟应用。

6.3.2 元器件应用验证的要素

元器件应用验证的要素指元器件在设计、生产、选用、电装、使用等生命周期中的各种特性中与元器件的应用相关的特性。国产元器件的应用验证要素需要涵盖元器件固有特性和元器件的应用条件。

如图 6-4 所示,元器件应用验证要素可分为两个主要方面,即元器件基本特性验证要素和元器件应用特性验证要素。其中元器件基本特性描述元器件出厂时自身特性,包括元器件功能特性参数要素和元器件生产工艺验证要素;元器件应用特性描述元器件在使用过程中的特性，包括电装特性、应用环境适应性以及长期可靠性。另外，对于特殊的应用需求，还可以增加相应的验证要素。

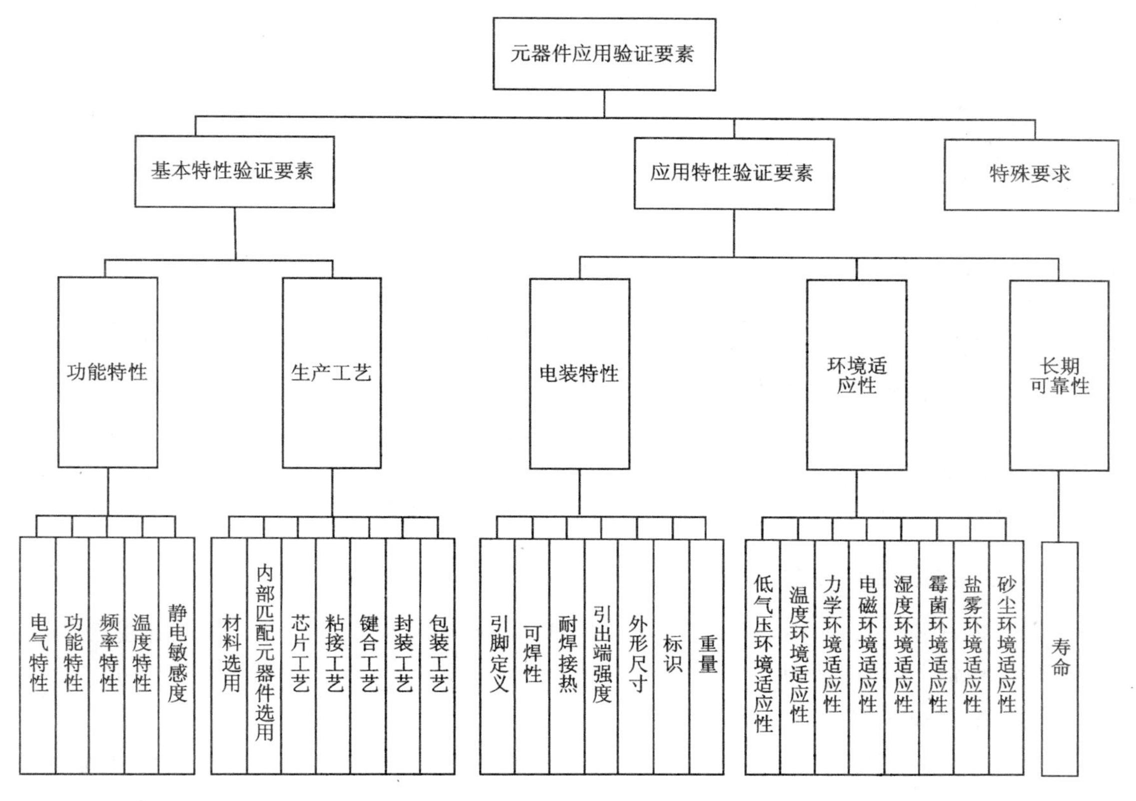

图6-4 验证要素层次体系

1. 功能性能验证要素

元器件的功能性能参数是元器件最基本的特性，是指元器件基本功能性能特性指标参数的集合，包括：电气特性、功能特性、频率特性、温度特性、静电敏感度特性等，直接决定了元器件的适用场合和使用要求。

将元器件的功能性能参数作为国产元器件应用验证最基本的特性验证要素，目的是保证元器件在使用时的功能特性参数与元器件承制方所提供的数据相符合，找出国产元器件与进口元器件之间的异同，保证在应用时，设计者的选用依据真实可靠。

2. 工艺结构验证要素

元器件工艺结构决定了元器件的设计、生产制造、结构要求能否满足规定的功能性能。元器件工艺结构要素包括：芯片结构、黏接工艺、互联键合、材料选用、内部匹配元器件选用、封装管壳等。

元器件工艺结构要素验证的目的在于评价设计、制造、试验或检验过程变化而导致重复出现的缺陷，以及验证是否存在禁限用工艺。保证元器件在应用时，其功能性能可靠性不会受到其结构和制造工艺过程的影响。

3. 电装特性验证要素

元器件的电装特性即描述元器件在安装、焊接工艺过程的特性，主要包含以下特性：引脚定义、物理尺寸/封装形式、引线牢固性、可焊性、耐焊接热特性、重量等。

将元器件的电装特性作为应用验证要素,目的在于保证在安装、焊接之后,在使用过程中,元器件的功能性能和可靠性不会因为元器件在批量安装、焊接到电路板的过程影响使用性能和可靠性。

4. 环境适应性要素

环境适应性是指元器件在使用过程中,在应用环境应力作用下,保持正常工作的特性。应用环境一般包括:温度环境、湿度环境、机械环境、低气压环境、霉菌环境、盐雾环境、电磁环境等。

在确定应用环境适应性验证要素时,应从两方面考虑:应用环境适应性基本要求和用户特殊要求。应用环境适应性基本要求来自国军标中设备规范中的相关环境适要求。分析电子设备相应的环境要求,筛选出其中与元器件相关的环境,即可得到应用环境适应性基本验证要素。用户特殊要求来自用户输入,针对用户提出的特殊应用要求,确定相应的验证要素。

5. 长期可靠性验证要素

元器件长期可靠性验证要素通常以元器件寿命或失效率作为表征进行验证。对元器件应用长期可靠性进行验证的目的是保证设备在长期使用过程中,元器件具备较高可靠性水平。根据元器件类型不同,可分为特征寿命验证要素和其他寿命验证要素。

6.3.3 元器件应用验证基础技术

应用验证基础技术指针对验证要素实施的具体试验项目及方法,主要包括应用验证测试、元器件极限评估、可靠性结构分析技术、环境适应性验证技术、系统适应性验证技术等。

1. 应用验证测试

测试是应用验证项目的重要组成部分,可通过测试来获取元器件功能和性能,尤其是电学性能在验证项目中的表现和结果,测试数据分析是应用验证指标结果判定的重要方法。通过应用验证测试数据分析,有注意在应用验证全过程中对元器件整批产品状态以及元器件产品整体的认识。

2. 元器件极限评估

随着更多新型元器件应用于高可靠领域,型号对元器件的要求也不断提高,用户保证思路从“单纯满足合格标准要求”向“尽可能摸清产品耐应力裕度,保证使用中不出故障”转变。因此为了更可靠地应用和明确优化设计的正确方向,应了解元器件实际耐受应力的范围或界限,同时掌握元器件实际能力和设计能力之间的裕度。为用户在元器件的选型和应用等方面提供依据,提高应用可靠性。

元器件极限评估技术是一种基于可靠性强化试验理论的元器件新型评估方法,是元器件保证的重要方法,也是应用验证工作的重要手段。

3. 可靠性结构分析技术

可靠性结构分析技术是对电子元器件进行的结构可靠性隐患的检查,根据需要,使用电测试及必要的物理、金相和化学分析技术。结构分析技术是开展电子元器件质量和可靠性工程的支撑技术,属于可靠性物理及其应用技术的范畴。

4. 系统适应性验证技术

从系统的不同环境要素考虑,系统适应性的影响因素包括力学、热环境、空间辐射、电气环境、装联环境、软件及开发环境等多方面，且通常是多因素综合影响。

通过空间/力/热环境适应性、电气环境适应性、装联环境适应性、软件及开发环境适应性的验证，可以验证元器件是否能适应多种应用状态的系统使用环境及相关应用限制条件，最终确定元器件在 4 个方面的系统适应性能力。

6.3.4　元器件应用验证方案设计

1. 试验项目的确定

为确定验证方案中的试验项目，首先应进行验证要素信息收集，在进行应用验证要素梳理时，应该收集三方面的信息，包括：进口元器件信息收集、国产元器件信息收集，以及应用环境信息收集。结合收集到的信息，从元器件基本特性和应用特性两方面分别整理出国产元器件在进行应用时的验证要素。

对于功能特性参数应全部进行验证，计入验证试验项目。

对于生产工艺，可从元器件的结构分解入手，参考同类器件的结构分析试验和 DPA 试验，以及元器件承制方生产工艺实际情况，整理相关验证要素。由于工艺验证方法对设备有较高要求，且部分工艺结构要素的验证方法没有明确标准，确定相应的试验项目是应在工艺结构要素的基础上，综合考虑验证方的技术条件确定验证试验项目。

对于环境适应性要素，应根据验证要素层次体系中的应用环境适应性验证要素筛选出与替代元器件的应用环境有关的要素，并根据器件的自身特性，对环境适应性验证要素进行进一步剪裁，比如气密封型器件可以剪裁掉与沙尘，盐雾，霉菌，湿度等要素，微小质量简单元器件可适当减少机械应力环境要素，由此确定最终的验证项目。

对于特定的元器件封装类型，以及电装方式可以确定其需要验证的电装特性验证要素，并由此确定相应试验项目。

长期可靠性验证采用寿命试验或加速寿命试验，但通过试验定量获取器件的寿命或失效率信息时间和经济成本高，在确定相应试验项目时可考虑在同一条件下定性比较考察国产和进口元器件的长期可靠性。

根据元器件所经历的鉴定试验相关资料，对在鉴定试验过程中已经经历过的试验项目，如果鉴定试验的试验条件与试验方案相同，或者更加严酷，则可适情裁剪该项目。如果元器件百分之百地进行筛选试验，对于与筛选试验项目相同的可适当进行相应裁剪。

2. 试验条件的确定

根据元器件类型的不同，其应用验证要素中涉及的参数测试项也不同。这些参数验证要素的试验条件和测试方法需根据元器件详细规范，或该类元器件相应国军标的规定进行确定。

对于环境适应性试验，由于设备所经历的环境应力大小与其中元器件所经受的环境应力大小并不相同，所以应用验证试验应力不能直接使用设备或整机的试验应力进行试验。在确定元器件试验应力水平时，可以根据对设备的航空环境要求或整机、设备的试验剖面，通过实物实测，或根据型号历史实测数据，或使用仿真方法确定得元器件实际承受的应力水平，由此将设备或整机的环境应力传递到元器件级，得到元器件实际受到的应力大小，并在此基础上增加一定裕量，进而确定试验应力等级和试验周期。

对于电装特性的试验应力和周期，应依照元器件总规范或详细规范相关规定确定。

3. 试验分组与抽样

各项试验进行分组时。应先进行非破坏性的功能特性参数测试,然后分别进行破坏性或极限测试。包括功能特性参数极限试验,电装特性验证试验,环境适应性要素验证试验,长期可靠性要素验证试验和工艺结构要素验证试验。

抽样方案制定应以能体现试验对象实际水平为原则,非破坏性的功能特性参数测试在其他各组试验之前应对全部样件进行。对国产型号和进口型号分别按照规定的方案进行抽样,当有多个国产型号进行替代验证时,对每个型号分别抽样,且国产型号抽样数必须一致。对于进口型号样件难获取或成本较高者,可酌情减少抽样数。

4. 失效判据

以元器件的数据手册和规范规定的参数值范围,确定其进行验证试验时的失效判据。根据具体元器件验证项目的测试和试验方法,在元器件测试和试验过程中,或试验后的电测试中,当出现元器件指标超过元器件的数据手册和规范规定的范围时或用户特,即认定为失效。考虑到验证首要目的为确定国产和进口型号之间的差异,元器件的失效判据也可根据实际情况由用户和研制单位相互协商的进行放宽。

习 题

6.1 什么是电子元器件的使用可靠性,与固有可靠性的区别是什么?

6.2 元器件使用可靠性保证工作的目的是什么?

6.3 电子元器件的使用可靠性保证工作包含哪些项目?

6.4 选用用于军用产品的元器件时,首先应考虑的原则是什么?

6.5 选择元器件的质量等级时,为什么不能尽可能选择高质量等级的器件?

6.6 为什么需要推进元器件的国产化替代,思考可能的原因。

6.7 元器件应用验证的定义是什么? 为什么要进行应用验证工作?

6.8 思考如果仅对照器件手册,将封装与功能参数相同的国产型号元器件直接代替某进口元器件装机使用,验证不充分的情况下,可能会产生什么后果。

6.9 对元器件进行应用验证工作时,应对哪些要素进行验证?

第7章 电子元器件降额设计

7.1 降额设计的定义与目的

降额设计是将元器件在使用中所承受的应力低于其设计的额定值。通过限制元器件所承受的应力大小，达到降低元器件的失效率，提高使用可靠性的目的。

降额设计中认为元器件本身是可靠的，元器件在额定应力值下，一般是能正常工作的，但在额定值下工作的元器件，其失效率往往比较大。虽然元器件的设计有一定的安全余量，元器件在开始使用时并没有发生失效（这里不考虑元器件缺陷引起的早期失效），然而，元器件在大的使用应力下，随着时间的推移，其性能退化速度较快，这是由于元器件的材料等原因所造成的。

元器件降额的程度以元器件实际承受的应力（工作应力）与额定应力之比来定量表示，此应力比称为降额因子。

元器件的可靠性对其电应力和温度应力比较敏感。在一定范围内，随着电应力和温度应力的增加，元器件的失效率迅速上升。图7-1示出了金属膜电阻器的基本失效率随工作应力（电应力和温度应力）的变化情况。

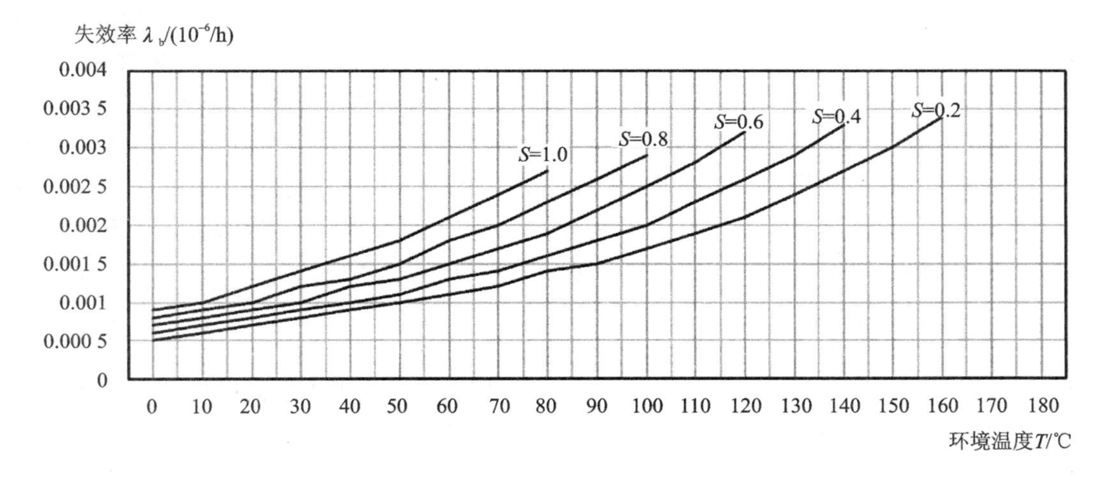

图7-1 金属膜电阻器基本失效率曲线 GJB299C

从图中可以看出，在某电应力下，金属膜电阻器的基本失效率随温度应力的增加而呈指数增加。

在某工作温度下，金属膜电阻器基本失效率随电应力的增加而增加，失效率变化的值和比例见表7-1。

表7-1 金属膜电阻器基本失效率随工作电应力的变化(工作温度为40 ℃)

电应力S	1	0.8	0.6	0.4	0.2
基本失效率/($10^{-6}h^{-1}$)	0.001 6	0.001 3	0.001 2	0.001 0	0.000 9
失效率降低比例/(%)		18.75	7.69	16.67	10

从表7-1可以看出,随着降额量值的增加,在同样的降额数量下所获得的元器件失效率的降低其收益变化不大。因此过度的降额并无太大益处,有时还会使元器件的特性发生变化(如大功率晶体管在小电流下工作,将会大幅降低放大系数且使参数的稳定性下降)。各类元器件的降额设计可参照国军标GJB/Z35-1993《元器件降额准则》和相应的行业标准进行。

7.2 降额设计的理论依据

电子元器件在使用过程中,会存在一定的物理化学变化。这一过程会逐渐发展,当达到一定阶段以后,会发生元器件的性能退化甚至功能丧失。以半导体器件为例,当物理化学变化过程作用形成导电沟道时,器件反向漏电流增大,击穿电压下降,当器件表面复合速度变化大时,晶体管的电流放大倍数降低,最终的结果就是晶体管失效率增大。对于电子元器件的失效率影响较大的因素主要是温度应力和电应力两种。通过限制元器件所承受的应力大小,可以达到降低元器件的失效率的目的。因此降额设计主要是降低电子元器件经受的温度应力和电应力。

温度应力降额的理论依据是阿伦尼斯方程。阿伦尼斯方程用于描述化学反应速率(失效过程)与温度关系的经验公式。当温度应力增大,上述物理化学变化过程加快,器件的失效过程被加速。通过降低温度应力,可以减缓化学反应速率,从而降低了电子元器件失效率。

电应力降额的理论依据是逆幂律法则。大量试验证明,元器件寿命与电压、电流、功率等电应力之间符合逆幂律关系,这些应力会促使器件内部产生离子迁移、质量迁移等,造成短路、击穿断路失效等。逆幂律模型就是在此基础上,由动力学理论和激活能推导出的函数,表示电子元器件的寿命特征随所施加电压的α次幂成反比关系。电应力越强,失效速率越快,器件寿命越短。因此,通过降低电应力,可以有效降低电子元器件失效率。

7.2.1 阿伦尼斯方程

物化过程与温度有密切关系,遵从温度应力—时间模型。当温度升高以后,这些物理变化过程大大加快,器件的失效过程被加速。化学反应的速率可以由阿伦尼斯方程表示:

$$\frac{\mathrm{d}M}{\mathrm{d}t}=A_0\exp\left(-\frac{E}{kT}\right) \tag{7-1}$$

式中,$\frac{\mathrm{d}M}{\mathrm{d}t}$——化学反应速率;

A_0——常数;

E——某种失效机理的激活能;

k——玻尔兹曼常数;

T——绝对温度;

令元器件初始状态的退化量为 M_1，对应时间为 t_1；另一状态的退化量为 M_2，对应时间为 t_2。那么，当温度 T 为常数时，从 $t_1 \sim t_2$ 的累积退化量为：

$$\begin{aligned} M_2 - M_1 &= \int_{t_1}^{t_2} A_0 \exp\left(-\frac{E}{kT}\right) \mathrm{d}t \\ &= A_0 \exp\left(-\frac{E}{kT}\right)(t_2 - t_1) \end{aligned} \tag{7-2}$$

令 $t = t_2 - t_1$，得

$$t = \frac{M_2 - M_1}{A_0} \exp\left(\frac{E}{kT}\right) \tag{7-3}$$

当 t 为特征寿命 θ 时，以温度应力作为加速条件的阿伦尼斯方程如下：

$$\theta = A \exp\left(\frac{E}{kT}\right) \tag{7-4}$$

式中：θ——某特征寿命，针对电子元器件即为寿命服从指数分布的平均寿命；

$A = \dfrac{(M_2 - M_1)}{A_0}$——常数；

E——某种失效机理的激活能；

k——玻尔兹曼常数；

T——绝对温度；

从阿伦尼斯方程可以看出，随着温度的升高，元器件的特征寿命呈指数下降的趋势，对上式两边取对数，可得：

$$\ln \theta = a + b\left(\frac{1}{T}\right) \tag{7-5}$$

式中，$a = \ln A$，$b = \dfrac{B}{K}$。从式(7-5)可以看出，特征寿命的对数和绝对温度的倒数呈线性函数关系。通过该模型就可以求出元器件的寿命特征与温度应力之间的关系。

设在温度 T_r 时的特征寿命为 θ_r，在温度 T 时的特征寿命为 θ，分别带入式(7-4)，等式两端相比，则有

$$\frac{\theta_r}{\theta} = \frac{A\exp\left(\dfrac{E}{kT_r}\right)}{A\exp\left(\dfrac{E}{kT}\right)} = \exp\left[\frac{E}{k}\left(\frac{1}{T_r} - \frac{1}{T}\right)\right] = \exp\left[b\left(\frac{1}{T_r} - \frac{1}{T}\right)\right] \tag{7-6}$$

令 $A_\theta = \dfrac{\theta_r}{\theta}$（$A_\theta$ 称为加速系数），则

$$A_\theta = \frac{\theta_r}{\theta} = \exp\left[b\left(\frac{1}{T_r} - \frac{1}{T}\right)\right] \tag{7-7}$$

失效率加速系数 A_λ 定义为

$$A_\lambda = \frac{\text{加速条件下的失效率}}{\text{基准条件下的失效率}} = \frac{\lambda(t)}{\lambda_r(t)} \tag{7-8}$$

由于电子元器件寿命服从指数分布，则有

$$\theta = \frac{1}{\lambda} \tag{7-9}$$

则

$$A_{\lambda}=A_{\theta}=\frac{\theta_{r}}{\theta}=\frac{\lambda}{\lambda_{r}} \tag{7-10}$$

在进行温度应力的降额设计时,可以根据降额等级要求和已知的额定温度应力,计算出降额后的工作温度应力。根据式(7-7),进一步计算出加速系数。代入式(7-9),则可以得到对应降额等级的基本失效率。从上述推导过程可知,温度应力的降低,使得特征寿命增大,失效率减小,从而达到降额设计的目的。

7.2.2　电应力降额的逆幂律法则

阿伦尼斯方程是关于温度应力的降额依据,至于电应力,由于在物理上已经有很多实验数据证实加大电应力也能促使产品提前失效,根据试验结果得到的逆幂律模型则可以写为

$$A_{\theta}=\frac{\theta_{r}}{\theta}=\left[\frac{P}{P_{r}}\right]^{\alpha} \tag{7-11}$$

式中:

A_{θ}——加速系数;

P_{r}——基准应力(额定应力);

P——工作应力;

θ_{r}——在应力 P_{r} 下的寿命

θ——在应力 P 下的寿命;

α——幂指数,一般 $\alpha \geqslant 5$,所以式(7-11)也称作5次幂法则。

对于寿命服从指数分布的电子元器件,根据式(7-8)、式(7-9)的推导,可以得到失效率加速系数 A_{λ},即

$$A_{\lambda}=A_{\theta}=\frac{\theta_{r}}{\theta}=\left[\frac{P}{P_{r}}\right]^{\alpha} \tag{7-12}$$

在进行电应力的降额设计时,可以根据降额等级要求和已知的额定电应力,计算出降额后的工作电应力。并根据式(7-11),进一步计算出加速系数。代入式(7-12),则可以得到对应降额等级的基本失效率。电应力的降低,减小了失效率,从而达到降额设计的目的。

在国家军用标准GJB/Z35-1993《元器件降额准则》的附录B中绘制了部分电子元器件的降额曲线。对于不同的元器件,降额的方法是不一样的,电阻器的降额方法是降低功率比,电容器是降低其工作电压,半导体器件的降额方法是将工作功耗保持在额定功耗之内,数字集成电路通过周围环境温度和电负荷来降额,线性集成电路、大规模集成电路和半导体存储器也是通过降低周围环境温度来实现降额的。

7.3　降额设计的工作内容与基本原则

7.3.1　降额设计的工作内容

降额设计的工作内容是确定元器件应采用的降额等级、降额参数和降额因子。根据降额设计要求选定适用的元器件,并按降额后的应力大小使用元器件。

1. 降额等级的划分

我国国军标 GJB/Z35－1993《元器件降额准则》在最佳范围内推荐采用三个降额等级，它们是Ⅰ级降额（最大降额），Ⅱ级降额（中等降额），Ⅲ级降额（最小降额）。

（1）Ⅰ级降额

Ⅰ级降额是最大的降额：对元器件使用可靠性的改善最大，超过它的更大降额，通常对元器件可靠性的提高有限，且可能使设备设计难以实现。

Ⅰ级降额适用于下述情况：设备的失效将导致人员伤亡或装备与保障设施的严重破坏；对设备有高可靠性要求，且采用新技术、新工艺的设计；由于费用和技术原因，设备失效后无法或不宜维修；由于Ⅰ级降额量值较大，系统或设备的尺寸、质量将有显著增加。

（2）Ⅱ级降额

Ⅱ级降额是中等降额，对元器件使用可靠性有明显改善，Ⅱ级降额在设计上较Ⅰ级降额易于实现。

Ⅱ级降额适用于下述情况：设备的失效将可能引起装备与保障设施的损坏；有高可靠性要求，且采用了某些专门的设计；需交付较高的维修费用。采用Ⅱ级降额，系统或设备的尺寸、质量增加不大。

（3）Ⅲ级降额

Ⅲ级降额是最小的降额，对元器件使用可靠性改善的相对效益最大，但可靠性改善的绝对效果不如Ⅰ级和Ⅱ级降额。Ⅲ级降额在设计上最易实现。

Ⅲ级降额适用于下述情况：设备的失效不会造成人员和设施的伤亡和破坏；设备采用成熟的标准设计；故障设备可迅速、经济地加以修复；采用Ⅲ级降额，系统或设备的尺寸、质量增加不大。

我国国家军用标准 GJB/Z35－1993《元器件降额准则》和美国罗姆空军发展中心（RADC）均推荐了元器件在不同应用情况下的降额等级。GJB/Z 35 对不同类型装备推荐应用的降额等级见表 7－2，美国罗姆空军发展中心（RADC）对不同应用范围推荐的降额等级见表 7－3。

为了使降额等级的确定更为合理，美国国防部 RAC 提出降额等级确定的考虑因素及其计分情况见表 7－4 及表 7－5。

表 7－2　GJB/Z35 推荐的降额等级

应用范围	降额等级	
	最　高	最　低
航天器与运载火箭	Ⅰ	Ⅰ
战略导弹	Ⅰ	Ⅱ
战术导弹系统	Ⅰ	Ⅲ
飞机与舰船系统	Ⅰ	Ⅲ
通信电子系统	Ⅰ	Ⅲ
武器与车辆系统	Ⅰ	Ⅲ
地面保障设备	Ⅱ	Ⅲ

表7-3 RADC推荐的降额等级

环 境	降额等级
地 面	Ⅲ
飞 行	Ⅱ
空 间	Ⅰ
导弹发射	Ⅰ

表7-4 元器件降额等级确定的考虑因素及计分(RAC)

因 素	情 况	分 数
可靠性	采用标准的元器件能完成的设计	1
	有高可靠性要求须进行专门的设计	2
	采用新概念、新工艺的设计	3
系统维修	能很容易、很快和经济地对系统进行修理	1
	系统修理费用高,对修理有一定限制,要求高的修理技术以及只允许很短的修理时间	2
	对不可能进行修理的设备系统或者难以承受的修理费用	3
安全	通常对安全不会有影响	1
	为了安全系统或设备可能要较高的成本	2
	可能危及人员生命	3
尺寸、重量	通常没有对设计者特殊的限制	1
	进行专门的设计并对满足设备尺寸、质量要求有一定有困难	2
	要求设计紧凑	3
寿命周期内修理的费用	修理费用低,通常备件费用也不高	1
	修理费用可能高或备件费用高	2
	对各系统要求备有全部的替换产品	3

表7-5 降额等级与计分的关系(RAC)

降额等级	总计分数
Ⅰ	11～15
Ⅱ	7～10
Ⅲ	6或6以下

2. 降额参数

降额参数是指影响元器件失效率的有关性能参数和环境应力参数。元器件降额参数确定的依据是元器件的失效率模型,可以通过元器件失效率模型推导出降额要求。在GJB/Z35-1993《元器件降额准则》中给出了各类元器件的失效率模型,以常用的硅NPN晶体管为例,其基本失效率λ_b的模型如式(7-13)所示:

$$\lambda_b = A e^{[N_T/(T+273+\Delta T \cdot S)]} e^{[(T+273+\Delta T \cdot S)/T_{jm} P]} \tag{7-13}$$

式中:A——失效率换算系数;

e——自然对数底;

N_T,P——器件中的形状参数;

T_{jm}——最高允许结温(0功率点),℃;

T——工作温度(环境或壳温),℃;

ΔT——T_{jm}与额定功率点最高允许温度之差,℃;

S——应力比或降额因子。

式(7-13)中的参数除工作温度T和应力比S外,均与晶体管型号、规格有关的参数。因此在元器件型号、规格等确定后,基本失效率λ_b与工作温度T和应力比S有关。

根据各类元器件的工作特点,对元器件失效率有影响的主要降额参数和关键降额参数见表7-6。

表7-6 各类元器件的主要降额参数和关键降额参数

元器件类型		主要降额参数和关键降额参数
模拟电路	放大器	电源电压、输入电压、输出电流、功率、最高结温☆
	比较器	
	模拟开关	
	电压调整器	电源电压、输入电压、输入输出电压差、输出电流功率、最高结温☆
数字电路	双极型	频率、输出电流、最高结温☆、电源电压
	MOS型	电源电压、输出电流、频率、最高结温☆、电源电压
混合集成电路		厚、薄膜功率密度、最高结温☆
存储器	双极型	频率、输出电流、最高结温☆、电源电压
	MOS型	
微处理器	双极型	频率、输出电流、扇出、最高结温☆、电源电压
	MOS型	
大规模集成电路		最高结温☆
晶体管	普通	反向电压、电流、功率、最高结温☆、功率管安全工作区的电压和电流
	微波	最高结温☆
二极管	普通	电压(不包含稳压管)、电流、功率、最高结温☆
	微波、基准	最高结温☆
可控硅		电压、电流、最高结温☆
半导体光电器件		电压、电流、最高结温☆
电阻器		电压、功率☆、环境温度
热敏电阻器		功率☆、环境温度
电位器		电压、功率☆、环境温度
电容器		直流工作电压☆、环境温度
电感元件		热点温度☆、电流、瞬态电压/电流、介质耐压、扼流圈电压
继电器		触点电流☆、触点功率、温度、振动、工作寿命
开关		触点电流☆、触点电压、功率

续表 7-6

元器件类型		主要降额参数和关键降额参数
电连接器		工作电压、工作电流☆、接插件最高温度
导线与电缆		电压、电流☆
旋转电器		工作温度☆、负载、低温极限
照明灯		工作电压☆、工作电流☆
电路断路器		电流☆、环境温度
保险丝		电流☆
晶　体		最低温度、最高温度☆
电真空器件	阴极射线管	温度☆
	微波管	温度、输出功率☆、反射功率、占空比
声表面波器件		输入功率☆
纤维光学器件	光　源	输出功率、电流☆、结温
	探测器	反向压降☆、结温
	光纤与光缆	环境温度☆、张力、弯曲半径
	光纤连接器	环境温度☆

注:☆为对失效率下降起关键作用的关键降额参数。

3. 降额因子

降额因子(S)是指元器件工作应力与额定应力之比。元器件降额使用时降额因子小于1,如等于1则没有降额。GJB/Z35－1993《元器件降额准则》推荐的各类元器件不同降额等级、降额参数对应的降额因子见附录Ⅰ。通常,在3个降额等级中,大部分的关键降额参数的3个等级的降额因子是不相同的,如半导体器件的结温、功耗,电阻的功率,电容器的电压等,并且Ⅰ级与Ⅱ级降额因子差别大一些,Ⅱ级与Ⅲ级降额因子差别略小;有不少类型的元器件Ⅱ和Ⅲ级降额因子相同,这与器件的特点有关;也有些元器件的Ⅰ、Ⅱ和Ⅲ级降额因子都相同,这是由于降额因子大小变化对元器件影响不大,如电容器的环境温度的降额。

在降额准则中,温度的降额因子一般不用应力比来表示,通常给出的是最高结温、最高环境温度或按元器件的负荷特性曲线降额。

7.3.2　降额设计的基本原则

降额设计是保证产品可靠性的重要手段,也是元器件使用可靠性设计的重要内容,进行降额设计的基本原则如下:

① 对于各类电子元器件,都有最佳的降额范围,在此范围内工作应力的变化对其失效率有明显的影响,在设计上也较容易实现,并且不会在设备体积、质量和成本方面付出过大的代价。过度的降额会使效益下降,产品的质量、体积增大和成本增加,有时还会使某些元器件工作不正常。不应采用过度的降额来弥补选用低于要求质量等级的元器件;同样,也不能由于采用了高质量等级的元器件,而不进行降额设计。

② 关键元器件应保证满足规定的降额因子。一般元器件的降额因子允许做适量调整。

③ 国产元器件的降额设计按 GJB/Z35－1993《元器件降额准则》执行。国外的一些大公司和可靠性中心都颁布有自己的元器件降额设计要求，在进行美国元器件的降额设计时可参考有关美国元器件的降额设计要求。

7.4　降额设计的工作过程

降额设计的工作过程见图 7－2。

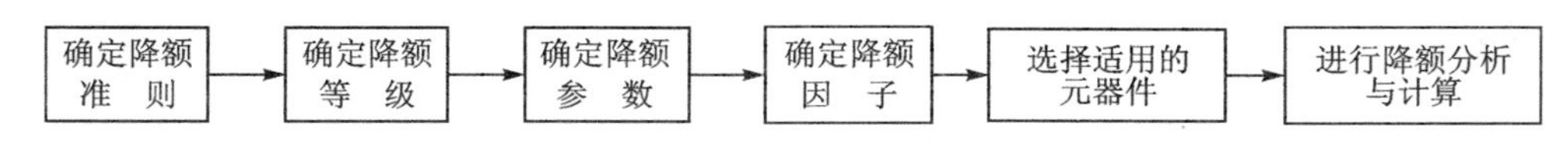

图 7－2　降额设计的工作过程

7.4.1　确定降额准则

降额准则是降额设计的依据和标准。我国通用标准是 GJB/Z35－93《元器件降额准则》。对于国产电子元器件一般采用 GJB/Z35－93 进行降额设计。

由于国内元器件质量与国外元器件有一定的差距，因此国外元器件的降额建议采用国外推荐的降额准则（或要求）进行。国外无国家军用降额标准，目前参考应用的有美国波音宇航公司为罗姆航空发展中心编制的《元器件可靠性降额准则》，欧空局《电子元件降额要求和应用准则》。

7.4.2　确定降额等级

在确定降额等级时，应根据降额等级划分的原则及参考表 7－2、表 7－3 推荐的应用等级来确定。对于复杂武器装备中的关键设备，例如航天用关键设备，可规定仅采用 I 级降额。表 7－7 给出了飞机产品典型电子系统常用降额等级示例。

表 7－7　推荐的飞机电子系统用元器件降额等级

飞机产品		降额等级	
		最　高	最　低
飞控系统	主飞行控制系统	Ⅰ	Ⅰ
	自主飞行控制系统	Ⅰ	Ⅰ
	高升力控制系统	Ⅰ	Ⅰ
航电系统	综合处理分系统	Ⅰ	Ⅱ
	综合信息感知分系统	Ⅰ	Ⅱ
	综合显示控制分系统	Ⅰ	Ⅱ
	通信导航监视分系统	Ⅰ	Ⅱ
	自卫电子对抗分系统	Ⅰ	Ⅱ
	音视频和事故记录分系统	Ⅰ	Ⅱ

续表 7-7

飞机产品		降额等级	
		最　高	最　低
电源系统	交流主电源系统	Ⅰ	Ⅱ
	交流辅助电源系统	Ⅰ	Ⅱ
	外部电源系统	Ⅰ	Ⅱ
	应急电源系统	Ⅰ	Ⅱ
	直流电源系统	Ⅰ	Ⅱ
	恒频交流电源系统	Ⅰ	Ⅱ
	交流一次配电系统	Ⅰ	Ⅱ
	直流一次配电系统	Ⅰ	Ⅱ
机电管理系统		Ⅰ	Ⅱ
地面设备		Ⅱ	Ⅲ

7.4.3　确定降额参数及多项参数的降额考虑

表7-4给出了各类元器件的降额参数和关键降额参数。从表7-4可见,大部分元器件的降额参数,不仅内容不同,其降额参数的数量也不一致,通常为1～5项。一般来讲,元器件的降额应符合某降额等级下各项降额参数的降额量值的要求,在不能同时满足时,应尽量保证对关键降额参数的降额。例如电阻器的关键降额参数是功率,电容器的关键降额参数是直流工作电压,在降额时应保证对这些参数的降额。对于对元器件失效率影响不大的参数降额量值可以进行适当的调整。

下面以电子开关为例,介绍多项参数的降额考虑。电子开关通常有四个参数:额定工作电压、触点电流、触点电阻和开关频率,其降额准则如表7-8所列。

例:某航空开关,触点导通电流(阻性)为2 A,额定工作电压为60 V,导通电阻为0.2 Ω,用于航空电源电压为直流28 V,采用Ⅱ级降额。进行降额计算与分析的过程如下。

① 电压降额:采用Ⅱ级降额,降额后实际工作电压为60 V×0.5=30 V,由于航空直流工作电压为28 V,应用在降额值之内,满足降额要求。

② 触点电流降额:采用Ⅱ级降额,此开关降额后的工作电流为2 A×0.75=1.5 A。

③ 触点功率降额:触点额定功率=触点额定工作电流的平方×触点接触电阻=(2×2×0.2)W=0.8 W。

采用Ⅱ级降额,降额后的工作功率为0.8 W×0.5=0.4 W。

而经触点电流降额后,触点的工作功率为(1.5×1.5×0.2)W=0.45 W。该值不满足Ⅱ级降额的要求,对于电子开关来讲,电流通过触点,会严重影响长期工作的开关的接触可靠性,因此,触点电流应是主要的降额参数,应保证触点电流的降额,其他参数的降额可合理的变动。

④ 为了满足触点功率的降额,也可将触点电流做进一步的降额使用,例如触点工作电流为2 A×0.7=1.4 A<1.5 A,触点功率为(1.4×1.4×0.2)W=0.4 W,这样既满足的电流的降额,又满足了功率的降额。

表7-8　电子开关的降额准则(GJB/Z35-93)

元器件种类	降额参数			降额等级		
				Ⅰ	Ⅱ	Ⅲ
开　关	连续触点电流	小功率负载(＜100 mW)		不 降 额		
		电阻负载		0.50	0.75	0.90
		电容负载(电阻额定电流的)		0.50	0.75	0.90
		电感负载	电感额定电流的	0.50	0.75	0.90
			电阻额定电流的	0.35	0.40	0.50
		电机负载	电机额定电流的	0.50	0.75	0.90
			电阻额定电流的	0.15	0.20	0.35
		灯泡负载	灯泡额定电流的	0.50	0.75	0.90
			电阻额定电流的	0.07-0.08	0.10	0.15
	触点额定电压			0.40	0.50	0.70
	触点额定功率(用于舌簧或水银开关)			0.40	0.50	0.70

7.4.4　确定降额因子

实际应用中,对于国产元器件可查阅GJB/Z35《元器件降额准则》,对于进口(美国)元器件,可查阅美国元器件降额的指导性文件(例如,罗姆航空发展中心编制的《元器件可靠性降额准则》),在应用中要注意对Ⅲ级降额的降额因子,因需要可以适当的变动。但对Ⅰ级降额的降额因子一般不应轻易改变。并且Ⅰ级降额,其降额因子较Ⅱ级小得多,因此要及早检查能否满足设备尺寸和重量的要求。

7.4.5　降额计算及分析

降额计算及分析的基本方法如下:

① 根据设备应用的范围确定所选用元器件的降额等级;

② 明确元器件的降额参数和降额量值;

③ 利用电/热应力分析计算或测试获得温度值和电应力值;

④ 根据元器件手册的数据,获得元器件的额定值;

⑤ 计算元器件降额后的允许值;

⑥ 将降额后的允许值与实际工作值进行比较,判断每个元器件是否达到降额要求。

对未达到元器件降额要求,尤其是降额不够者应更改设计,采用容许值更大的元器件或设法降低元器件的使用应力值。

7.5 降额设计中元器件结温的计算

在降额设计中需要确定集成电路或晶体管工作时的实际结温,以判定是否满足降额等级的要求,而在元器件手册中可以得到元器件允许的最大额定结温,还可在实践中得到集成电路或晶体管的最高工作环境温度或壳温。本节介绍可通过环境温度或壳温来计算结温的两种方法。

7.5.1 通过热阻计算结温

半导体器件典型的功率负荷与温度(负荷特性)曲线如图7-3所示。

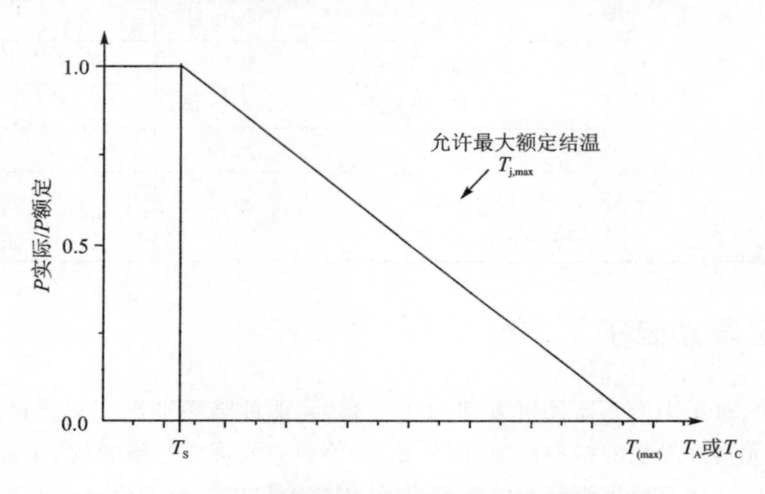

图7-3 半导体器件典型负荷与温度曲线

在图7-3中,T_S——最大额定功率时允许的最高环境温度(通常是25 ℃);

T_{max}——最高结温;

T_A——环境温度;

T_C——管壳温度。

硅半导体器件的最高额定结温 $T_{j,max}$ 通常是175 ℃,锗半导体器件的最高额定结温 $T_{j,max}$ 通常为90 ℃。T_S 通常是25 ℃,对不同器件也可以是其他值。在 T_S 和 T_{max} 之间的降额线上的任一点 T_A 温度工作时,结温将等于 $T_{j,max}$。

在了解上述关系后,可通过热阻计算结温。

(1) 小功率器件的结温等于环境温度加上热阻和器件功率耗散的乘积

$$T_j = T_A + RP_j \tag{7-14}$$

式中:T_j——结温,℃;

T_A——环境温度,℃;

R——结与管壳间的热阻,℃/W;

P_j——平均耗散功率,W。

热阻值由式(7－12)求得：

$$R=(T_{j,max}-T_S)/P_{j,max} \tag{7-15}$$

式中：$T_{j,max}$——器件的允许最大额定结温，℃；

T_S——最大额定功率的设计环境温度上限，通常为 25 ℃；

$P_{j,max}$——器件的最大额定功率，W。

例：计算 2DG711 的热阻。

从手册中可查到 $P_{j,max}=500$ mW；$T_{j,max}=175$ ℃；

$T_S=25$ ℃；

经计算知 $R=300$ ℃/W。

(2) 功率器件的结温等于管壳温度加上热阻与器件耗散功率之积

$$T_j=T_C+RP_j \tag{7-16}$$

式中：T_j——结温，℃；

T_C——管壳温度，℃；

R——结与管壳间的热阻，℃/W。

知道热阻后(可利用式(7－15)得到)，就可算出在某功耗下的结温(可利用式(7－16))。

7.5.2　结温的近似计算

在热阻未知的情况下，可通过以下近似计算的方法计算结温。

1. 晶体管和二极管

① 小功率：晶体管 $T_j=T_A+30$ ℃

二极管 $T_j=T_A+20$ ℃

② 中功率：晶体管 $T_j=T_C+30$ ℃

二极管 $T_j=T_C+20$ ℃

式中：T_j——晶体管或二极管的结温，℃；

T_A——环境温度，℃；

T_C——管壳温度，℃。

2. 集成电路

① 集成电路门数不大于 30 个或晶体管数不大于 120 个(不包括存储器)：

$$T_j=T_A+10\ ℃$$

式中：T_j——结温；℃；

T_A——环境温度，℃。

② 集成电路门数大于 30 个或晶体管数大于 120 个，以及所有存储器：

$$T_j=T_A+25\ ℃$$

③ 低功耗 TTL 及 MOS 电路：

门数不大于 30 个或晶体管数不大于 120 个；

$$T_j=T_A+5\ ℃$$

门数大于30个或晶体管数大于120个；

$$T_j = T_A + 13\ ℃$$

7.6 降额设计示例

7.6.1 模拟电路(运算放大器)降额设计示例

要求:对某型国产运算放大器进行I级降额设计。

实施:从数据手册上查得该型号运算放大器的额定值如下：

正电源电压 $V_{CC} = +22\ V$；

负电源电压 $V_{EE} = -22\ V$；

输入差动电压 $V_{ID} = \pm 20\ V$；

输出短路电流 $I_{OS} = 20\ mA$；

最高结温 $T_{j,max} = 150\ ℃$；

热阻 $R = 160\ ℃/W$；

总功率 $P = 500\ mW$。在70 ℃以上,按−6.25 mW/ ℃降额。

模拟电路的降额准则见表7-9。

表7-9 模拟集成电路的降额准则

元器件种类	降额参数	降额等级		
		I	Ⅱ	Ⅲ
放大器	电源电压	0.70	0.80	0.80
	输入电压	0.60	0.70	0.70
	输出电流	0.70	0.80	0.80
	功　率	0.70	0.75	0.80
	最高结温(℃)	80	95	105

注:1)电源电压降额后不应小于推荐的正常工作电压;2)输入电压在任何情况下不得超过电源电压。

根据表7-9,以Ⅰ级降额为例计算:

- 正电源电压 $V_{CC} = 22 \times 0.7 = 15.4\ V$；
- 负电源电压 $V_{EE} = -22 \times 0.7 = -15.4\ V$；
- 输入差动电压 $V_{ID} = \pm 20V \times 0.6 = \pm 12\ V$；
- 输出短路电流 $I_{OS} = 22 \times 0.7 = 14\ mA$；
- 总功率 $P = 500 \times 0.7 = 350\ mW$；
- 最高结温 $T_{j,max} = 80\ ℃$

根据“输入电压在任何情况下不得超过电源电压”的原则,输入差动电压 V_{ID} 应不大于(1±15) V。Ⅱ级和Ⅲ级降额的计算可依此类推。

为了使结温和功率同时满足表 7-9 规定的降额因子要求，放大器必须工作在图 7-4 所示不同的降额等级降额曲线的范围内，图 7-4 中 T_j 为器件结温。

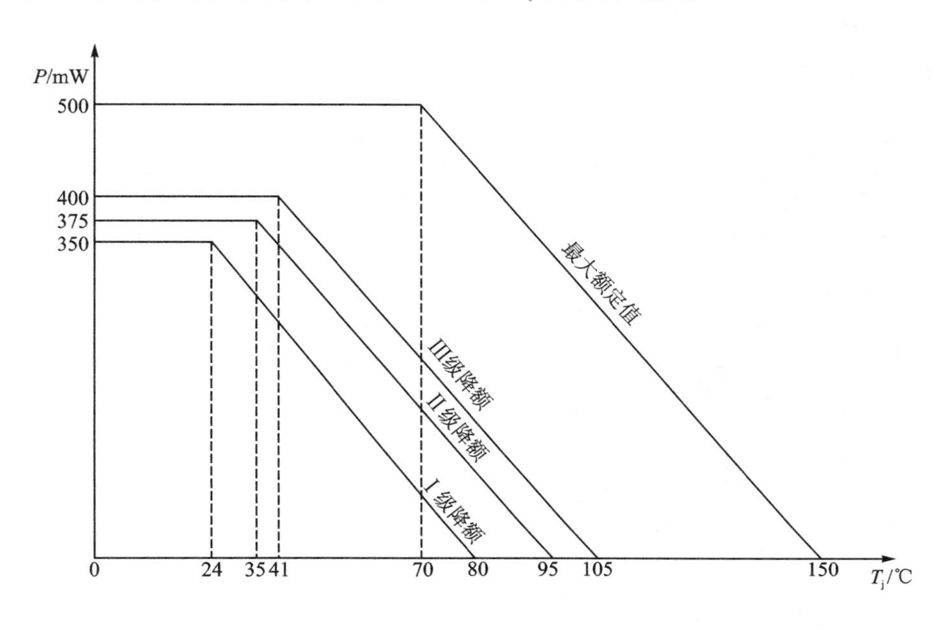

图 7-4　某型国产运算放大器降额曲线

7.6.2　半导体分立器件降额设计示例

高温热应力对半导体分立器件影响最大，电压击穿是其失效的另一个主要因素。以大功率晶体管为例，其存在二次击穿现象，因此对其安全工作区要进行降额。主要降额参数是反向电压、电流、功耗和结温。

大功率晶体管的数据手册中通常给出一个确定的安全工作区（SOA），当器件在安全工作区内工作时，应保证不发生二次击穿。图 7-5 是大功率晶体管典型的直流工作安全工作区曲线。安全工作区降额应按表 7-10 对最大额定集电极电流和集电极-发射极电压进行降额。再对功率限值和二次击穿限值进行降额。安全工作区降额应用示例见图 7-5。

表 7-10　晶体管安全工作区降额准则

降额参数	降额等级		
	Ⅰ	Ⅱ	Ⅲ
集电极-发射极电压	0.70	0.80	0.90
集电极最大允许电流	0.60	0.70	0.80

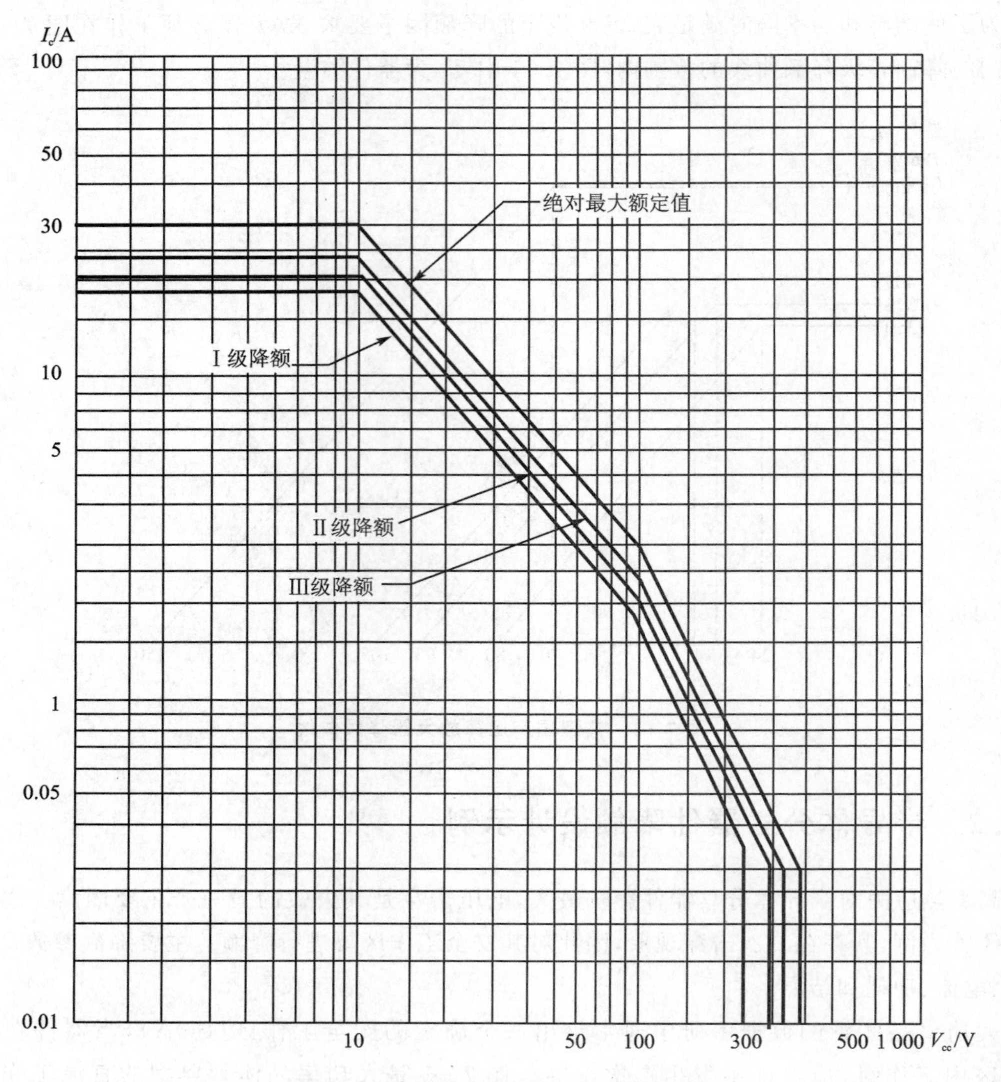

图7-5 大功率晶体管安全工作区降额

7.6.3 电阻器降额设计示例

各类电阻器(包括电阻网络和电位器)降额设计实施较容易。下面仅对不同类别电阻器的额定功率值与环境温度关系(电阻器负荷特性曲线)做降额说明。

对应不同的电阻器由额定功率值、额定环境温度(见元件详细规范,图7-6示例为70℃)及电阻器零功率点的最高环境温度(图7-6示例为130℃),可直接作出电阻器负荷特性曲线或由生产厂给出。进而由功率降额要求画出与负荷特性曲线的平行线。由图7-6可见,在环境温度不大于70℃(元件额定功率允许的最高环境温度见详细规范)时,各级功率降额可按额定功率降额;在环境温度大于70℃时,需考虑环境温度引起额定功率下降,电阻器功率应按下降值做进一步降额。

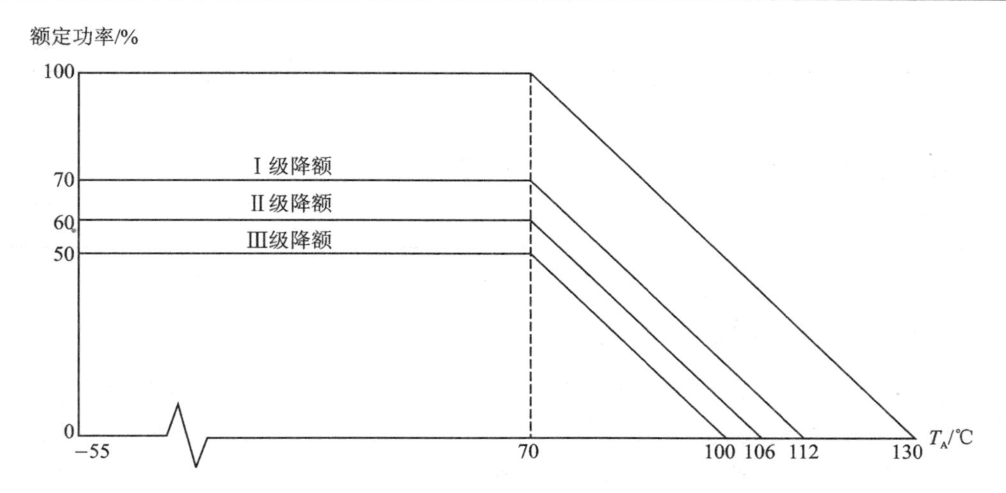

图7-6　某合成型电阻器降额曲线

7.6.4　电容器降额设计示例

典型的钽电解电容器(不包括钽箔电容器)的降额曲线示例如图7-7所示。图中所示的钽电容器的额定电压时最高环境温度85 ℃,应降额至65 ℃,对应Ⅰ、Ⅱ、Ⅲ级降额的工作直流电压与额定直流电压之比分别为0.5、0.6和0.7(钽电解电容器的降额准则见附录Ⅰ)。

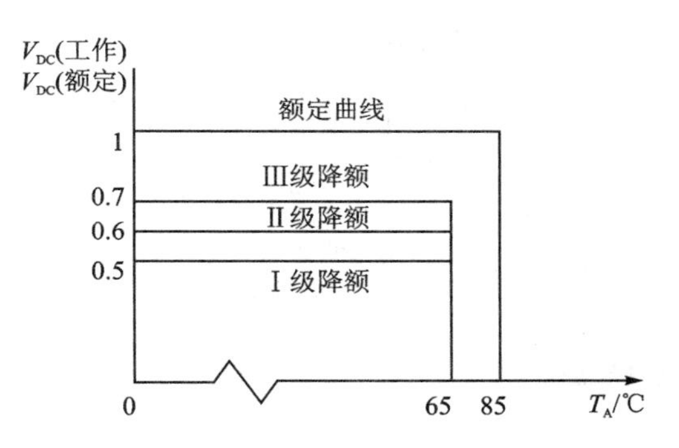

图7-7　钽电容器降额曲线

7.6.5　电感元件降额设计示例

对电感元件工作可靠性影响主要应力参数是它的热点温度。热点温度是与电感元件绕组的绝缘性能、工作电流瞬态冲击电流和介质耐压有关,故主要降额参数是热点温度、工作电流、瞬态电压/电流、介质耐压和额定电压。电感元件一般电压和工作频率是固定的,不能对它们降额来提高可靠性,否则会影响其性能。为防止绝缘击穿,除扼流圈外,绕阻额定电压不能降额,典型的电感元件降额准则如表7-11所列。

表7-11　电感元件降额准则

降额参数	降额等级		
	Ⅰ	Ⅱ	Ⅲ
热点温度 ℃	T_{HS}[1]—(40～25)	T_{HS}—(25～10)	T_{HS}—(15～0)
工作电流	0.6～0.7	0.6～0.7	0.6～0.7
瞬态电压/电流	0.9	0.9	0.9

续表 7-11

降额参数	降额等级		
	Ⅰ	Ⅱ	Ⅲ
介质耐压	0.5～0.6	0.5～0.6	0.5～0.6
电压[2)]	0.70	0.70	0.70

注:1)T_{HS}为额定热点温度。2)只适用于扼流圈。

7.6.6　继电器降额设计示例

继电器降额的主要参数是连续触点电流、线圈工作电压、线圈吸合/释放电压、振动和温度。按容性负载、感性负载及阻性负载等不同负载性质做出不同比例的降额。对容性负载要按电路接通时的峰值电流进行降额,其降额准则如表7-12所列。

表 7-12　继电器降额准则

降额参数		降额等级			说明
		Ⅰ	Ⅱ	Ⅲ	
连续触点电流	小功率负载(＜100 mW)	——	——	——	不降额
	电阻负载	0.50	0.75	0.90	
	电容负载(最大浪涌电流)	0.50	0.75	0.90	
	电感负载	0.50 0.35	0.75 0.40	0.90 0.75	电感额定电流 电阻额定电流
	电机负载	0.50 0.15	0.75 0.20	0.90 0.75	电机额定电流 电阻额定电流
	灯丝负载	0.50 0.07—0.08	0.75 0.10	0.90 0.30	灯泡额定电流 电阻额定电流
触点功率		0.40	0.50	0.70	用于舌簧水银继电器(伏安)
线圈释放电压	最大允许值	1.10			
	最小允许值	0.90			
温　度		额定值减20 %			
振动限值		额定值的60 %			
工作寿命(循环次数)		0.50	——	——	

7.6.7　电连接器降额设计示例

影响电连接器可靠性的主要因素有插针/孔材料、接点电流、有源接点数目、插拔次数和工作环境。电连接器降额的主要参数是工作电压、工作电流和温度。

电连接器有源接点数目过大(比如大于100),应采用接点总数相同的两个电连接器,这样可以增加可靠性。为增加接点电流，可将电连接器的接触对并联使用。每个接触对应按规定对电流降额。由于每个接触对的接触电阻不同，电流也不同，因此在正常降额的基础上需再增加 25%余量的接触对。例如连接 2 A 的电流，采用额定电流 1 A 的接触对，在Ⅰ级降额的情况下，需要 5 个接触对并联。在较低气压下使用的电连接器应进一步降额，防止电弧对电连接器的损伤，电连接器降额准则如表 7-13 所列。

表 7-13　电连接器降额准则

降额参数	降额等级		
	Ⅰ	Ⅱ	Ⅲ
工作电压(DC 或 AC)[1]	0.50	0.70	0.80
工作电流	0.50	0.70	0.85
温度 ℃	T_M[2]-50	T_M-25	T_M-20

注：1)电连接器工作电压的最大值将随其工作高度的增加而下降，它们的关系应见产品的相关详细规范，电压降额的最终取值应为上表和相关详细规范限值中的较小值。

2)最高接触对额定温度 T_M 由电连接器相关详细规范确定，它应包括环境温度和功耗热效应引起的温升的组合。

习　题

7.1 简述电子元器件降额设计的原理及降额设计中应注意的问题。

7.2 确定降额等级的依据是什么？

7.3 详述降额设计的过程。

7.4 从手册中查到装有引线的某器件 $P_{j,max}=700$ mW，$T_{j,max}=150$ ℃，$T_S=25$ ℃，计算其热阻。

7.5 有一机载电子设备，其中采用了数字电路(国产 TTL 门电路)，根据不同的工作环境条件，需要分别进行Ⅰ、Ⅱ、Ⅲ级降额。已知数据手册上查询到的 TTL 门电路的额定值如下：电源电压 $V_{CC}=5.0\pm5\%$V；电源电流 $I_{CC}=27$ mA(不带负载)，输入高电平 $V_{IM}=2.0$ V，输入低电平 $V_{IL}=0.8$ V，输出高电平 $V_{OH}=2.4$ V，输出低电平 $V_{OL}=0.4$ V，扇出 $N_0=20$；热阻 $R_{JC}=28$ ℃/W。Ⅰ、Ⅱ、Ⅲ级降额的最高结温分别为：85 ℃、100 ℃、115 ℃。最坏情况的静态功率 P_D：此时 $V_{CC\,Ⅰ}=5.15$ V、$V_{CC\,Ⅱ}=V_{CC\,Ⅲ}=5.52$ V，最大负载功率为 10.24 mW，分别计算Ⅰ、Ⅱ、Ⅲ级降额的总功率和壳温。

7.6 已知某卫星上应用的电子产品一般工作温度为 65 ℃，已知电子产品内某一元器件在寿命试验中的加速因子为 2/ ℃，90 ℃的条件下寿命为 30 000 h，那么根据阿伦尼斯模型，正常工作时的使用寿命为多少？

7.7 什么是元器件降额因子？降额因子如何确定？

7.8 如何看待降额设计与元器件选用之间的关系？

7.9 元器件降额程度是否越高越好？为什么？

7.10 自行查阅资料，选择一个简单的电路，可以包含但不限于电阻、电容等元器件，尝试自己进行降额设计。

7.11 本章介绍的传统元器件降额设计及分析方法，存在哪些缺点？有什么值得改进的地方？可以采取哪些方法进行改进？请查阅相关文献进行说明，并介绍一种使得降额设计及分析结果更加全面、实时与准确的方法。

第 8 章 热设计与热分析

8.1 热设计的目的与作用

电子产品热设计的目的是控制电子产品内部所有元器件的温度，使其在产品所处的工作环境条件下尽可能地低于规定的最高允许温度值。最高允许温度值的计算应以元器件的应力分析为基础，并且与设备的可靠性要求以及分配给每一个元器件的失效率相一致。通过采用科学合理的热设计方法，为电子产品（包括电路板及元器件）提供良好的热环境，保证它们在规定的热环境下，能按预定的参数正常、可靠的工作。热设计一般分为系统级、电路板级和元器件级三个层次，三个层次热设计针对的内容有所不同，本章主要介绍元器件级的热设计。

8.2 温度对元器件可靠性的影响

元器件热设计的目的是防止元器件出现过热应力而诱发失效。过热应力主要来源于高温和温度剧烈变化两个方面。

高温可能来自周围环境温度升高，也可能来自元器件内部电流密度提高造成的电热效应。温度的升高不仅可以使器件的电参数发生漂移变化，如双极型器件的反向漏电流和电流增益上升、MOS 器件的跨导下降等，甚至可以使器件内部的物理化学变化加速，缩短元器件寿命或使器件烧毁，如加速铝的电迁移、引起开路或短路失效等。表 8－1 示出了 GJB/Z299C—2006《电子设备可靠性预计手册》中给出的部分元器件的基本失效率 λ_b 与温度的关系。

表 8－1　部分元器件在不同工作温度时的基本失效率 λ_b

元器件类别	$\lambda_b(10^{-6}/h)$		温度差（℃）	λ_b 升高倍数	备　注
	室温（25 ℃）	高温			
锗普通二极管	0.029	0.298（75 ℃）	50	10.3	应力比 0.3
锗 PNP 晶体管	0.162	0.907（75 ℃）		5.6	
硅普通二极管	0.018	0.164（125 ℃）	100	9.1	
硅 PNP 晶体管	0.080	0.422（125 ℃）		5.3	
金属膜电阻器	0.0008（30 ℃）	0.002 7（130 ℃）		3.4	
2 类瓷介电容器	0.00262	0.003 37（125 ℃）		1.3	

从表 8－1 可见，元器件在高温下工作将使其基本失效率升高，其中分立器件、电阻器等发热元器件基本失效率升高的幅度较大，瓷介电容器的失效率升高的幅度较小。无论升高幅度大小，元器件的失效率都随着温度的升高而升高，即元器件的工作寿命在一定条件下，随温度的升高而降低。

8.3　热设计理论基础

8.3.1　传热的基本原则

凡有温差的地方就有热量的传递。热量传递遵循两个基本规律，即热量从高温区传到低温区；高温区散发的热量等于低温区吸收的热量。

热量的传递过程可区分为稳态过程和非稳态过程两大类。凡是物体各点温度不随时间而变化的热传递过程称为稳态热传递过程；反之则称为非稳态热传递过程。

传热的基本计算公式为：

$$\phi = KA\Delta t \tag{8-1}$$

式中：ϕ——热流量，W；

K——总传热系数，W/(m^2 · ℃)；

A——传热面积，m^2；

Δt——热物体与冷物体之间的温差，℃。

8.3.2　传热的基本定律

热量的传递有三种基本方式：导热、对流和辐射。它们可以单独出现，也可能两种或三种形式同时出现。以下简要介绍传热的三大基本定律。

（1）导　热

① 气体导热是由气体分子不规则运动时相互碰撞的结果，金属导体中的导热主要靠自由电子的运动来完成，非导电固体中的导热是通过晶格结构的振动实现的，液体中的导热机理主要靠弹性波的作用。

② 导热基本定律是傅里叶定律：在纯导热中，单位时间内通过给定面积的热流量，正比于该处垂直于导热方向的截面面积及其温度变化率。其计算公式为：

$$\phi = -\lambda A\frac{\partial t}{\partial x} \tag{8-2}$$

式中：ϕ——热流量，W；

λ——材料导热系数，W/(m^2 · ℃)；

A——导热方向上的截面面积，m^2；

$\frac{\partial t}{\partial x}$——$x$ 方向的温度变化率，℃/m。

负号表示热量传递的方向与温度梯度的方向相反。

（2）对　流

对流是指流体各部分之间发生相对位移时所引起的热量传递过程。对流仅发生在流体中，且必然伴随有导热现象。流体流过某物体表面时所发生的热交换过程，称为对流换热。由流体冷热各部分的密度不同所引起的对流称自然对流。若流体的运动由外力（泵、风机等）引起的，则称为强迫对流。对流换热可用牛顿冷却公式计算：

$$\phi = h_c A(t_\omega - t_s) \tag{8-3}$$

式中：ϕ——热流量，W；

h_c——对流换热系数，W/(m^2·℃)；

A——对流换热面积，m^2；

t_ω——热表面温度，℃；

t_s——冷却流体温度，℃。

(3) 辐　射

物体以电磁波形式传递能量的过程称为热辐射。辐射能在真空中传递能量，且有能量形式的转换，即热能转换为辐射能及从辐射能转换成热能。任意物体的辐射能力表示为：

$$\phi = \varepsilon A \sigma_0 T^4 \tag{8-4}$$

式中：ϕ——热流量，W；

ϕ——物体的黑度；

∂_0——斯蒂芬-波尔兹曼常数(5.67×10^{-8} W/(m^2·K^4))；

A——辐射表面积，m^2；

T——物体表面的热力学温度，K。

8.3.3　热阻及热阻网络

热阻是热量在热流路径上所遇到的阻力，热阻越小，散热通道越通畅，越有利于散热。热阻可以分为内热阻、外热阻、接触热阻、安装热阻等。内热阻是指元器件内部发热部位与表面某部位之间的热阻，如半导体器件的有源区与外壳之间的热阻；外热阻是指元器件表面与最终散热器之间的热阻，如半导体外壳与周围环境之间的热阻；接触热阻是指两种物体接触处的热阻；安装热阻是指元器件与安装表面之间的热阻，又叫界面热阻。

热阻的串联、并联或混联形成的热流路径图，称为热阻网络。工程上常采用根据热量的传递方式，建立热阻网络的方法来求解热问题。

8.3.4　热电模拟

与质量、动量和电量的传递一样，热量的传递也是一种常见的传输过程。对于图8-1所示的单层平壁，如两个表面分别维持均匀恒定的温度 t_1 和 t_2，壁厚为 δ，则由傅里叶定律可推导得式(8-5)，即

$$\varphi = -\lambda A \frac{\partial t}{\partial x} = \lambda A \frac{t_1 - t_2}{\delta} = \frac{\dfrac{t_1 - t_2}{\delta}}{\lambda A} = \frac{\Delta t}{R} \tag{8-5}$$

式中：R——平壁导热热阻，K/W；

$$R = \frac{\delta}{\lambda A} \tag{8-6}$$

电学中的欧姆定律见式(8-7)，即

$$I = \frac{\Delta U}{R} \tag{8-7}$$

式中：ΔU——电位差，V；

I——电流，A；

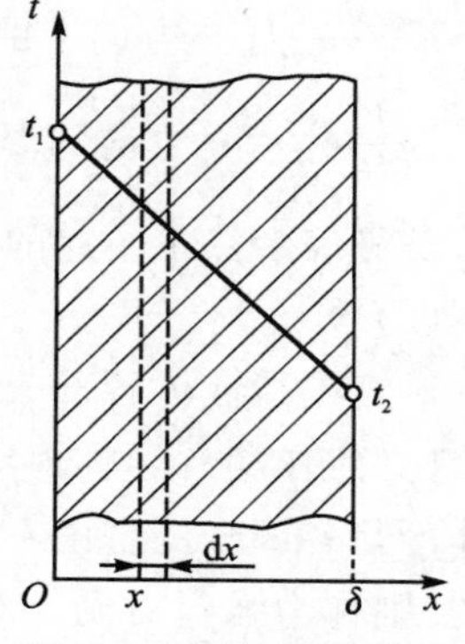

图8-1　单层平壁导热

R——电阻，Ω。

比较式(8－5)和(8－7)可知，热阻与电阻、热流与电流、温差与电位差一一对应。这种关系称热电模拟关系。

热设计中大多采用热电模拟法(热流量模拟为电流；温差模拟为电压；热阻模拟为电阻，热导模拟为电导)进行热阻网络的热阻计算，这种方法有利于电气工程师用熟悉的电路网络表示方法来处理热问题。

8.4　元器件的热匹配设计

8.4.1　热不匹配应力的产生

元器件是由各种不同的材料所构成，有金属、半导体和绝缘材料，如芯片、电介质膜、金属互联线、金属引线框架、玻璃和塑料封装外壳等。这些材料的热膨胀系数各不相同(见表 7－2)。温度剧烈变化可以在具有不同的热膨胀系数的材料内形成不匹配应力，造成芯片与引脚间的键合失效、管壳密封性失效和器件某些材料的热疲劳劣化。温度变化而导致的不同材料交界面间产生压缩或拉伸应力成为热不匹配应力。

从表 8－2 可知，SiO_2 的热膨胀系数远小于 Si 的热膨胀系数，在 SiO_2 高温生长或淀积在 Si 芯片上然后再冷却至室温的过程中，SiO_2 就会产生伸张应力施加到 Si 芯片上，当环境温度为 T 时，产生的热应力 σT：

$$\sigma(T)=\int_{T_d}^{T} E_{sio_2}(\alpha_{sio_2}-\alpha_{si})\,dT \tag{8-8}$$

式中：

α_{sio_2}——SiO_2 的热膨胀系数；

α_{si}——Si 的热膨胀系数；

E_{sio_2}——SiO_2 的弹性系数；

T_d——SiO_2 的制备温度。

显然，SiO_2 的制备温度越高，则热应力越大。

表 8－2　微电子器件主要材料典型热膨胀系数值

分　类	材　料	热膨胀系数 (×10⁻⁶/℃)	弹性系数 (×10⁴N/mm²)
芯　片	Si	4.2	0.65～1.69
	GaAs	6.0	8.53
介质膜	SiO_2	0.6～0.9	～0.7
	Si_3N_4	2.8～3.2	～3.2
互联线	Al	23.0	0.69
键合引线	Au	14.2	0.83
引线框架	Cu	17	1.1
	柯伐合金	4.4	1.4
	Mo	5.2	32

续表 8-2

分 类	材 料	热膨胀系数 ($\times10^{-6}$/℃)	弹性系数 ($\times10^{4}$N/mm^2)
烧 结	Au-Si共晶	10～13	0.71～0.77
	银浆	30～100	0.02～0.04
塑料树脂	热硬化	18～70	0.15～0.16
	环氧树脂		

8.4.2 热匹配设计的内容

热匹配设计的目的是尽可能减少元器件内部相连材料之间热膨胀系数的差别，以减少热应力对元器件性能与可靠性的影响。应注意管芯的热设计、封装键合的热匹配设计和管壳的热匹配设计。

管芯的热设计主要通过版图的合理布局使芯片表面温度尽可能分布均匀，防止出现局部过热点。

封装键合的热匹配设计主要通过合理选择封装、键合和烧结材料，尽可能降低材料的热阻以及材料之间的热不匹配性，防止出现过大的热应力。对于功率晶体管，为了降低硅芯片与铜底座之间的热膨胀系数差，通常在铜底座上加约0.4 mm厚的钼片或柯伐合金片作为过渡层。柯伐合金材料的热膨胀系数与硅更为接近。但应注意，柯伐合金片的导热率比铜低，过渡层的加入会使管座的热阻增大。

管壳的热匹配设计主要应考虑降低热阻，即对于特定耗散功率的器件，它应具有足够大的散热能力。对于耗散功率较大的集成电路，为了改善芯片与底座接触良好，多采用芯片背面金属化和选用绝缘性与导热性好的氧化铍陶瓷，以增加散热能力。采用不同标准外壳封装的半导体集成电路热阻的典型值见表8-3。

表 8-3 采用不同标准管壳的集成电路热阻典型值

器件引出端数	热阻 (℃/W)		
	扁平陶瓷	双列直插陶瓷	双列直插塑料
8	150	135	150
14	120	110	120
16	120	100	118
24	90	60	85

8.5 元器件使用中的热设计

8.5.1 元器件的自然冷却设计

1. 半导体器件

半导体器件的面积较小，自然对流及其本身的辐射换热不起主要作用，而导热是这类器件最有效的传热方法。

(1) 功率晶体管

功率晶体管的特点是通常具有较大且平整的安装表面。为减小管壳与散热器之间的界面热阻,应选用导热性能好的绝缘衬垫(如导热硅橡胶片、聚四氟乙烯、氧化铍陶瓷片、云母片等等)和导热绝缘胶,并且应增大接触压力。

(2) 半导体集成电路

半导体集成电路的特点是引线多,可供自然对流换热的表面积比较大,配用适当的集成电路用散热器,可以得到较好的冷却效果。

(3) 半导体二极管

二极管的热设计与晶体管的热设计相类似。可以将二极管直接装在具有电绝缘的散热器上,使界面热阻降低。

(4) 半导体微波器件

微波二极管、变容二极管等半导体器件,一般均封装在低内热阻的腔体或外壳中。这些器件的工作可靠性取决于对本身的热阻的控制。而它们对温度比较敏感,应采用适当的导热措施,降低其外壳的表面温度。

(5) 塑料封装器件

由于灌封和包装材料的导热系数不高,塑料封装器件主要靠塑料及连接导线的导热进行散热。有时也在这种部件内加金属导热体,此时主要靠金属导热进行散热。另外,某些用合成树脂灌封的需要承受强烈震动与冲击的电子元器件或部件,可在树脂中添加铝颗粒以形成良好的导热性能。

2. 电阻器

电阻器常采用自然冷却设计,对大功率是靠电阻器本身与金属底座或散热器之间的金属导热。用金属导热夹是一种很好的安装方法,但应保证紧密接触。

3. 变压器和电感器

变压器自然冷却设计的关键问题是如何降低传热路径的热阻。应采用较粗的导线,并且使之与安装构件之间有良好的热接触。安装表面应平整、光滑。接触界面处可增加金属箔,以便减小其界面热阻。如果变压器有屏蔽罩,应尽可能使屏蔽罩与底座有良好的热连接。在外壳或铁芯与机座之间装上铜带有助于增强导热能力。

4. 无源元件

无源元件包括电容器、开关、连接器、熔断器和结构元件等。它们本身不产生热,但受高温影响将变质而失效。它们可以由三种传热方式(导热、对流和辐射)从附近的有源器件接受热量。设计中应采用热屏蔽和热隔离措施,尽量避免有源器件对其的热影响,保证它们的失效率低于可靠性设计所要求的值。

8.5.2 元器件的强迫空气冷却设计

1. 半导体器件

① 小功率晶体管直接采用强迫空气冷却,一般无须附加散热器或扩展表面,但应有足够大的外表面积,以获得所需的热阻值。

② 大功率晶体管的表面积不够大,不能直接强迫空气冷却,必须采用扩展表面的散热器。

③ 对柱形小功率金属外壳集成电路的强迫空气冷却与小功率晶体管的设计技术相同。大功率集成电路,特别是双列直插式集成电路,一般均需专用的散热器,可以把散热器安装在印制电路板上,与集成电路构成一个整体进行强迫空气冷却。

④ 大规模集成电路的功率密度比较大,可以采用直接强迫空气冷却,应使其一个平面(最好是两个平面)暴露在流速较高的风道中进行冷却。

⑤ 微波半导体器件生成应满足厂规定的空气流量的要求。

2. 电阻器

有的电阻器单靠自然对流冷却是不够的,强迫风冷可以提高正常工作条件下电阻器的工作可靠性。为了提高冷却效果,在冷却气流流速不大的情况下,电阻器应按叉排方式排列,这样可以提高气流的紊流程度,增加散热能力。

3. 热源的位置

由发热元器件组成的发热区的中心线,应与入风口的中心线相一致或略低于入风口的中心线,这样可使电子机箱内受热而上升的热空气由冷却空气迅速带走,并直接冷却发热元器件。分层结构的大型电子设备,可将耐热性能好的热源插箱放在冷却气流的下游,耐热性能差的插箱应放在冷却气流的上游。

8.5.3 元器件的液体冷却设计

1. 直接液体冷却设计

① 应使发热元器件的最大表面浸渍于冷却液中,热敏元器件应置于底部。

② 发热元器件在冷却剂中的旋转方式应有利于自然对流,例如沿自然对流流动方向垂直安装。某些元器件确需水平方向旋转时,则应设计多孔槽道的大面积冷却通道。

③ 相邻垂直电路板和组装件壁之间,应保证有足够的流通间隙。

④ 应保证冷却剂与热、电、化学和机械等各方面的相容性。

2. 间接液体冷却设计

① 保证热源与冷源之间有良好的导热通路,尽可能减小接触热阻。

② 可使用传热性能良好的冷却剂,并在热负载和环境条件发生变化时,进行温度调节。

8.5.4 元器件的安装与布局

1. 元器件安装与布局的原则

① 元器件的安装位置应保证元器件工作在允许的工作温度范围内。

② 元器件的安装位置应得到最佳的自然对流。

③ 元器件应牢靠地安装在底座、底板上,以保证得到最佳的传导散热。

④ 产生热量较大的元器件应接近机箱安装,与机箱有良好的热传导。

⑤ 元器件、部件的引线脚的横截面应增大,长度应缩短。

⑥ 温度敏感元件应放置在低温处。若邻近有发热量大的元件,则须对温度敏感元件进行热防护,可在发热元件与温度敏感元件之间放置较为光泽的金属片来实现。

⑦ 元器件的安装板应垂直放置，以利于散热。

2. 常用元器件安装方法

常用元器件的安装方法见表8－4所列。

表8－4　常用元器件的安装方法

元器件种类	安装方法
电阻器	大功率电阻器发热量大，不仅要注意自身的冷却，而且还应考虑减少对附近元器件的热辐射。大型电阻器要水平安装，如果元器件与功率电阻器之间的距离小于50 mm，则需要在大功率电阻器与热敏元件之间加热屏蔽板
半导体器件	小功率晶体管、二极管及集成电路的安装位置应尽量减少从大热源及金属导热通路的发热部分吸收热量，可以采用隔热屏蔽板。对功率等于或大于1 W，且带有扩展对流表面散热器的元器件，应采用自然对流冷却效果最佳的安装方法与取向
变压器和电感器	电源变压器是重要的热源，当铁芯器件的温度比较高时，应特别注意其热安装，应使其安装位置最大限度地减小与其他元器件间的相互作用，最好将它安装在外壳的单独一角或安装在一个单独的外壳中
传导冷却的元器件	最好将元器件分别装在独立的导热构件上，如果将其装在一个共同的散热金属导体上，可能会出现明显的热的相互作用
不发热元器件	置于温度最低的区域
温度敏感元器件	与发热元器件间采用热屏蔽和热隔离措施。具体有： 尽可能将热通路直接连接至热沉，加热屏蔽板形成热区和冷区

8.5.5 元器件在印制板上的安装与布局

安装在印制电路板上的元器件的冷却，主要依靠导热提供一条从元器件到印制板及机箱侧壁的低热阻路径。当元器件安装在电路板上时，应采用的安装布局方法如下：

① 为降低从元器件壳体至印制板的热阻，可用导热绝缘胶直接将元器件粘到印制板或导热条（板）上，若不用黏接时，应尽量减小元器件与印制板或导热条（板）间的间隙。

② 大功率元器件安装时，若要用绝缘片，应采用具有足够抗压能力和高绝缘强度及导热性能的绝缘片，如导热硅橡胶片。为了减小界面热阻，还应在界面涂一层薄的导热膏。

③ 同一块印制板上的元器件，应按其发热量的大小及耐热程度分区排列，耐热性差的元器件放在冷却气流的最上游（入口处），耐热性能好的元器件放在最下游（出口处）。

④ 有大、小规模集成电路混合安装的情况下，应尽量把大规模集成电路放在冷却气流的上游，小规模集成电路块放在下游，以使印制板上的温升趋于均匀。

⑤ 因电子设备工作范围较宽，元器件引线和印制板热膨胀系数不一致，在温度循环变化及高温条件下，应注意采取减小热应变的一些结构措施。

8.5.6 减少元器件热应变的安装方法

电子元器件引线的尺寸、形状、材料和结构各种各样。但是有一点是共同的，如果安装元器件的引线没有采取适当的应变释放措施，那么它们就可能产生故障。对于必须工作在很宽温度范围内的电子元器件来说,如果安装时没有采用适当的应变释放措施,就可能引起焊点损坏、焊盘脱开、元器件裂纹、玻璃管壳破裂、短路以及其他与应变有关的可靠性问题,因此应采用减小元器件热应变的安装方法。

(1) 电子元件的常用安装方法

对于搭焊或浸焊的具有轴向引线的圆柱形元件,如电阻器、电容器和二极管,应提供最小的应变量为 2.54 mm,如图 8-2(a)所示。大型矩形元件,如变压器和扼流圈,需要有较大的应变量,故采用图 8-2(b)、(c)的安装方法。

实际中常把各种元器件紧密地安装在较密集的结构中,因此用于引线应变的有效释放的空间较小。通常把引线弯成环形,可以得到较大的应变量。

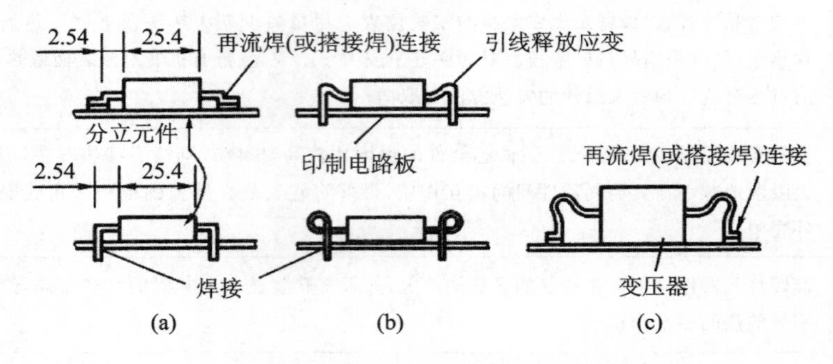

图 8-2 电子元件典型的引线应变释放

(2) 晶体管的常用安装方法

晶体管的常用安装方法如图 8-3 所示。图 8-3(a)是把晶体管直接安装在印制板上,由于引线的热应变量不够和底部散热性能差,易使焊点在印制电路板热膨胀冷缩时产生断裂。其他几种热安装方法散热较好,但应注意图 8-3(e)的安装方法不适合于工作在振动环境中的元器件。

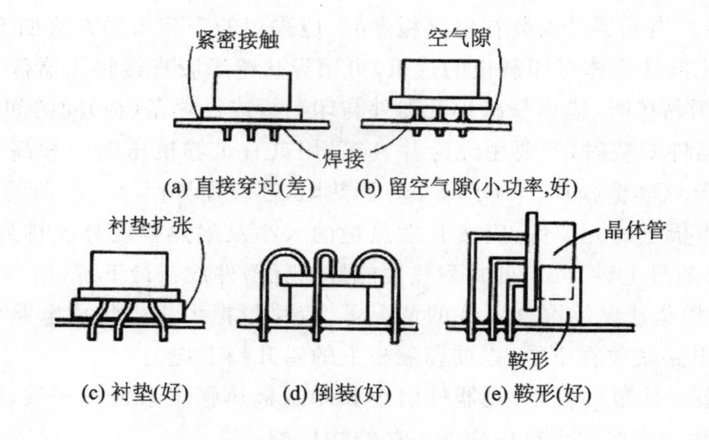

图 8-3 晶体管的安装形式

(3) 双列直插式(DIP)集成电路的常用安装方法

功率较大的集成电路,可在其壳体下部与印制板之间设有金属导热条,厚度满足散热要求;为了减少接触热阻,在接触面之间采用黏结剂,如图 8-4(a)、(b)所示。功率较小的集成电路，可不用黏结剂或导热条，在集成电路与印制板之间留有间隙即可，如图 8-4(c)、(d)、(e)所示。

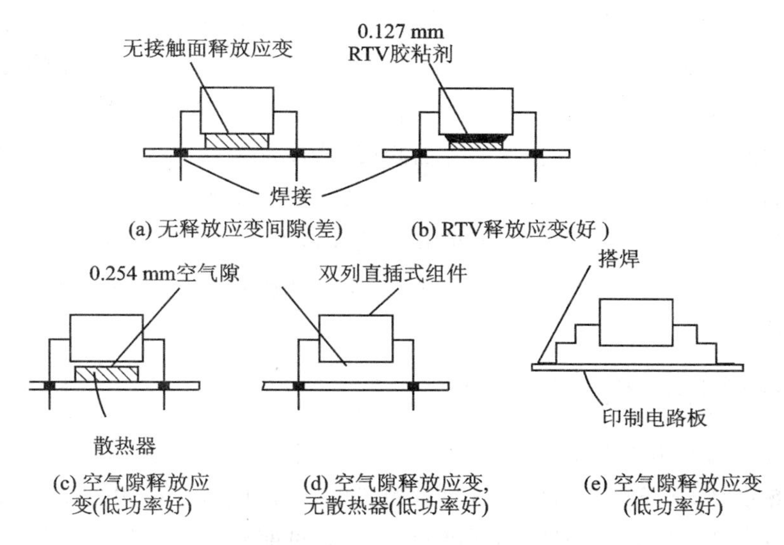

图 8-4　双列直插式组件引线应变的各种释放形式

8.5.7　元器件的热屏蔽与热隔离

为了减小发热元器件对热敏感元器件的影响，在元器件布局时应采用热屏蔽与热隔离的措施。

① 尽可能将导热通路直接连接到热沉；

② 减小高温与低温元器件之间的辐射耦合，加热屏蔽板形成热区和冷区；

③ 尽量降低空气或其他冷却剂的温度梯度；

④ 将高温元器件装在内表面具有高黑度、外表面低黑度的外壳中，这些外壳与散热器有良好的导热连接。元器件引线是重要的导热通路，引线尽可能粗。

8.6　功率器件的热设计

8.6.1　功率器件热性能的主要参数

功率器件应用时所受到的热应力可能来自器件的内部，也可能来自器件的外部。器件工作时所耗散的功率要通过发热形式耗散出去。若器件的散热能力有限，则功率的耗散就会造成器件内部芯片有源区温度上升，结温升高使得器件可靠性降低，无法安全正常工作。表征功率器件的热性能的参数主要有两个：结温(T_j)和热阻(R)。

一般将功率器件有源区称为结，器件的有源区温度称为结温。这些器件的有源区可以是结型器件(比如晶体管)的 PN 结区、场效应器件的沟道区，也可以是集成电路的扩散电阻或薄膜电阻等。当结温 T_j 高于周围环境温度 T_a 时，热量通过温差形成扩散热流，由芯片通过管壳向外散发,散发出的热量随着温差(T_j-T_a)的增大而增大。在实际情况下,器件的绝大多数失效模式均可被温度加速,故一般结温越高,器件的寿命越短。为了保证器件能够正常、长期可靠地工作,必须规定一个最高结温,记为$T_{j,max}$。$T_{j,max}$的大小是根据器件的芯片材料、封装材料和可靠性要求确定的。

功率器件的散热能力通常还用热阻R来表征,热阻越大,则散热能力越差。器件的发热中心主要集中在芯片的"结"处,当器件芯片面积较大、厚度较薄时,可以假定热量只沿垂直于芯片的截面方向,由芯片有源区向管壳,通过热扩散过程向外散发热量。内热阻是器件自身固有的热阻,与管芯、外壳材料的导热率、厚度和截面积以及加工工艺等都有关系。外热阻则与管壳封装的形式有关。一般来说,管壳面积越大,则外热阻越小,金属管壳的外热阻就明显低于塑封管壳的外热阻。

8.6.2 功率器件的热设计方法

功率器件(晶体管、集成电路等)由于发热量大,在生产工艺阶段,就要充分考虑器件内部、封装和管壳的热设计,尽量减少器件自身热量的产生。为防止元器件由于过热而引起失效,在使用阶段还须对大功率的元器件进行有效的热设计。目前普遍采用在大功率元器件上加散热器进行自然冷却的方法,当热流密度比较大的情况下,也可采用散热器加风冷技术。

8.6.3 功率器件散热系统传热分析

以大功率晶体管为例介绍大功率器件加散热器进行自然冷却的情况。

1. 晶体管散热系统的传热分析

晶体管结层上的热量通过不同途径传至周围介质时,将会遇到各种热阻,其过程可用热电模拟的方法进行分析。图8-5是带散热器的晶体管结构模型,图8-6为其等效热路模型。结面上的热量经由内部的热传导传至管壳和引线上,其中一小部分通过管壳和引线与周围介质进行热交换。传至管壳上的热量大部分通过与其直接接触的散热器传至周围介质。

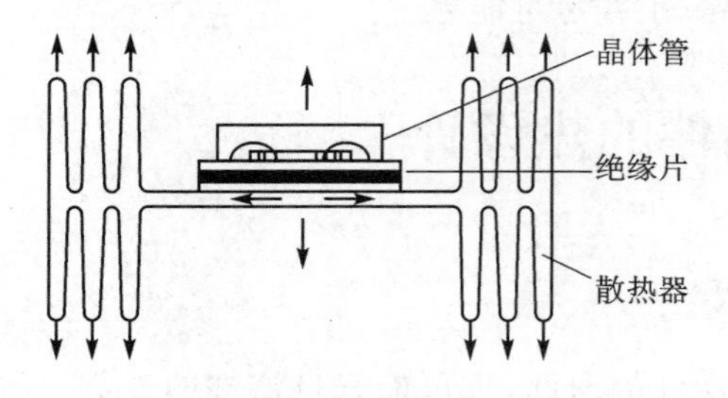

图8-5 带散热器的晶体管结构模型

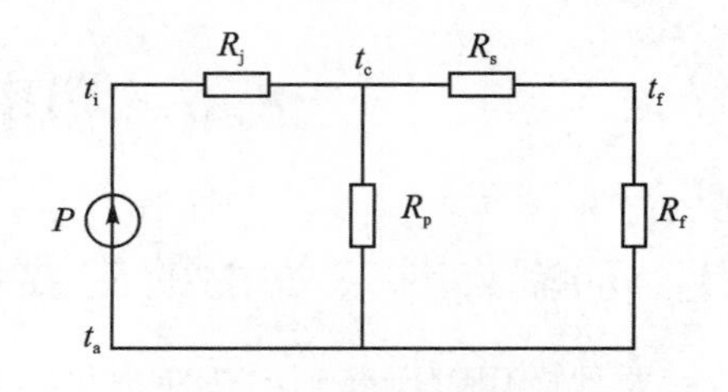

图8-6 等效热路模型

图中:R_j——晶体管内热阻;

R_s——安装界面热阻(包括衬垫热阻和接触热阻);

R_f——散热器热阻;

R_p——管壳热阻;

t_c——晶体管的壳温;

t_j——晶体管的结温；

t_a——环境温度；

t_f——散热器温度；

P——晶体管功耗。

由等效热路模型可知其总热阻 R_t 为

$$R_t = R_j + \frac{R_p(R_s + R_f)}{R_p + R_s + R_f} \tag{8-9}$$

若 $R_p \gg R_s + R_f$，则

$$R_t = R_j + R_s + R_f \tag{8-10}$$

2. 各散热参数的确定

(1) 最大耗散功率 P_{cm}

最大耗散功率 P_{cm} 是在保证晶体管的结温不超过最大允许值时，所耗散功率的最大值。此功率主要耗散在集电极结层附近，所以结温是影响电性能的一个重要参数。最大耗散功率与壳温的高低有直接关系。晶体管手册中给出了在工作温度为 25 ℃下的最大额定值。当超过 25 ℃时，最大额定功率应相应减小。当使用时，壳温 t_c 应满足下列条件：

$$t_{jm} > t_c \geqslant 25\ ℃ \tag{8-11}$$

式中：t_{jm}——晶体管最高允许结温。

晶体管的最大耗散功率 P_{cm} 可按下式计算：

$$P_{cm|t_c} = \frac{t_{jm} - t_c}{t_{jm} - 25} P_{cm|25\ ℃}\ (\mathrm{W}) \tag{8-12}$$

式中：$P_{cm}|t_c$——壳温为 t_c 时允许的最大耗散功率；

$P_{cm|25\ ℃}$——壳温为 25 ℃时允许的最大耗散功率。

(2) 最高允许结温 t_{jm} 和工作结温 t_j

最高允许结温 t_{jm} 是根据可靠性要求确定的，取决于晶体管的材料、结构形式、制造工艺及使用寿命等因素。对锗管一般取 75～90 ℃，硅管取 125～200 ℃。在电路设计时，为保证其性能的稳定性，通常把器件工作结温取为 $t_j = (0.5 \sim 0.8) t_{jm}$。

(3) 内热阻 R_j

内热阻 R_j 取决于内部结构、材料和工艺，其值可以从晶体管生产厂商的产品手册中查到，也可以对所用晶体管进行内热阻测试得到。

(4) 界面热阻 R_s

界面热阻 R_s 包括绝缘衬垫的导热热阻 R_{di} 和接触面之间的接触热阻 R_{ci}，即

$$R_s = \sum_{i=1}^{n} R_{di} + \sum_{i=1}^{m} R_{ci} \tag{8-13}$$

式中：n——衬垫层数；m——接触面数。

表 8-5 列出了衬垫导热面积为 6 cm^2 的各种绝缘片的热阻值。绝缘片愈薄，热阻就愈小。为减小接触热阻，可在接触面上涂一层薄的导热硅脂或硅油。但在长期工作后，易挥发变成一种油雾沉积在一些插件表面上，造成接触不良的故障。

表8-5 几种晶体管用绝缘片的热阻

绝缘片	热阻/(℃/W)	
	无硅脂(平均值)	有硅脂(平均值)
无绝缘片	0.50	0.43
氧化铍片(厚2.5 mm)	0.87	0.57
氧化铝片(厚0.56 mm)	0.92	0.54
云母片(厚0.05 mm)	1.10	0.59
聚酯片(0.05 mm)	1.40	0.80

8.6.4 散热器的选择与应用

1. 散热器的结构与类型

散热器主要是以对流和辐射的形式散热,一般附设于电子元器件或设备表面上,常用于增加散热的总有效面积,提高散热性能。因此,它是各类电子设备不可缺少的散热装置。散热器的主要作用有:

① 保证电子元器件电性能工作参数的稳定性;

② 保证电子元器件有足够的功率输出。

散热器一般采用导热率高的材料制成,可用铝板、铁板或铜板。在截面积和厚度相同的条件下,以铜板的散热效果最好。但一般多用铝板,因为铝板的散热性能优于铁板,而须量比铁板和铜板轻得多,成本远低于铜板。散热器表面应光洁平整,内部不得有疏松气孔的缺陷;表面涂黑处理使辐射率增大,有利于进一步减小外热阻。散热器是由基板和若干肋片组成的散热结构(见图8-7),与单个肋片不同,其散热单元由两两相邻的肋片与基板组成的U形通道,因此还必须考虑间距和散热器的肋片个数对散热性能的影响。

按照散热器肋片种类的不同,基本上可分为两种:等截面肋(如矩形肋、圆形肋等)和变截面肋(梯形肋、三角形肋等)。从外形上看,散热器可分为两种类型。一种是平板型散热器(即散热板),结构简单,容易自制,但散热效果较差,且所占面积较大。另一类是经加工成型、构成系列化产品的散热器,如型材散热器、叉指型散热器、扇顶型散热器和塑封器件专用散热器等。此类散热器的散热效果好,易于安装,适合进行大批量生产,但成本较高。对于不同类型的散热器,使用时应查阅有关散热器手册确定其相应的热阻值。

2. 影响散热器散热性能的因素

散热器热阻越小,散热性能越好,散热器的热阻除了与散热器材料有关之外,还与散热器的形状、尺寸大小以及安装方式和环境通风条件等有关,目前没有精确的数学表达式能够用来计算散热器的热阻,通常是通过实际测量得到。而散热器的有效面积与散热器几何参数密切相关。一般散热器由肋片和基座构成,主要的几何参数包括肋片长、肋片厚,肋片数、基座厚、基座宽等。

(1) 散热器肋片长度的影响

肋片长度适当增加能减小散热器的热阻,但是过分增加肋片长度不能确保热量传导至散热器肋片的末端,因此使传热受到影响,而且使散热器重量增加太多。一般认为散热器的肋片

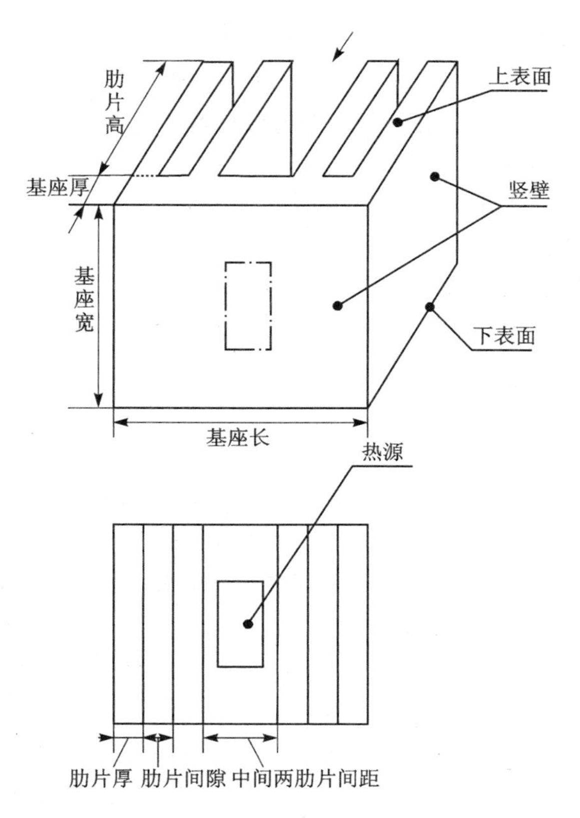

图 8-7 散热器几何模型示意图

长度和基座宽度之比接近 1 传热较好。

(2) 散热器肋片厚度的影响

由于导热主要沿着肋片的纵向方向，因而肋片的厚度对散热器热性能没有太大的影响，肋片厚度的增加并没有提高散热器的散热性能很多，反而增加了散热器的重量。另一方面改变散热器肋片厚度也大大增加了加工难度。

(3) 散热器肋片高度的影响

肋片高度对散热器热性能有很大影响，一般随着肋片高度的增加，器件的热量更易通过肋片散至周围空间。但是如果肋片高度过高，散热器体积增加太多，因此散热器肋片高度不宜过高。一般肋片的高度加倍，则散热能力为原来 1.4 倍。

(4) 散热器肋片个数的影响

一般随着肋片数目的增多散热器的散热性能会有所提高，但肋片数目的增加有时还要考虑器件安装的问题，有的器件安装在散热器两肋片之间，如果肋片数太多，器件不易安装在散热器上。

(5) 散热器材料的影响

散热器主要以对流和辐射的形式散热。一般散热器的材料不同会引起散热器导热系数的变化。散热器材料一般选取导热系数较大的铜或铝。散热器表面的煮黑氧化处理，会大大降低散热器的热阻，因此散热器表面一般都要进行氧化处理。

3. 功率器件用散热器的选择与应用注意事项

适用于功率器件的散热器的结构形式很多,其中以型材散热器和叉指型散热器用得最多,国家标准GB7423.2和GB7423.3分别对这两类散热器的热阻等主要技术指标做了规定。

在设计和应用散热器时应注意以下几点:

① 选用导热系数大的材料(如铜和铝等)制作散热器。

② 尽可能增加散热器的垂直散热面积,肋片间距不宜过小,以免影响对热换热。同时要尽可能减少辐射的遮蔽,以便提高其辐射换热的效果。

③ 用以安装晶体管的安装平面要平整和光洁,以减少其接触热阻。

④ 散热器的结构工艺性和经济性要好。

4. 热设计示例

(1) 示例简介

功率器件LM317是三端可调正稳压器,工作电路如图8-8所示。设器件输入电压为25 V,通过改变可调电阻R_1改变LM317的输出电压。工作时,器件LM317的工作电流为1.5 A,发热较严重,为使功率器件正常可靠工作,需要安装合适散热器以满足功率器件的散热要求。

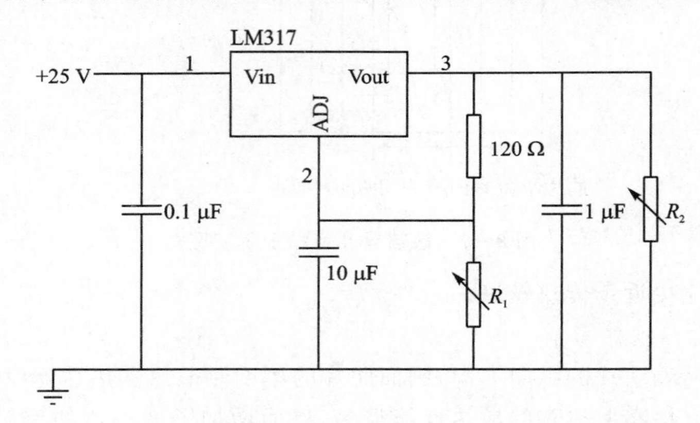

图8-8 LM317工作电路

(2) 散热器的选取

取三端可调稳压器LM317为热源,设环境温度为$Ta=30.8$ ℃,实际测得器件LM317的功耗为$P_c=3.25$ W,由产品手册提供的器件技术数据,可知其最大允许结温为$T_{j,max}=125$ ℃,本例采用Ⅲ级降额应使用,降额后允许结温为$T_{jm}=105$ ℃。

① 计算系统允许最大热阻R_T:根据式(8-5)可计算最大热阻,即

$$R_T=\frac{T_{jm}-T_a}{P_c}=\left(\frac{105-30.8}{3.25}\right)℃/W=22.8\ (℃/W)$$

② 计算功率器件与散热器的接触热阻R_{Tc}:根据产品手册提供器件技术数据知LM317内热阻为$R_{Tj}=3$ ℃/W,实际测得器件金属端温度为$T_c=57.2$ ℃,散热器的最高温度为$T_f=55.9$ ℃,接触热阻R_{T_c}为

$$R_{T_c}=\frac{T_c-T_f}{P_c}=\left(\frac{57.2-55.9}{3.25}\right)℃/W=0.4(℃/W)$$

另外，根据功率器件外壳类型与功率器件与散热器的安装条件(例如是否加垫片，是否涂硅脂，采用何种材料垫片等)，查阅相关手册也可得到相应的接触热阻值。

③ 计算散热器允许最大热阻 R_{T_f}：散热器允许最大热阻值为

$$R_{T_f}=R_T-R_{T_c}-R_{T_i}=(22.8-0.4-3)℃/W=19.4(℃/W)$$

④ 根据 R_{T_f} 和 P_c 选择散热器

根据散热器允许最大热阻值 R_{T_f}，查散热器手册选取散热器，本例中选取的散热器为型材散热器 SRX - YDE(见图 8 - 9)，散热器的肋片厚度为 2 mm，高度为 9 mm，肋片数为 8，长度为 44 mm，基座厚度为 4 mm，宽度为 75 mm)，在 $P_c=3.25$ W 时，散热器热阻 $R_{T_f'}=10.46$ ℃/W。由于 $R_{T_f'}<R_{T_f}$，故选择合理。

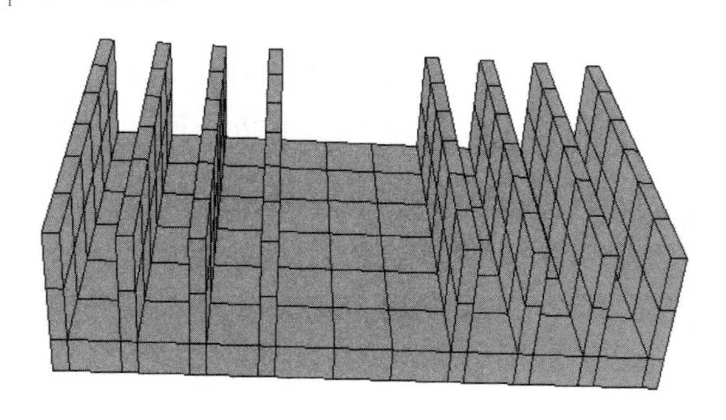

图 8 - 9　SRX - YDE 型散热器

8.7　热分析

8.7.1　热分析的目的

热分析，又称热模拟，是利用仿真手段在电子产品设计阶段(即在产品制造前)获得其温度分布的有效方法。热分析的目的是以最好的经济效益获得热设计所需的准确信息，因此热分析是评估热设计合理性的有效手段。由于热分析无须消耗较多硬件资源，因此热分析较热试验成本低，这使得热分析法被广泛用于预测许多器件、电路板的温度和故障。随着计算机技术的发展，热分析的精度将越来越高，成本将越来越低，它在提高热设计的质量，降低全寿命费用方面正起着越来越重要的作用。

8.7.2　热分析方法

热分析可以使设计人员在产品的设计阶段快速、准确地获得设备内部元器件的温度及温度分布。热分析的方法主要分为两大类：解析法和数值计算方法。

(1) 解析法

解析法预测电路板的稳态温度是由 John N. Funk 等人提出的，该方法对电路板及板上的元器件分别建立传热方程，并得出各自的解析解。电路板温度的解析解采用格林函数方法求解电路板的传热方程获得的；芯片的解析解则是利用分离变量法求解其传热方程得到的。它的准确性取决于所用模型参数的选择，常只限于简单的几何形状和边界条件，不能适用于很复杂的几何结构，因此虽然已有较完整的理论，但是真正能解出的只有极少数的几种简单情况，特别是在二维和三维问题中更是如此。

(2) 数值法

在计算机技术日益普及的今天,传热学中的数值计算方法得到了飞速的发展。目前,在传热学领域中,采用的数值计算方法主要有有限差分法FDM(Finite Difference Method)、有限元法FEM(Finite Element Method)、边界元法BEM(Boundary Element Method)以及近些年发展起来的一种新的方法——有限体积法FVM(Finite Volume Method)。

① 有限元法:FEM是基于微分方程的弱解形式和广义变分原理,利用能适应复杂的几何形状的求解区域网格部分,在部分单元上用形函数插值逼近来求解,但有时需要求解大型的线性方程组,计算上没有差分方法那样灵活方便,并且处理大变形间断问题较困难,但可以处理复杂的几何形状,求解速度慢,计算时间长。

用有限元法求解流动问题的优点是对流场形状没有什么限制,边界条件也比较容易处理。

② 有限差分法:差分法是最早出现的数值分析方法,FDM着眼于求解区域剖分的节点上的函数值,方法简便、灵活,离散的格式丰富多样,在收敛性、稳定性等理论研究方面比较完善,但由于计算中对求值节点的分布要求比较规则,不能适应复杂的几何求解域。另外,它不能求出许多实际物理问题中出现的弱解。

③ 边界元法:Joshua C. Liu等人首次采用边界元法计算电子封装系统的温度分布,该方法首先将元件的基本传热微分方程转化为边界上的积分方程并进行方程的离散化,利用选点方法求解积分方程,从而获得电子元器件的温度分布。边界元法具有占用计算机存储空间较小,所取得的结果具有良好的精度。边界元法需要计算的节点仅在边界上,使求解对象的维数减少一维。边界元法还易于处理无界场问题。

④ 有限体积法:FVM是20世纪80年代以来发展起来的一种新型的微分方程的离散方法,FVM在一定程度上吸收了FDM与FEM的长处,克服了它们的缺点。FVM从控制体的积分形式出发,对求解区域的剖分同FEM一样具有单元特征,能适应复杂的求解区域,离散方法具有差分方法的灵活性,间断解的适应性。目前已成为求解偏微分方程问题和计算流体力学问题的数值计算,数值模拟的一种重要方法。

FVM从20世纪60年代开始出现至80年代以来,网格生成技术,特别是无结构网格生成技术的发展,使FVM进入了一个快速发展的时期。

工程中热分析是采用软件来完成的。常用的热分析软件可分为以下两类:

- 一般的通用热分析软件。例如Flotrn,ANSYS等。它们并不是根据电子产品的特点而编制的,但可用于电子产品的热分析。
- 专用的电子产品热分析软件。例如BetaSoft、Coolit、Flotherm、Icepak等。这些文件是专门针对电子产品的特点而开发的,具有较大的灵活性。表8-6列举了典型的商品化的热分析软件。

表8-6 典型的商品化的热分析软件

公 司	软件名	程序类型	特 点
美国ANSYS	ANSYS	通 用	融结构、流体、电场、磁场、声场分析于一体,是一种标准分析软件
美国Dynamic Soft Analysis	Betasoft	电子产品	包括可靠性计算

续表 8-6

公　司	软件名	程序类型	特　点
美国 daat	Coolit	电子产品	只适用于 windows 操作系统
美国 Fluent	Icepak	电子产品	非结构化和非连续化网格
英国 Flomerics	Flotherm	电子产品	优化设计，Flopack 工具（协助芯片级建模）
美国 Compuflo	Flotrn	通　用	要求有网格产生程序

8.7.3　热分析步骤及注意事项

应用软件进行热分析的基本步骤为：

- 根据设计要求建立热分析模型；
- 输入元器件参数、边界条件等相关参数值；
- 划分网格，进行计算，迭代直到收敛为止；
- 后处理，以报表或图形的形式显示温度场分布及温度值；
- 分析结论和建议。

1. 建　模

热分析模型建立不准确，会导致较大的热分析误差，不能满足工程要求。对于准确的模型，如果过于复杂，则会占用大量的计算机资源和计算时间；如果过于简单，则计算结果可能会忽略大量细节，而达不到分析目的。

一般的建模策略是：由重要到次要，由简单到复杂。即从最重要的（一般相对简单）入手，比如确定整体布局，对壁、外壳、开孔、功耗、电路板等进行建模等；在这基础上，再加入其他较重要的影响因素，比如器件的布局，外壳与外界的热交换等；对重点分析部位进行详细建模；对于次要因素，进行粗略建模，甚至忽略掉。恰当的建模是进行精确热分析的基础。

2. 元器件参数及边界条件的输入

元器件的参数主要包括几何参数、位置参数、材料的热传导率、热功耗等。不同材料的热传导率不同，热传导率可通过查阅相关手册的方法获得（例如 GJB/Z27 电子设备可靠性热设计手册中列出了大部分材料的热传导率）。热功耗可通过查阅器件手册的方法得到。边界条件主要包括分析类型（稳态或瞬态）、流体类型（层流或紊流）、重力加速度、环境温度、初始流体速度、初始温度等。

3. 划分网格进行计算

热分析软件可根据用户定义（网格最大尺寸、网格展弦比、结构化、非结构化等）自动进行网格的划分，并允许进行局部的网格加密。一般情况下，网格设置越密，分析精度越高，但计算时间会加长，所以在进行网格设置时，通常在温度较高的地方进行局部加密。

4. 后处理

一般热分析软件可以图形、报表、动画和报告等形式提供分析结果。便于用户观察到所关心的温度分布及温度变化情况。只需在相应的菜单下单击分析结果显示即可。

8.7.4 热分析示例

1. 示例简介

图 8-10 为一开关式整流电源板的原理图,由取样电路、基准电压电路、误差放大器、三角波发生器(振荡器)、电压比较器、功率管、变压器和整流、滤波电路组成。

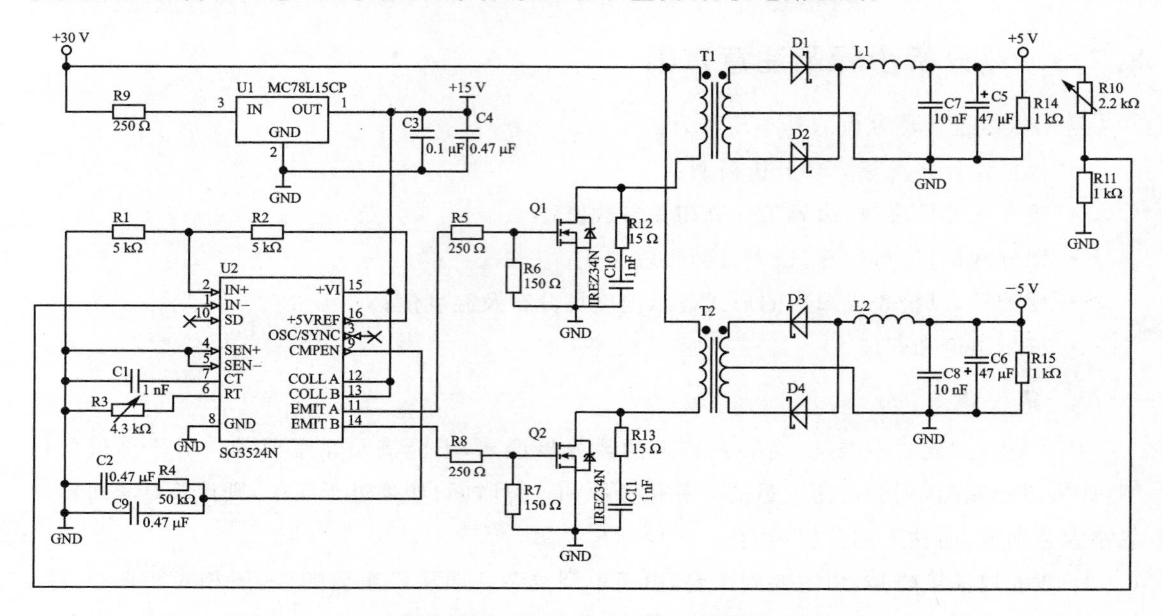

图 8-10 开关式整流电源板的原理图

此开关电源板工作的环境温度为 40 ℃,采用自然对流的方法进行冷却,板上采用的元器件为军用工作温度元器件,最高工作温度可达 125 ℃,考虑到可靠性要求,进行Ⅲ级降额设计,降额后允许的元器件最高温度为 105 ℃。

2. 热分析示例

采用热分析软件 Betasoft 对该电路板进行热分析。

(1) 建　模

开关式整流电源板上元器件的图号,对应的元器件的名称、功耗及位置信息见表 8-7。根据表 8-7,参考建模时的注意事项,先建立发热量较大的元器件(如 IRFZ34N)的热分析模型,再建立发热量较小和不发热元器件热分析模型,建立的开关式整流电源板的热分析模型如图 8-11 所示。

图 8-11 中,给出了按图号对应的元器件在电路板上的位置,如 Q1 对应 IRFZ34N,D1、D2、D3、D4 对应 4 个 B1080。

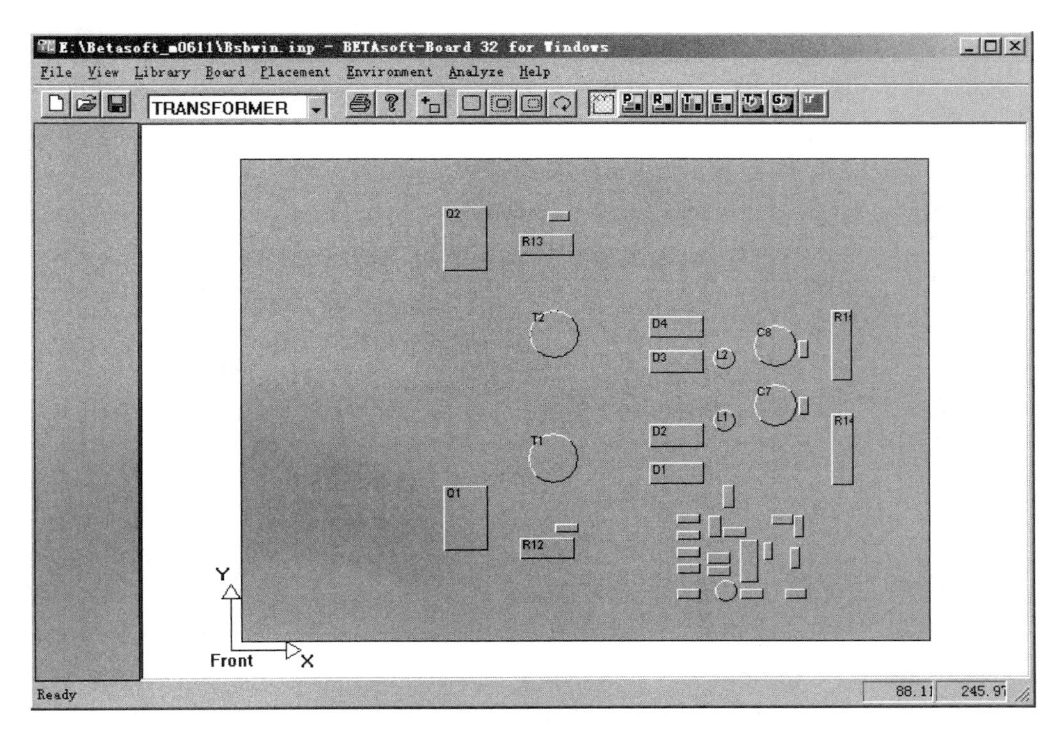

图 8-11 开关式整流电源板的热分析模型

表 8-7 开关式整流电源板上电子元器件的位置与功耗

元器件图号	元器件名称	功耗(W)	在板上的位置(mm)		元器件图号	元器件名称	功耗(W)	在板上的位置(mm)	
			x	y				x	y
Q1	IRFZ34N	4.2	93.93	43.77	R14	R_LOAD	1.67	273.79	74.93
Q2	IRFZ34N	4.2	93.93	177.17	R15	R_LOAD	1.70	273.79	124.39
D1	B1080	0.11	189.51	75.77	C1	103	0	241.94	39.19
D2	B1080	0.11	189.51	93.17	C2	474	0	223.11	62.41
D3	B1080	0.14	189.51	128.13	C3	474	0	216.11	37.12
D4	B1080	0.14	189.51	145.26	C4	104	0	216.20	31.013
R1	R1W	0.42	251.85	20.50	C5	103	0	254.68	108.18
R2	R1W	0.42	231.29	20.50	C6	103	0	254.68	135.50
R3	R1W	0	254.34	34.63	C7	E_C	0	237.90	102.31
R4	R1W	0	223.59	50.00	C8	E_C	0	238.17	130.83
R5	R1W	0.35	202.31	40.59	C9	474	0	219.33	49.86
R6	R1W	0.21	202.31	48.49	C10	102	0	145.90	52.40
R7	R1W	0.21	202.31	56.64	C11	102	0	142.60	201.09

续表 8-7

元器件图号	元器件名称	功耗(W)	在板上的位置(mm)		元器件图号	元器件名称	功耗(W)	在板上的位置(mm)	
			x	y				x	y
R8	R1W	0.35	202.39	32.28	SG3524	SG3524N	0.25	231.49	27.98
R9	R1W	0.85	202.31	20.50	78L15	78L05	0.18	219.89	18.59
R10	R1W	0.42	245.69	56.24	T1	TRANSFORMER	0.1	133.42	75.59
R11	R1W	0.42	256.39	49.86	T2	TRANSFORMER	0.1	134.19	134.78
R12	R_Q	0.24	129.20	39.61	L1	INDUCTANCE	0.1	219.43	99.87
R13	R_Q	0.24	129.20	184.65	L2	INDUCTANCE	0.1	219.43	129.31

(2) 元器件参数及边界条件等相关参数值的输入

① 元器件的相关参数输入:元器件的相关参数包括元器件的三维尺寸,材料的传导率、发射率及功耗等。进入元器件的参数设置菜单,进行设置。参数设置见图 8-12。

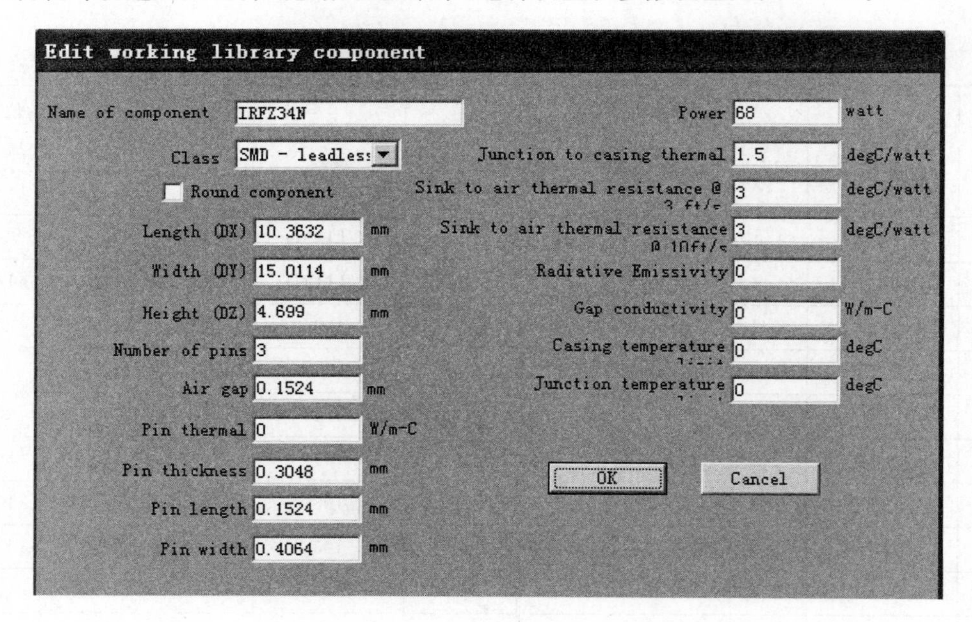

图 8-12 元器件参数设置

② 环境参数输入:环境参数包括周围环境温度、空气的流速、相邻板的影响、板的位置参数等信息,单击环境参数输入菜单,进行环境参数设置。环境参数设置见图 8-13。

(3) 划分网格进行计算

进入网格划分菜单,选择相邻网格间的宽度和高度,计算机自动划分网格。Betasoft 中提

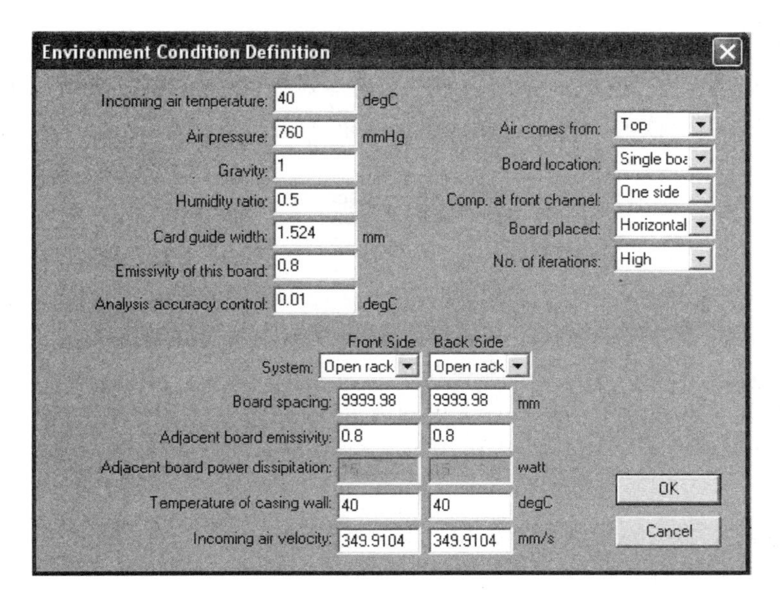

图 8-13　环境参数设置

供了三种网格的划分方法，分别是高密度、中密度、低密度。在本例中，由于板上的元器件密度不大，计算量较小，因此选择高密度网格进行计算。通过 Analysis－>Run 来进行分析计算，如果在分析过程中，迭代终止，一般都会给出提示信息，例如重新设定某些边界条件等。

（4）分析结果显示

计算完之后，通过 Analysis→load 来加载计算结果。以图形方式显示（不同的颜色对应的不同温度）的计算结果见图 8-14。根据图 8-14 可以获得各个元器件的温度值。

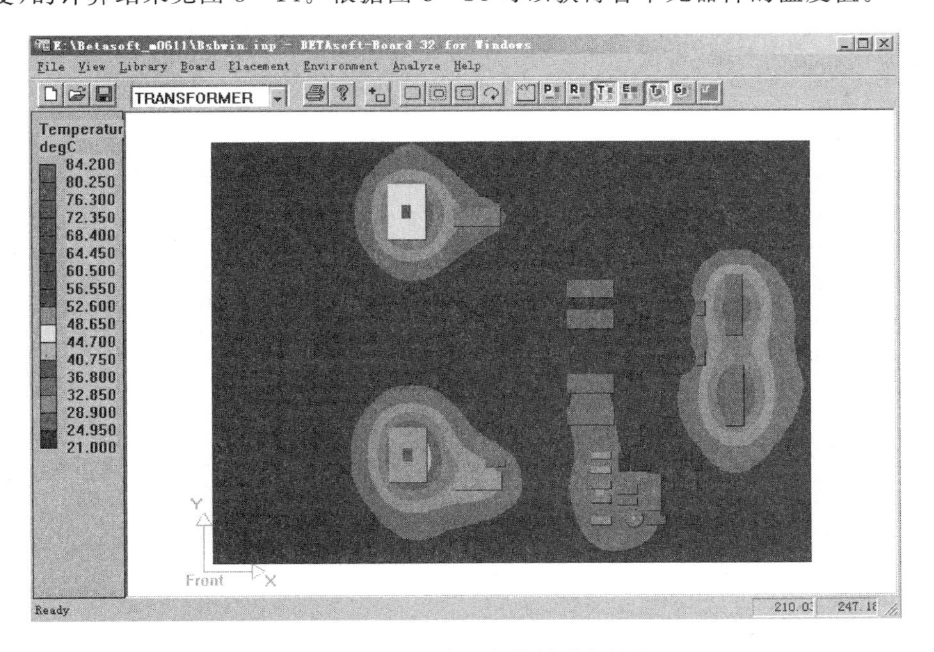

图 8-14　开关电源板的热分析结果

3. 热分析结论

通过热分析结果看出,在环境温度为 40 ℃,自然对流的情况下,开关电源板上元器件的最高温度为 84.2 ℃,因此该电源板的热设计满足要求。

习 题

8.1 元器件过热应力的主要来源是什么?

8.2 简述高温和温度剧烈变化对元器件性能和可靠性的影响。

8.3 元器件的热匹配设计应考虑哪些方面?

8.4 半导体器件在使用中的热设计考虑的因素是哪些?

8.5 为什么要进行减小元器件热应力的安装方法?对于晶体管如何减小安装中的热应变?

8.6 简述大功率器件的热设计方法和步骤。

8.7 简述热分析的目的及方法。

8.8 已知某功率器件工作的环境温度为 25 ℃,根据器件手册可知其最大允许结温为 125 ℃,实际测得工作时的功耗为 22 W,求其最大热阻。

8.9 已知某塑封器件的塑封料热膨胀系数为 2.5×10^{-6}/℃,硅芯片的热膨胀系数为 4.2×10^{-6}/ ℃,塑封料的弹性系数为 $0.15\times10^{4}\text{N/mm}^2$,环境温度为 30 ℃,假设制备温度为 110 ℃,求环境温度为 30 ℃时产生的热应力。

8.10 选择一个简单的电路,介绍其采取的热设计方法。

8.11 自行选择一个案例,采用 Betasoft 热分析软件进行简单的建模分析,并给出分析结果。

8.12 查阅相关的文献,举例说明热设计与热分析对系统可靠性提高的贡献。

第9章　静电放电损伤及防护

9.1　静电的产生

静电是指物体所带电荷处于静止或缓慢变化的相对稳定状态。静电是同性电荷的积累而产生的，静电的特点是高电位及小电量。

静电的产生主要有两种方式，即摩擦产生静电和感应产生静电，如图9－1所示。

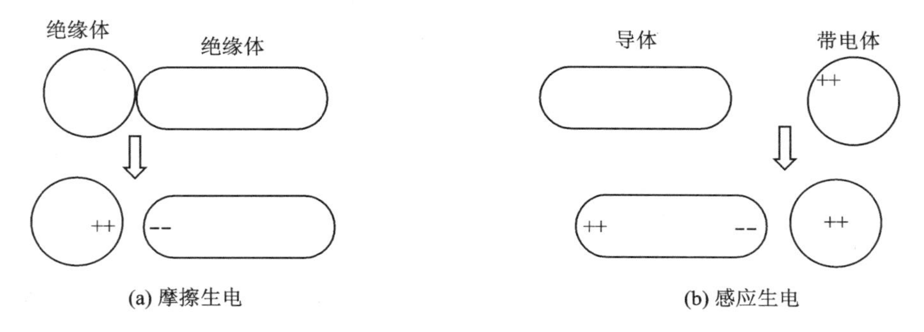

图9－1　静电产生的两种形式

摩擦生电是两种物体直接接触后形成的，通常发生于绝缘体与绝缘体之间或者绝缘体与导体之间，而感应生电则发生于带电物体与导体之间，两种物体无须直接接触，下面进行详细描述。

静电的产生及其大小与环境湿度和空气中的离子浓度也有密切的关系。在高湿度环境中，由于物体表面吸附带有一定数量杂质离子的水分子，形成弱导电的湿气薄层，提高了绝缘体的表面电导率，可将静电荷散逸到整个材料的表面，从而使静电势降低。所以，在相对湿度高的场合，如我国的东南沿海地区，材料的静电势较低。在相对湿度低的场合，如我国的北方地区或干燥的冬季，材料的静电势就高。

9.1.1　摩擦产生静电

当两种具有不同的电子化学势或费米能级的材料相互接触时，电子将从化学势高的材料向化学势低的材料转移。当接触后又快速分离时，总有一部分转移出来的电子来不及返回到它们原来所在的材料，从而使化学势低的材料因电子过剩而带负电，化学势高的材料因电子不足而带正电。对于绝缘体而言，过剩电荷主要集中在接触表面附近。显然，这种方式产生的静电荷与相互接触的两个物体分离的速度有关。当两种物体相互摩擦的时候，进行了多次的接触和分离，是一个不断接触又不断分离的过程。分离速度快，接触面积大，使得摩擦所产生的静电荷比固定接触后再分离所产生的静电荷的数量要大得多。摩擦生电主要发生在绝缘体之间，因为绝缘体不能把所产生的电荷迅速分布到物体整个表面，或迅速传给它所接触的物体，所以能产生相当高的静电势。常见材料摩擦生电顺序见表9-1。

摩擦产生静电的大小除与摩擦物体本身的材料性质有关,还要受到许多因素的影响,如摩擦的面积、速度、接触压力、表面洁净度和环境条件等。

表9-1 常见材料摩擦生电顺序

序号	材料	序号	材料	序号	材料	序号	材料
	正(+)						
1	人的手	9	毛皮	17	琥珀	25	明胶奥纶聚酯
2	石棉	10	铅	18	封蜡	26	聚氨酯
3	兔毛	11	丝织品	19	硬橡皮	27	聚乙烯
4	玻璃	12	铝	20	镍、铜	28	聚丙烯
5	云母	13	纸	21	黄铜、银	29	聚氯乙烯
6	人的头发	14	棉花	22	金、铂	30	聚三氟绿化乙烯聚合物
7	尼龙	15	钢	23	硫磺	31	聚四氟乙烯
8	羊毛	16	木材	24	醋酸人造纤维		负(一)

9.1.2 感应产生静电

当一个导体靠近带电体时,会受到该带电体形成的静电场的作用,在靠近带电体的导体表面感应出异种电荷,远离带电体的表面出现同种电荷。尽管这时导体所带净电荷量仍为零,但出现了局部带电区域。显然,非导体不能通过感应产生静电。

9.2 静电源

对电子元器件产生影响的静电源主要有人体静电、尘埃静电。

9.2.1 人体静电

人在活动过程中,衣服、鞋以及所携带的用具与其他材料摩擦或接触、分离时,即可产生静电。表9-2列出了活动人体身上的典型电压。由于人体活动范围大,很容易与带有静电荷的物体接触或摩擦而带电,同时也有许多机会将人体自身所带的电荷转移到器件上或者通过器件放电。而人体静电又容易被人们忽视,所以人体静电放电往往是引起半导体器件的静电损伤的主要原因之一,它对半导体器件的危害最大。

表9-2 活动人体身上的典型静电电压

人体活动	静电电压(V)	
	相对湿度10%～20%	相对湿度65%～90%
在合成纤维地毯上走动	35 000	1 500
在聚乙烯地板上走动	12 000	250
在工作台上操作	6 000	100

续表 9－2

人体活动	静电电压(V)	
	相对湿度 10%～20%	相对湿度 65%～90%
翻动说明书的乙烯树脂封面	7 000	600
从工作台拾起普通聚乙烯袋	20 000	1 200
坐在垫有聚氨酯泡沫材料的工作椅上	18 000	1 500
在塑料工作台上滑动塑料盒	18 000	1 500
从印制电路板上拉下胶带	12 000	1 500
用氟里昂喷洒清洗电路或电路板	15 000	5 000

人体的电阻较低，对静电来说相当于良导体，如手到脚之间的电阻只有几百欧姆，手指产生的接触电阻为几千至几十千欧姆，故人体处于静电场中也容易感应起电，而且人体某一部分带电即可造成全身带电。

人体静电电压与人体电容成反比，电容越小，电压越高。人体对地电容的 60%是脚底对地电容，人体电容值约为 50～250 pF，它取决于人体与地的接近程度，典型值为 150 pF，故少量的人体静电荷即可导致很高的静电势。

人员操作速度越快，人体静电电压越高；空气湿度越低，人体静电电压越高，衣服、鞋、地面的表面电阻越高，静电电压越高。

9.2.2　尘埃静电

尘埃不可能从晶片制造中完全消除。空气中的大多数尘埃被静电充电。当尘埃最初脱离它所依附的材料时，这种静电荷可能产生，或者当它被吹过一个表面时，它可能获取电荷。所以，尘埃是悬浮在空气中的、并且是移动的多电荷粒子，对任何静电场都会起反应。

在芯片的制造工序中，因尘埃静电受到影响的工序主要集中在：光刻(刻蚀)、外延和氧化工序等几个工序中。

9.3　静电放电(ESD)的放电模型

两个具有不同静电电位的物体，由于直接接触或静电场感应而引起的两物体间静电电荷的转移，这称为静电放电。如果带电体是通过微电子器件来放电，就可能会给器件带来损伤，甚至导致器件失效。对于微电子器件而言，通常有三种放电形式，可用以下三种基本模型予以描述。

9.3.1　人体静电放电模型(HBM)

当带有静电的人体或其他物体与器件引腿接触，通过器件对地放电，而使器件失效，这种放电形式可建立人体模型(Human Body Model，HBM)来描述，如图 9－2 所示。图 9－2 中，电源为可调直流高压电源，其电压 V_b 相当于人体可能具有的静电势(100 V～20 kV)，R_S 为限流电阻，约为 1～10 MΩ；C_b 为人体等效电容，一般为 100～250 pF；R_b 为人体等效电阻，一般规定为手指与被试器件引腿的接触电阻,约为(1～2) kΩ;DUT 为被试器件。通常人体电感可以忽略,R_b 和 C_b 即可等效于向器件放电的人体。当开关 S 接至 1 时,相当于人体因某种原因而带静电,当 S 接至 2 时,模拟人体向被试器件放电。

当人体带电电压为 V_b 时,所带电荷量为 $Q_b=C_bV_b$,静电能量$E=1/2\ C_bV_b^2$,放电时间常数 $\tau_b=R_bC_b$。此模型已被人们普遍采用和接受,并作为评估半导体器件 ESD 敏感度的标准。

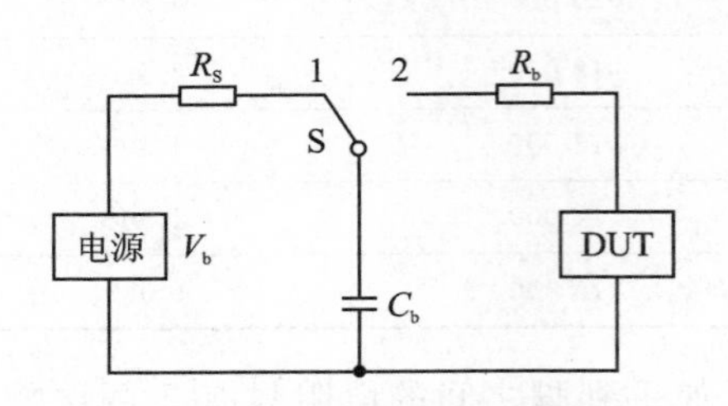

图 9-2　HBM 模型的等效电路

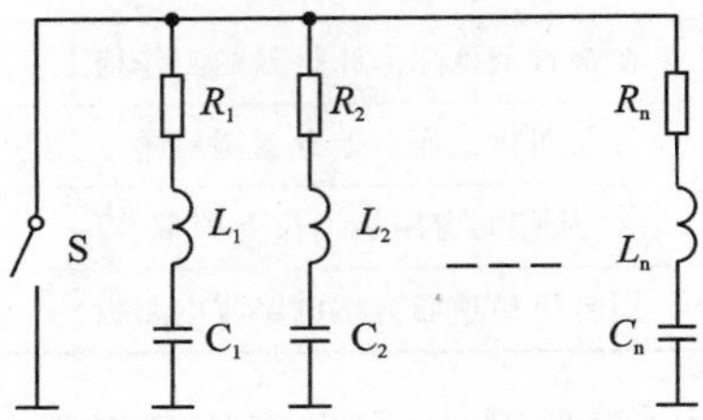

图 9-3　MOS 器件 CDM 模型的等效电路

9.3.2　带电器件放电模型(CDM)

当有静电的器件的引脚与地接触时,将通过引脚对地放电引起器件失效,这种形式的放电可建立带电器件模型 CDM 模型,模型如图 9-3 所示。当带电器件有几个引脚同时与地接触时,就有几个放电通路,分别用 $R_i-L_i-C_i$ 表示。若在放电过程中,各个通路的放电特性不同,就会引起相互之间的电势差,这电势差也会造成器件的损坏,如栅介质击穿等。

9.3.3　电场感应放电模型(FIM)

当器件处于静电场环境中时,在器件内部将感应出电位差,从而引起器件 ESD 失效,这就是电场感应模型(FIM)。一般情况,静电场感应出来的电位差不致使器件失效,但由于器件引脚相当于接收天线,它引起与引脚相连导电部分的电场发生畸变,导致 SiO_2 内场增加,有可能引起 MOS 器件的栅氧化物被击穿。例如,一个 MOS 器件放入 6 000 V/cm 的静电场中,就可能引起栅击穿失效。

9.4　半导体器件对静电放电的敏感度

半导体器件对 ESD 的敏感度,实质上就是器件抗静电应力的度量,失效阈值则是器件所能抗受的最大静电电压,它是由器件的结构、输入端静电保护电路的形式、版图设计、制造工艺等所决定的。按器件抗静电能力的大小可分为静电放电敏感性器件和非敏感器件,在 MIL-STD-883 的方法 3015 和 GJB548 方法 3015 中规定了对微电路的静电敏感度(ESDS)进行分类的程序。利用人体静电的放电模型(见图 9-2),测定失效阈值的基本方法如下:

调节电源电压从低到高,分别进行下面操作

开关 S 接到 1,通过电源对电容充电;

将开关 S 接到 2,向器件放电;

对器件进行测试,检查器件经 ESD 后是否失效;

所能通过的最高档电压就为器件的 ESD 失效阈值。

对于元器件敏感度的分级，目前国内外的有关标准的分类方法不完全一致，同一标准在换版时，也出现了变化。例如，JB548 在 1996 年的 A 版分为 1、2、3 三个级别，2005 年的 B 版中对分级进行了进一步的细化，见表 9-3。表 9-4 则列出了各级静电敏感元器件的分类，表中有些同种工艺类型的器件，由于具体制造工艺的差异，其承受 ESD 的能力有很大的差别。

表 9-3 器件的 ESD 失效阈值分类级别

级 别	静电敏感电压范围/V
0 级	<250
1A 级	250～499
1B 级	500～999
1C 级	1 000～1 999
2 级	2 000～3 999
3A 级	4 000～7 999
3B 级	≥8 000

表 9-4 按元器件类型列出的 ESDS 分级

敏感度级别	元器件类型
敏感电压范围 0～1 999 V	微波器件（肖特基势垒二极管、点接触二极管和其他工作频率大于 1 GHz 的检测二极管） 环境温度 100 ℃时，I_0<0.175 A 的晶体闸流管（SCR） 分离型 MOS 场效应晶体管 结型场效应晶体管（JEET） 精密稳压二极管 声表面波（SAW）器件 电耦合器件（CCDs） 薄膜电阻器 集成电路 运算放大器（OP AMP） 超高速集成电路（VHSIC） 混合电路（使用了 1 级元器件）
敏感电压范围 2 000～3 999 V	分离型 MOS 场效应晶体管 结型场效应晶体管（JEET） 低功率双极型晶体管，P_{out}≤100 mW，I_c<100 mA 运算放大器（OP AMP） 集成电路（IC） 混合电路（使用了 2 级元器件） 精密电阻网络（R）

续表 9-4

敏感度级别	元器件类型
敏感电压范围 4 000～15 999 V	小信号二极管(P_{out}<1 W，I_0<1 A) 普通的硅整流器 晶体闸流管(SCR，I_0>0.175A) 分立型 MOS 场效应晶体管 低功率双极型晶体管(350 mW>P_{out}>100 mW，400 mA>I_c>100 mA) 光电器件(发光二极管、光敏器件、光耦合) 运算放大器(OP AMP) 集成电路(IC) 超高速集成电路(VHSIC) 其他微电路(所有不包括在1级或2级中的元器件) 混合电路(使用了3级元器件) 片式电阻器 压电晶体

静电敏感的元器件采用一定的符号作为标志。标志应尽可能打印在器件的外壳上，打在外壳上的标志通常是图 8-4(a)"Δ"，1 级用 1 个 Δ 标志；2 级用 2 个 Δ(ΔΔ)标志；3 级无标志。对于外壳太小的器件，也可标志在包装盒或包装箱上，在仓库中储存静电敏感元器件的箱柜上也可打上静电敏感元器件的标志，见图 8-4(b)。在防静电保护区域张贴警示标志，如图 9-4(c)所示。

图 9-4　静电敏感元器件标志

9.5　静电放电损伤的特点、失效模式和失效机理

静电损伤是一种偶然事件，一般讲是与时间无关的，所以不能通过老炼等筛选方法加以剔除；相反，在老炼过程中，由于器件接地不良、不适当地传递或与老炼设备不适当地连接等反而会提高 ESD 失效的百分比。

9.5.1　静电放电对电子元器件损伤的特点

(1) 损伤的隐蔽性

在静电放电造成电子产品的损伤当中，活动的人体带电是一个重要原因。一般情况下，人体所带静电电位都在 1～2 kV 范围，而在此电压水平静电放电人体一般并无直观觉察，而电子元器件却在人们不知不觉中受到损伤。ESD 损伤不易发现，很容易被人们忽视。

（2）失效分析的复杂性

静电放电损伤的失效分析工作较为困难，一些静电放电损伤现象难以与其他原因造成的损伤相区分，使人误把静电损伤失效当作其他失效。因此在对静电放电损害未充分认识之前，常常归因于早期失效或情况不明的失效，从而不自觉地掩盖了失效的真正原因。

（3）损伤的潜在性

ESD 引起半导体器件的损伤，相当一部分是潜在性的。有些电子元器件受静电放电损伤后，当尚未达到完全失效的程度，则仅表现出产品某些性能参数的下降，如不进行全面地检测往往无法发现。例如数字电路在静电放电损伤后输入电流的增加，在电路功能测试时一般不会发现；或者静电放电使产品出现可自愈的击穿或其他非致命的损害，但这种效应可以积累，从而形成潜在隐患，在继续使用的情况下损伤器件可发生致命失效，既难以预料又不可能事先筛选。

（4）损伤的随机性

只要电子元器件接触和靠近超过其静电放电敏感电压阈值的情况存在，就有可能发生静电放电损伤，而由于静电可以在任何两种（包括人体）接触分离的条件下产生，故电子元器件的静电放电损伤有可能在产品从加工到使用维护的任一环节、任一步骤、与任何有关带电人体（或物体）接触时发生，具有很大的随机性。

9.5.2　静电放电对元器件损伤的失效模式和失效机理

静电放电失效机理静电放电的失效机理可分为电压型、电流型（功率型）两种。电压型主要会造成介质击穿、气体的电弧放电、表面击穿等。电流型会造成热二次击穿、金属化层的融化、体击穿等。

（1）突发性完全失效

突发性完全失效是器件的一个或多个参数突然劣化，完全失去规定功能的一种失效，通常表现为开路、短路以及电参数严重漂移。一种是与电压相关的失效，如介质击穿，PN 结反向漏电增大、铝条损伤等。另一种是与功率有关的失效，如铝条熔断、多晶电阻熔断、硅片局部区域熔化。

（2）潜在性缓慢失效

对于某些集成电路虽然 PN 结已受到 ESD 损伤，但电路的参数退化并不明显，只是给电路留下了隐患，使该电路在加电工作中参数退化逐渐加重，因此 ESD 损伤具有潜在性和累积性的特点。

静电放电对元器件的损伤的结构（部位）、失效机理和失效模式，见表 9－5。

表9-5　静电放电对元器件的损伤

元器件类型	被损伤的结构	失效机理	失效模式
MOS场效应晶体管 数字集成电路(双极型和MOS) 线性集成电路(双极型和MOS) 混合电路 MOS电容器	MOS结构	由于过电压和随之而来的大电流造成的介质击穿	短　路 (漏电流增大)
二极管(PN、PIN、肖特基) 结型场效应晶体管 MOS场效应晶体管 闸流晶体管 双极型集成电路(数字和线性) MOS集成电路的输入保护电路	半导体结	由于能量过大或过热引起微等离子区二次击穿造成的微扩散； 硅和铝扩散(电迁移)使电流增大	参数漂移或失去二极管或晶体管的功能
混合电路中的厚、薄膜电阻器 单片集成电路中的薄膜电阻器	薄膜电阻器	介质击穿、随电压增加产生新的电流通路；与焦尔热能有关的破坏性的微小电流通路	电阻漂移
混合电路 单片集成电路	金属化条	与焦尔热能有关的金属化条烧毁	开　路
用非石英或陶瓷外壳封装的大规模集成电路和存储器 尤其是对紫外线敏感的EPROM	场效应结构和非导电外壳	由于ESD在表面上积存的离子引起表面转化或栅极阈值电压漂移	工作性能降低
晶体振荡器 声表面波器件	压电晶体	当静电电压过大时由于机械力使晶体碎裂	工作性能降低
声表面波器件 非金属外壳、芯片表面未钝化的半导体器件	间距很近的电极	电弧放电软化和熔化电极金属	工作性能降低

9.6　静电防护

国家军用标准GJB1649-1993《电子产品防静电控制大纲》将敏感电子产品规定为静电放电敏感电压在16 000 V以下的电子产品，既包括元器件，也包括电子组件和电子设备。电子设备和系统的设计应能为最敏感的元器件提供不低于4 000 V的静电放电防护能力。

静电防护应贯穿于电子产品的全过程，即在设计、生产、使用的各环节都要采取相应措施。这可以从两个方面着手，一是在器件的设计和制造阶段，通过在芯片上设计制作各种静电保护电路或保护结构，来提高器件的抗静电能力；二是在器件的装机使用阶段，制订并执行各种防静电的措施，以避免或减少器件可能受到的静电的影响。因此必须在器件设计、制造、测试、试验、传递、包装、运输和使用等各个环节中都采取措施，其中任何一个环节的疏忽，都可能造成静电对器件的损伤。以下对各个环节中如何采取措施作简要叙述。

9.6.1　器件生产设计中的防静电措施

生产方采取的ESD防护措施是在器件的版图设计中，在适当部位（如电路的输入端、输出端、MOSFET的栅-源间）加保护网络或保护器件。当有ESD脉冲出现时，栅极电压便被保护网络箝位在预置的低于栅氧击穿的电平下，静电源存储的能量则通过保护网络泄放掉。在CMOS电路的输入端增加了简单的保护网络，可使电路的抗静电能力达1 000～2 000 V；采用改进型保护网络可使电路的抗静电能力达4 000 V。生产方除了在器件版图设计时，采取ESD防护措施外，必须重视对ESD元器件的包装，应采用防静电的包装容器。

9.6.2　使用中的防静电措施

除了在器件设计和生产中采用防静电措施外，在器件使用中采取相应的防静电措施更为重要。GJB1649－1993《电子产品防静电放电控制大纲》中要求电子产品（设备）承制方应按该标准的要求制订、执行和提供ESD控制大纲，并指明适用的控制大纲功能和要素也应用在转承制方和其他有关机构，以便为静电敏感的元器件、组件和设备提供完整的保护。表9－6为ESD控制大纲要求的要素，承制单位要在电子产品的设计、生产、检查和试验、储存和运输、安装以及维护和修理的不同阶段都要采取适当的ESD控制。

表9－6　ESD控制大纲要求要素

要　求	ESD控制大纲计划	分级	设计保护（不包括零件设计）	保护区	操作程序	保护罩	培训	硬件标记	文件	包装	失效分析
设　计	√	√	√	√	√	—	√	√	√	√	√
生　产	√	—	—	√	√	√	√	√	√	√	√
检查和试验	√	—	—	√	√	√	√	√	√	√	√
储存和运输	√	—	—	√	√	√	√	√	√	√	—
安　装	√	—	—	√	√	√	√	√	√	√	—
维护和修理	√	—	—	√	√	√	√	√	√	√	√

注：“√”表示考虑；“—”表示不考虑。

静电的防护必须从技术和管理两个方面进行，GB/T32304－2015《航天电子产品静电防护要求》，对电子产品静电防护提出了“技术＋管理”体系化要求，规定了航天电子产品静电防护的一般要求以及策划、培训、防静电工作区、包装、标识、采购和外包、监视和测量、审核、管理评审和改进等详细技术和管理要求。GB/T32304还对接地/等电位连接及EPA（Electrostatic discharge Protected Area），即防静电保护区相关技术做了规定，完善了技术管理要求。标准中接地/等电位连接系统要求见表9－7，EPA配置要求见表9－8，EPA内防静电用品、设备、设施的技术要求见表9－9，EPA内防静电用品、设备、设施检测周期见表9－10。

表9-7　接地/等电位连接系统要求

技术要求	实施方法	要求的限值
接地/等电位连接系统	保护接地线	符合电源供电的安全要求
	功能地	符合电源供电的安全要求
	等电位连接	小于 $1\times10^9\Omega$

表9-8　EPA配置要求

序　号	要求项目	Ⅰ类EPA	Ⅱ类EPA	选择条件
1	标　识	●	●	—
2	防静电地面	●	●	—
3	防静电工作台	●	●	—
4	防静电储存架/柜	●	●	—
5	防静电椅/凳	●	○	—
6	防静电移动设备	▲	○	在EPA内转运未经防护的ESDS电子产品时必选
7	静电防护包装	●	○	—
8	防静电服、帽	●	●	—
9	防静电鞋	●	●	—
10	防静电鞋套、脚跟带	●	●	—
11	防静电手套/指套	▲	▲	有洁净度要求时必选
12	防静电腕带	●	●	—
13	防静电工具	●	○	—
14	防静电离子风机	▲	○	处置绝缘物品和进行不便于接地的操作时必选
15	防静电涂料、降阻剂	○	○	—
16	温湿度监测仪表	●	●	—
17	人体静电综合测试仪	●	●	—
18	腕带测试仪	●	●	—
19	静电连续监测仪	▲	—	电装车间必选
20	电烙铁测试仪	▲	—	电装车间必选
21	非接触式静电电压表	▲	○	至少有一台用于日常监测

注：●表示必选；—表示不要求；▲表示条件必选；○表示可选(根据各单位具体情况考虑，如器件静电敏感电压、操作人员多少等)

表 9-9　EPA 内防静电用品、设备、设施的技术要求

名　称	产品认证要求	监视和测量要求(符合性验证)
地面(地板、地垫)	点对点电阻 $1\times10^{4}\Omega\sim1\times10^{9}\Omega$	点对点电阻 $1\times10^{4}\Omega\sim1\times10^{9}\Omega$
	点对接地点电阻 $1\times10^{4}\Omega\sim1\times10^{9}\Omega$	点对地电阻 $1\times10^{4}\Omega\sim1\times10^{9}\Omega$
	人体走动电压小于 100 V	—
工作台(台面、台垫)	点对点电阻 $1\times10^{5}\Omega\sim1\times10^{9}\Omega$	点对点电阻 $1\times10^{5}\Omega\sim1\times10^{9}\Omega$
	点对接地点电阻 $1\times10^{5}\Omega\sim1\times10^{9}\Omega$	点对地电阻 $1\times10^{5}\Omega\sim1\times10^{9}\Omega$
	充电孤立导体接触分离后残余电压小于 200 V	—
储存架/柜(储存未经防护的 ESDS 产品)	点对点电阻 $1\times10^{5}\Omega\sim1\times10^{9}\Omega$	点对点电阻 $1\times10^{5}\Omega\sim1\times10^{9}\Omega$
	点对接地点电阻 $1\times10^{5}\Omega\sim1\times10^{9}\Omega$	点对地电阻 $1\times10^{5}\Omega\sim1\times10^{9}\Omega$
椅/凳	点对接地点电阻 $1\times10^{5}\Omega\sim1\times10^{9}\Omega$	点对地电阻 $1\times10^{5}\Omega\sim1\times10^{9}\Omega$
防静电移动设备(如小车、梯子等)	点对点电阻小于 $1\times10^{9}\Omega$	表面对地电阻小于 $1\times10^{9}\Omega$
	点对接地点电阻小于 $1\times10^{9}\Omega$	
静电防护包装	与 ESDS 接触的表面点对点电阻 $1\times10^{3}\Omega\sim1\times10^{10}\Omega$	内、外表面点对点电阻小于 $1\times10^{10}\Omega$
	防静电屏蔽包装内感应能量小于 50 nJ	
防静电服、帽	点对点电阻 $1\times10^{5}\Omega\sim1\times10^{10}\Omega$	点对点电阻 $1\times10^{5}\Omega\sim1\times10^{10}\Omega$
可接地防静电服	点对接地点电阻 $1\times10^{5}\Omega\sim1\times10^{9}\Omega$	点对地电阻 $1\times10^{5}\Omega\sim1\times10^{9}\Omega$
可接地防静电服系统	$1\times10^{6}\Omega\sim3.5\times10^{7}\Omega$	$1\times10^{6}\Omega\sim3.5\times10^{7}\Omega$
防静电鞋	鞋底电阻 $1\times10^{5}\Omega\sim1\times10^{8}\Omega$	鞋底电阻 $1\times10^{5}\Omega\sim1\times10^{8}\Omega$
防静电鞋套、脚跟带	鞋底导电带电阻 $1\times10^{5}\Omega\sim1\times10^{8}\Omega$	鞋底导电带电阻 $1\times10^{5}\Omega\sim1\times10^{8}\Omega$
防静电手套、指套	内、外表面点对点电阻 $1\times10^{5}\Omega\sim1\times10^{9}\Omega$	内、外表面点对点电阻 $1\times10^{5}\Omega\sim1\times10^{9}\Omega$
防静电腕带	腕带线缆端对端电阻 $(0.8\sim1.2)\times10^{6}\Omega$	腕带线缆端对端电阻 $(0.8\sim1.2)\times10^{6}\Omega$
	腕带套内表面对电缆扣电阻小于 $1\times10^{5}\Omega$	腕带套内表面对电缆扣电阻小于 $1\times10^{5}\Omega$
	腕带套外表面对地电阻大于 $1\times10^{7}\Omega$	腕带套外表面对地电阻大于 $1\times10^{7}\Omega$
腕带插孔	腕带插孔对接地点电阻小于 2Ω	腕带插孔对地电阻小于 2Ω
	腕带插头与插孔的拔出力大于 1.5N	腕带插头与插孔的拔出力大于 1.5N
电烙铁、吸锡器、热剥器、拆焊等手持电装工具	与 ESDS 电子产品的接触面对地电阻小于 2Ω	与 ESDS 电子产品的接触面对地电阻小于 10 Ω
	与 ESDS 电子产品的接触面电压小于 20 mV	
	与 ESDS 电子产品的接触面泄漏电流小于 10 mA	
镊子、毛刷、钳子、夹具等手持工具	与 ESDS 电子产品的接触面对可接地部位电阻小于 $1\times10^{9}\Omega$	与 ESDS 电子产品的接触面对地电阻小于 $1\times10^{9}\Omega$
自动取放、自动电装、环境试验等设备	—	与 ESDS 电子产品的接触面对地电阻小于 $1\times10^{9}\Omega$

续表 9-9

名　称	产品认证要求	监视和测量要求(符合性验证)
离子风机	静电衰变时间不大于 20 s(从±1 000 V 衰变到±100 V)	静电衰变时间不大于 20 s(从±1 000 V 衰变到±100 V)
	残余电压不大于 35 V	残余电压不大于 35 V
静电连续监测仪	由用户或产品规范规定	由用户或产品规范规定
注:上述限值适合于对静电敏感度在人体模型 HBM100V 及以上、带电器件模型 CDM200V 及以上和孤立导体±35 V 及以上的 ESDS 产品的静电防护技术要求。如果处置静电敏感度更高的 ESDS 产品,需要增加控制项目或调整限值。当提供了特殊处置过程和处置项目的设计文件,并提供验证报告之后,仍视为符合本标准要求		

表 9-10　EPA 内防静电用品、设备、设施检测周期

项目要求		检测周期				
		连续	天	月	半年	一年
防静电地面(地板、地垫)	接地连接	—	—	●	—	—
	点对点、点对地电阻	—	—	—	—	●
防静电工作台(台面、台垫)	接地连接	—	—	●	—	—
	点对点、点对地电阻	—	—	—	—	●
防静电储存架/柜点对点、点对地电阻		—	—	—	—	●
防静电椅/凳对地电阻		—	—	—	●	—
防静电移动设备(手推车、梯子、搬运车、吊车等)表面对地电阻		—	—	—	●	—
周转容器等静电防护包装表面点对点电阻和静电放电屏蔽性能		—	—	—	—	○
静电防护屏蔽包装外观完整性		—	●	—	—	—
佩戴腕带情况下人体对地连接		—	●	—	—	—
腕带插孔		—	—	—	●	—
防静电服	个人着装情况	—	●	—	—	—
	点对点电阻或对地电阻	—	—	○	—	—
穿着防静电鞋、鞋套情况下人体对地连接		—	●	—	—	—
电烙铁等电装工具接地电阻		—	●	—	—	—
镊子等手持工具接地电阻		—	—	—	●	—
自动取放、自动电装、环境试验等设备接地电阻		—	—	—	●	—
离子风机技术性能		—	—	—	—	●
静电接地系统	连续性、完整性	—	—	●	—	—
	公共接地点对电源保护地电阻	—	—	●	—	—
	交流设备导体阻抗	—	—	—	—	●
	专用地线接地电阻	—	—	—	—	●
人体静电综合测试仪、腕带测试仪、电烙铁测试仪等技术性能		—	—	—	—	●

续表 9-10

项目要求		检测周期				
		连续	天	月	半年	一年
静电连续监测仪	工作状况	—	●	—	—	—
	技术性能	—	—	—	—	●
非接触式静电电压表技术性能		—	—	—	—	●
环境温度、相对湿度		●	—	—	—	—
注：●表示必选；—表示不要求；○表示批次性抽查。应根据防静电用品、设备、设施的使用方式、条件、频度和年限等适当缩短检测周期						
a. 需要某种形式的检测标识，如标签、标牌或记录表格等 b. EPA 接地电阻(接地体与大地间的电阻)应每年检测一次 c. EPA 温度、相对湿度没有条件实现连续记录的，可每日定时记录不少于两次						

此外，防静电认证标准中的 IEC 61340-5-1 标准则较之前的标准新增了增静电防护产品认证要求，进一步优化了静电放电控制方案的管理要求，更好地发挥防静电作用。规定产品合格的可接受证据，包括：

(a) ESD 控制项目制造商发布的产品数据表：

1) 数据表应参考该项目要求的 IEC 测试方法。

2) 数据表限值至少应符合该 ESD 控制项目的限值。

(b) 来自独立实验室的测试报告：该测试报告应参考适用的 IEC 测试方法，其限值应符合标准中规定的该项目的限值。

(c) 组织内部产生的供自己使用的测试报告：该测试报告应参考适用的 IEC 测试方法，其限值应符合该项目的限值。

(d) 对于组织在采用标准之前安装的 ESD 控制物品，可以将持续的符合性验证记录用作产品合格证明。

在使用过程中的防静电具体措施有很多，其总的原则一是避免产生静电，即设法消除一切可能出现的静电源；二是消除静电，即是设法加速静电荷的泄放，防止静电荷的积累。

根据以上的基本思路，所采取的具体措施主要可从以下几方面进行。

① 避免使用产生静电的材料。采用专门的防静电的塑料及橡胶(在塑料或橡胶中添加碳黑或碳等导电剂)制作各种容器、包装材料、工作台垫、设备垫和地板等。其表面电阻在 10^5～10^9 Ω，这样使静电泄放慢，放电电流小，可防止电子元器件的损伤。

② 静电放电敏感器件必须采用防静电材料包装，如：静电导电泡沫塑料、防静电袋、防静电包装盒等。在器件验收和入库检查时应检查其是否采取防静电材料包装、包装是否完整等。装上器件的印制电路板应放入防静电袋中。

③ 操作者应穿防静电工作服和鞋子，不能穿化纤(尼龙、涤纶等)工作服和绝缘的鞋子，避免摩擦起电。

④ 静电防护区内的相对湿度应控制在 50%以上，增加环境的湿度，使缘绝体表面电阻大大降低，从而加速了静电的泄漏。

⑤ 对各种可能产生静电的物体和人提供放电通路。例如：车间的各种仪器、设备和电烙

铁头要接地良好。操作者人体使用接地的肘带、踝带、腕带(为安全起见,肘带、踝带、腕带必须通过1M左右的电阻接地),这种将所有导电表面进行静电接地的方法是泄放静电荷的基本措施,是很有效的措施。

⑥ 在不能用接地技术泄放静电荷时,可在工作环境安置空气电离器,用来中和物体上的静电荷。在工作台面,传送带或仪表面板上可涂抹专用抗静电剂,以便防止静电荷的产生和积累。

⑦ 线路设计时应合理选择器件,在满足规定电性能的前提下,应尽量选择静电损伤阈值高的器件。在电路设计中增加保护电路。

另外还应加强管理,强化工作人员的防静电意识,可从以下两方面进行:

- 对操作静电敏感器件的人员,应进行静电放电防护知识和技术的培训及考核,未经培训或没有通过考核者不允许上岗操作。
- 设置防静电工作区,并张贴防静电警示牌,如图9-4中的(a)或(b)所示。对静电敏感的半导体器件,应在防静电工作区内安装。

习 题

9.1 静电放电引起电子元件被击穿,是电子工业普遍、严重的危害之一,静电产生的方式主要有哪两种?请说出两种产生方式之间的区别。

9.2 人体静电和尘埃静电两种静电源在电子元器件的使用生产过程中可能都会引起半导体器件的损坏,其中人体静电带来的损伤较为普遍却也最容易被忽略。有哪些人体活动会导致静电的产生?尘埃静电会对哪些芯片制造工序造成影响?

9.3 静电放电(ESD)的放电模型有哪几种基本模型?

9.4 目前我们主要参考哪些标准对微电路的静电敏感度(ESDS)进行分类?器件的抗静电能力是由什么决定的?ESD失效阈值级别如何划分的?

9.5 简述静电损伤的特点。

9.6 简述EPA的构成要素。

9.7 简述常见的静电防护措施。

9.8 常见的人体静电防护用品包括哪些?请至少列出四种。

9.9 请为一航空航天电子产品的装配车间设计出适当的防静电措施。

9.10 对于作业台及椅子等工程使用物品的防护措施一般选择连接接地线,确保静电的释放路径。现有一个有带电可能性的火箭载人舱,其材料的表面电阻率在104～109Ω,并与接地线相连。另外由于使用的不锈钢板自身阻率较低,电流突然通过接地线就会造成器件破损和设备的漏电,为了保护操作人员的安全,请计算通路中至少要加入多少Ω的电阻。

9.11 请思考哪些工作设备应该接地?哪些设备不可接地?请分别举例说明。

第10章　电子元器件筛选

10.1　筛选的定义与目的

元器件的筛选指专为剔除有缺陷的或可能引起早期失效的或选择具有一定特性的元器件所进行的可靠性试验。在某批元器件产品的全部生产过程完成后，需要对成品元器件进行100%的筛选以剔除早期失效产品。

元器件筛选是提高元器件使用可靠性的重要手段。筛选虽然不能提高单个产品的固有可靠性水平，但是可以通过排除早期失效产品使整批器件的固有可靠性接近设计水平。在我国目前工艺水平仍有待发展的情况下，筛选可以有效保证出厂成品的批可靠性水平，提高产品的使用可靠性。

电子产品的典型失效率随试验或工作时间的增加呈现先下降、然后保持恒定、最后上升的趋势，由此绘制的λ(t)图像被形象地称为"浴盆曲线"(见图10-1)，大体可以分为Ⅰ、Ⅱ、Ⅲ三个区域。

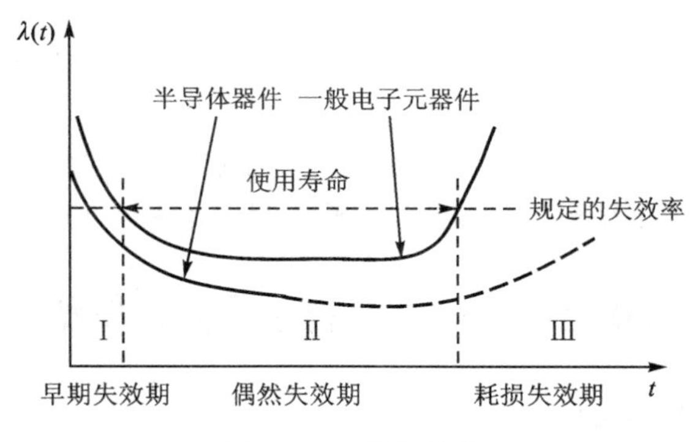

图10-1　浴盆曲线

Ⅰ区称为早期失效期：此阶段的特点是失效率很高，可靠性低，并且失效率随着试验或工作时间增加迅速下降。这表示批成品中混杂着质量低劣的早期失效产品，其成因主要为材料、设计和制造工艺的缺陷。即使是设计合理、工艺成熟、质量控制严格的生产线生产出来的产品也可能存在早期失效产品，它们的存在导致整批产品的使用可靠性大大降低。

Ⅱ区称为偶然失效期：此阶段的特点是失效率低且基本恒定。早期失效产品因故障而被剔除后，余下的产品进入稳定工作区。通常所指的使用寿命就是这一时期。该阶段的产品失效是由偶然不确定因素引起的，具有随机性。

Ⅲ区称为耗损失效期：此阶段的特点是失效率随试验或工作时间的增加迅速上升，出现大批失效产品。耗损失效是产品经过长时间的试验或工作后，产生退化或疲劳现象引起的。

引起早期失效的缺陷可分为三种类型：功能/性能缺陷、潜在缺陷和固有缺陷。

功能/性能缺陷和潜在缺陷均由制造过程中的材料或工艺缺陷产生。区别是存在功能/性能缺陷的产品可以通过一般的外观/内部检查、密封性检查或参数测试试验剔除,而潜在缺陷必须经过外加应力才能使其提早暴露。固有缺陷由设计过程产生,在整个生命周期内均可导致失效,除非修改设计否则无法以任何程序剔除这种缺陷,固有缺陷反映了产品固有可靠性的水平。

显然,如果在正式投入使用之前将存在功能/性能缺陷和潜在缺陷的产品剔除掉,余下的产品可以直接以稳定工作的状态使用,进入失效率低且恒定的时期,提高整批元器件的使用可靠性。

10.2 元器件筛选的特点

筛选具有以下特点:

① 对于性能良好的产品来说是一种非破坏性试验,而对于存在可剔除缺陷的产品来说应能检测出缺陷或诱发其失效。

对于具有潜在缺陷的产品,采用一般测试方法不能把它们剔除出来,只有对它们施加某种应力,使这些潜在缺陷被激活并导致产品失效,才能剔除掉。

② 筛选是100%的试验,而不是抽样检验。经过筛选试验,对批产品不应增加新的失效模式和机理。

③ 筛选虽不能提高产品的固有可靠性,但它可以提高批产品的可靠性。因为把潜在的早期失效产品从整批产品中剔除后,确保了出厂产品具有原设计要求的较高的可靠性。高可靠性的电子元器件的获得主要是靠对电子元器件的可靠性设计和严格的工艺控制,而不是靠可靠性筛选。

④ 筛选一般由多个试验项目组成。如常见的组成筛选的试验项目有显微镜检查、颗粒碰撞噪声检测、高温储存、温度循环、功率老练、电性能测试及密封性试验等。

10.3 筛选试验分类及介绍

筛选分为常规筛选和特殊环境筛选。

在一般环境条件下使用的产品只需进行常规筛选,而在特殊环境条件下使用的产品则除需进行常规筛选外,还须进行特殊环境筛选。常规筛选按筛选性质来分可以分为:检查筛选、密封性筛选、环境应力筛选和寿命筛选四大类。

10.3.1 检查筛选

检查筛选的目的是使用非破坏性的方式对元器件表面或内部的缺陷进行检测,可以剔除存在功能/性能缺陷的早期失效产品。常用的检查筛选试验包括外部目检、X射线检查和颗粒碰撞噪声监测(PIND)。

(1) 外部目检

外部目检主要检查已封装器件表面的工艺质量是否满足适用文件的要求。试验采用的设备应包括至少能放大10倍的光学设备,且应具有较大的可见视场。

若检查过程中发现以下情况,应当视作失效器件予以剔除:

① 元器件的外引线不应有机械损伤、断裂、锈蚀等现象；

② 元器件的主体不应有变形、颈缩、严重掉漆、开裂等现象；

③ 元器件型号、极性等标志应清楚、正确。

(2) X 射线检查

X 射线检查是非破坏性的筛选方式，主要检查封装内的缺陷，尤其是密封工艺引入的缺陷，如外来物质、内引线连接错误、芯片黏接不良、键合不良等。

(3) 颗粒碰撞噪声监测

颗粒碰撞噪声监测(PIND)主要检查内部存在空腔的元器件。此种元器件的内部空腔若混入冗余物如金属丝、硅渣、黏接材料等，往往会导致突然失效，并且此种失效通常难以复现。PIND 就是剔除此种缺陷的筛选方法。

通过施加适当的机械冲击应力使冗余物脱离腔体，再同时施加振动应力，使可动的冗余物与墙体碰撞，通过检测碰撞产生的噪声判断腔内是否有冗余物。

10.3.2　密封性筛选

密封性筛选的目的是确定具有空腔的元器件的气密性是否满足规范要求。密封性筛选也称为“检漏”，主要用于剔除管壳及密封工艺中存在的潜在缺陷如裂纹、焊缝开裂、微小裂孔等。

检漏分为粗检漏和细检漏，以漏气速率 1 Pa · cm^3/s 为分界。即等效标准漏率小于 1 Pa · cm^3/s 的任何泄露称为细漏，等效标准漏率大于 1 Pa · cm^3/s 的任何泄露称为粗漏。粗检漏用于检测漏率较大的器件，细检漏用于检查细微的漏气。

目前粗检漏最常用的方法是氟碳化合物(氟油)检漏试验，细检漏最常用的方法是示踪气体(氦)检漏实验。

氟碳化合物检漏试验的具体做法是：首先将器件浸入低沸点的氟碳化合物中并加压。若器件存在粗漏，氟碳化合物将进入内腔体。然后将器件取出再浸入高沸点的氟碳化合物中并升温，使低沸点的氟碳化合物沸腾并汽化。此时观察器件冒出气泡的情况和位置即可确定器件是否存在粗漏，并确定粗漏部位。

示踪气体检漏试验通常使用氦气作为示踪气体，具体做法是：首先将器件放入压力罐中并抽真空，再冲入氦气并加压。若器件存在细漏，则氦气将进入内腔体。然后将器件取出并放入氦质谱仪的检测盒中检测是否存在逸散出的氦气分子，以此判断器件是否存在细漏。

由于氟碳化合物很难通过细漏的缺陷进入内腔体，而氦气又很容易通过粗漏的缺陷泄露，这两种情况均会导致检漏仪检测不到缺陷的存在。因此两种检漏试验不能互相替代，一般要求均进行。

10.3.3　环境应力筛选

环境应力筛选(ESS, Environmental Stress Screening)的主要目的是通过施加加速的环境应力剔除存在潜在缺陷的早期失效产品。

进行元器件环境应力筛选时，所选取的应力种类和水平应快速激发出早期失效产品的潜在缺陷，使其提前发生失效；同时不应使合格器件发生失效、引入额外缺陷或消耗过多寿命。这是环境应力筛选的基本原理，也是选择筛选应力的要求。

根据美国环境科学学会(IES, Institution Environmental Sciences)发表的环境应力筛选

有效性报告,在各种常用的筛选应力中。温度循环和随机振动的筛选效率最佳。就温度循环与随机振动所筛出的缺陷加以比较,温度循环约占77%～79%,随机振动则为21%～23%。

温度循环和随机振动都是元器件在实际使用过程中最常见的恶劣环境应力,可以较好地模拟现场环境下的应力类型,较单一的高/低温试验和正弦定频/扫频振动试验的筛选效果效果更优。

以下对温度循环筛选和随机振动筛选进行介绍。

(1) 温度循环筛选

温度循环应力筛选的目的主要是考核测定元器件在短期内反复承受极端高、低温变化的能力,以及极端温度交替突变对器件的影响,以剔除因材料热胀冷缩性能不匹配、内引线和管芯涂料温度系数不匹配、芯片裂纹、接触不良等原因而造成的早期失效产品。

目前做温度循环有两种试验方法,一种是人工将器件来回往返放在高温箱和低温箱中感受温度的骤变。另一种方法使用高低温冲击箱,其工作原理是将器件安放在能移动的箱板上,箱板自动移至冷箱或热箱,从而使器件交替置于低或高温中。

(2) 随机振动筛选

随机振动筛选主要能剔除存在引线焊接不良、内引线过长等潜在缺陷的早期失效产品。试验方法一般是将元器件紧固在振动台专用的夹具上,并施加激励,模拟各种恶劣的随机振动条件以检验对元器件性能和可靠性的影响。

随机振动筛选较好地模拟了各种现场环境下出现的振动,其效果优于正弦定频振动和扫频振动,已越来越多的用于航空、航天用元器件的筛选中。

10.3.4 老炼(化)筛选

老炼(化)筛选指在一定的环境温度下、在较长的时间内对元器件施加连续的电应力,通过热/电综合应力的作用使潜在缺陷提早暴露以达到剔除早期失效产品的效果。

与环境应力筛选不同,老炼(化)筛选试验是在加电条件下进行的。不仅能起到剔除存在表面沾污、引线焊接不良、沟道漏电、硅片裂纹、氧化层缺陷、局部发热点等缺陷的早期失效产品的效果,对无缺陷的器件,老化试验还能起到稳定其电参数的作用。

老化的时间越长,温度越高,筛选的效果和效率都可以提高,但是盲目增加老化时间和温度也是不可取的,不仅成本增加,过高的温度可能对元器件本身造成不良影响。GJB 548 中规定了老炼温度和老炼时间。

10.3.5 特殊环境筛选

对于应用环境特殊的电子元器件,还应有针对性地进行特殊环境筛选,特殊环境筛选包括抗辐射筛选,冷热超高真空筛选、盐雾筛选、霉菌筛选,油雾筛选等。核辐射环境是目前的最恶劣环境,它对电子元器件会产生严重影响。宇航产品中使用的电子元器件受到宇宙射线的作用而使性能变差。如在γ射线作用下,COMS电路的参数会产生明显的变化:输出波形变坏,输出高电平变低,输出低电平升高。电位器对辐射的反应也非常敏感,电位器结构材料中的有机物,聚合物如清漆、黏合剂、绝缘混合剂、塑料等在中子辐射和γ电离辐射的作用下失去稳定性。通过辐射应力筛选,可以把抗辐射能力差的产品剔除。常用的抗辐射应力筛选试验包括总电离剂量辐照试验、中子辐射试验和单粒子效应试验。

元器件生产厂或使用单位并非对上述各项筛选项目都要进行，在实际选用时，主要依据实际产品的失效模式和机理，结合可靠性要求，实际使用条件以及工艺结构情况确定。表10－1列出了GJB548B方法5004中规定的S级和B级产品的筛选项目。

表10－1 GJB 548方法5004中规定的S级和B级产品筛选项目对比

筛 选	S级		B级	
	方法和条件	要 求	方法和条件	要 求
晶圆批验收[a]	5007	所有批		——
非破坏性键合拉力	2023	100 %		——
内部目检[b]	2010 试验条件 A	100 %	2010 试验条件 B	100 %
温度循环[c]	1010 试验条件 C	100 %	1010 试验条件 C	100 %
恒定加速度	2001 试验条件 E(至少)，仅Y1方向	100 %	2001 试验条件 E(至少)，仅Y1方向	100 %
目检[d]		100 %		100 %
粒子碰撞噪声检测	2020 试验条件 A	100 %[e]		——
老炼前电测试	按适用的器件规范	100 %[g]	按适用的器件规范	100 %[h]
老 炼	1015，240 h，至少 125 ℃	100 %	1015，160 h，至少 125 ℃	100 %
中间(老炼后)电测试	按适用的器件规范	100 %[g]		——
反偏老炼[j]	1015，试验条件 A 或 C，至少150 ℃下 72 h	100		——
中间(老炼后)电测试	按适用的器件规范	100 %[g]	按适用的器件规范	100 %[h]
允许不合格品率(PDA)计算	3 %	所有批	5 %	所有批
最终电测试	按适用的器件规范	100 %	按适用的器件规范	100 %
15 密封 a)细检漏 b)粗检漏	1014	100 %[l]	1014	100 %[l]
X射线照相[m]	2012 两个视图[n]	100 %		——
外部目检[p]	2009	100 %	2009	100 %
辐射锁定[q]	1020	100 %	1020	100 %

10.4 筛选方案设计

筛选方案设计包括两方面内容：一方面是根据元器件的失效机理和失效模式确定筛选项目，并确定每个项目的具体试验条件，包括试验应力水平，试验时间、测量参数、测量周期、筛选合格判据等。另一方面是把各个筛选项目按一定先后次序排列起来，成为一个完整的试验方案。

10.4.1 筛选项目的确定

筛选项目的确定是以元器件的失效模式和失效机理为依据的，不同类型的元器件其失效机理不同，进行的筛选项目也不一样。以下简要介绍常用种类元器件的筛选项目。

(1) 半导体集成电路的筛选项目

GJB597《半导体集成电路总规范》4.6条规定了质量保证等级为S、B、B1级器件应进行的筛选项目和程序按GJB548《微电子器件试验方法和程序》方法5004执行。每个器件应通过相应等级的所有筛选项目，不满足筛选程序中任一项判据的器件应在失效发生时或在该试验结束时立即从批中剔除。半导体集成电路的筛选项目主要有封装前的镜检、电参数测试、高温储存、温度循环、颗粒碰撞噪声检测、高温反偏、功率老练、密封性试验等。具体的试验方法参照GJB548执行。

(2) 半导体分立器件的筛选项目

GJB33《半导体分立器件总规范》4.6条规定了质量保证等级为JT、JCT和JY级器件的全部筛选项目和程序。每个器件应通过相应等级的所有筛选项目，达不到任一筛选试验判据的器件，应在失效发生时或在该试验结束时立即从批中剔除。半导体分立器件的筛选项目主要有封装前的镜检、高温寿命、温度循环、浪涌、恒定加速度、颗粒碰撞噪声检测、机械冲击、变频振动、密封、高温反偏、功率老化、X射线检查等。具体的试验方法参照GJB128《半导体分立器件试验方法》执行。

(3) 元件的筛选项目

大部分元件的筛选项目较器件筛选项目简单得多，常用的元件的筛选项目及试验条件如表10-2所列。

表10-2 常用元件的筛选项目及试验条件

元件种类		筛选项目	试验方法及条件
电阻器		直流电阻值测量 高温储存 温度冲击 功率老练或短时过载 外观及机械检查	详细规范 GJB360A 方法 108(125 ℃,96 h) GJB360A 方法 107 很少做功率老练，一般作2～5倍额定功耗1 h短时过载筛选
电容器	电解电容器	电参数测试 温度冲击 老　化 密封试验(适用于密封电容器) 外观及机械检查	详细规范(电容量、直流漏电流、损耗角正切) GJB360A 方法 107，试验条件 A 85 ℃，额定直流电压，至少 48 h GJB360A 方法 112
	非电解电容器	电参数测试 温度冲击 老　化 密封试验(适用于密封电容器) 外观及机械检查	详细规范(电容量、直流漏电流、损耗角正切) GJB360A 方法 107，试验条件 A 85 ℃，两倍额定直流电压，至少 48 h GJB360A 方法 112

续表 10－2

元件种类	筛选项目	试验方法及条件
电　磁 继电器	外观及机械检查	
	扫频振动	GJB65B 方法 4.8.11.1 规定的方法
	随机振动	GJB65B 方法 4.8.11.2 规定的方法
	PIND	GJB65B 方法 4.8.23 规定的方法
	内部潮湿	GJB65B 方法 4.8.3.1 规定的方法
	高温运行	GJB65B 方法 4.8.3.2a 规定的方法
	低温运行	GJB65B 方法 4.8.3.2b 规定的方法
	参数测试	详细规范（绝缘电阻、介质耐压、触点接触电阻、动作、保持和释放电压值、线圈电阻、动作和释放时间）
	密封试验（适用于密封继电器）	GJB65B 方法 4.8.5 规定的方法

10.4.2　筛选应力强度的确定

确定筛选应力强度的原则是能有效地激发隐藏于产品中的潜在缺陷，并使其暴露出来，但又不破坏性能好的产品。

元器件的失效概率与其使用的应力如电应力、温度应力、机械环境应力等有密切的关系。使用应力越高，其失效率也越高。图 10－2 表示了电子元器件的失效概率密度与应力强度间的关系。它是通过对电子元器件的应力试验及现场使用统计而获得的。

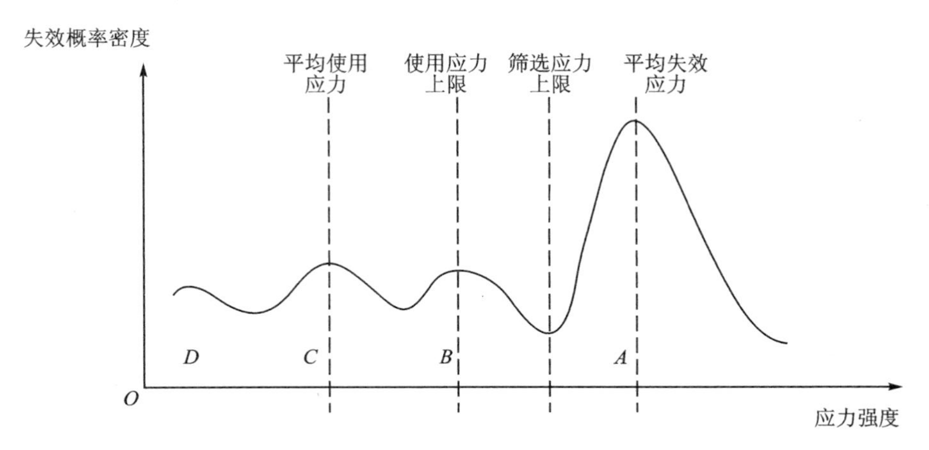

图 10－2　电子元器件（批次）应力强度分布曲线

图 10－2 中的区域 A 呈正态分布，表征可靠产品的失效特性，可靠产品的平均失效应力远在产品的平均使用应力之外。区域 B、C、D 表示使用中的不可靠产品的失效特性，其曲线表征状是不规则的，其中有些质量低劣的产品甚至在平均使用应力以下就出现失效。所以，应在可靠产品开始失效的应力强度以下（即不超过筛选应力上限）选择适当的应力强度作为可靠性筛选应力。

对于筛选应力量值的选取必须十分谨慎，应力量值太小，造成欠筛选，不能有效剔除早期失效的产品；应力量值过大，造成过筛选，可能改变原有的失效机理和增加新的失效模式。常用的应力类型有温度应力和振动应力,对于不同质量等级的元器件,施加的应力量值不一样,以温度应力为例,高质量等级的军用元器件,其温度循环应力为－55 ℃～125 ℃,工业级器件,其温度循环应力为－40 ℃～85 ℃,而民用器件的温度循环应力仅为0 ℃～70 ℃。确定筛选试验的应力类型和量值的原则是:

① 应能最有效地激发早期失效,即所施加的应力应是对失效机理能起最大作用的。

② 能将不可靠的产品剔除而不损坏可靠的产品。任何时候筛选应力的类型和量值都不得使产品由于承受过应力而改变其固有的失效机理。

10.4.3 筛选时间的确定

(1) 筛选时间确定的原则

筛选时间是与筛选试验项目和应力有关的,可通过摸底试验来确定。一般通过摸底试验可以作出筛选应力下的失效率分布曲线如图10-3所示。

选择筛选时间应是曲线转折点 t_{ef},即位于早期失效期的终端。

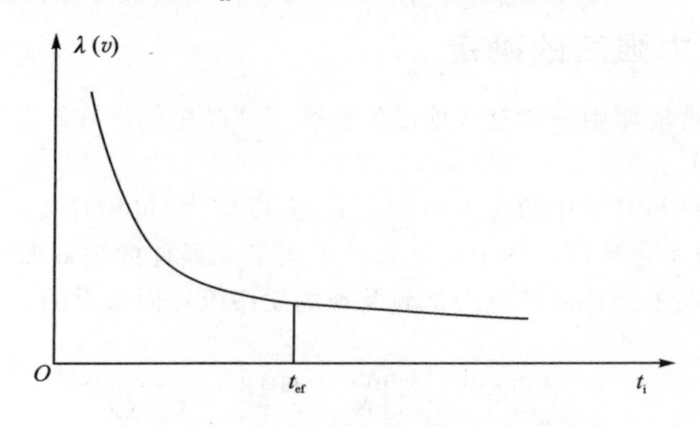

图10-3　筛选应力下的失效率分布曲线

(2) 筛选时间的定量确定

假设在一定的应力下某批次产品的寿命(故障时间)T 是一个随机变量,它由两部分组成:第一部分是具有早期故障特征的产品,其故障概率密度函数为 $f_1(t)$,其平均寿命为

$$\theta_1 = \int_0^{\infty} t f_1(t)\mathrm{d}t \tag{10-1}$$

第二部分是好产品,它的故障概率密度为 $f_2(t)$,它的平均寿命为

$$\theta_2 = \int_0^{\infty} t f_2(t)\mathrm{d}t \tag{10-2}$$

由于具有早期故障特征的产品的平均寿命 θ_1 远小于好产品的平均寿命 θ_2,故具有早期故障特征产品的存在会大大降低整批产品的平均寿命,如图10-4所示。

设在某种应力选择一个筛选时间 T^*,使产品筛选时间 T^* 后,把早期故障产品基本上筛选掉,仅有很少部分没有筛选掉,设早期故障产品未被剔除的概率为 p_1,即:

$$p_1 = \int_{T^*}^{\infty} f_1(t)\mathrm{d}t \tag{10-3}$$

p_1 为一个很小的数值,设好的产品被剔除的概率为 p_2,即:

$$p_2 = \int_0^{T^*} f_2(t)\mathrm{d}t \tag{10-4}$$

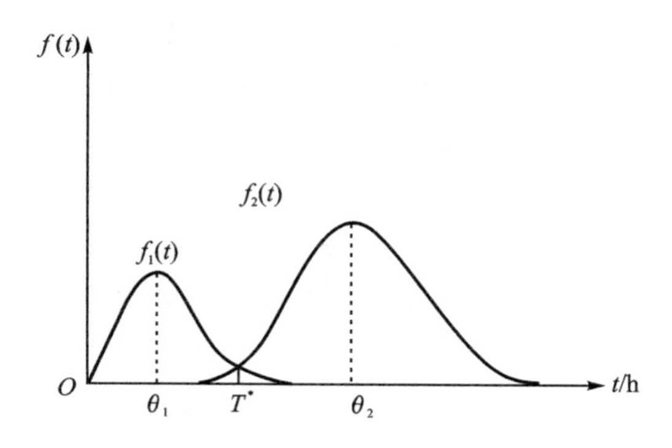

图 10-4　具有早期故障的产品的寿命分布

p_2 也很小，这样筛选后的平均寿命——剩余寿命将会很大提高。要使 p_1，p_2 都很小，必须要求 θ_1 和 θ_2 相差很大，即它们的差异比两者的寿命方差 σ_1 和 σ_2 要大得多，即：

$$\sqrt{\frac{\sigma_1^2+\sigma_2^2}{\theta_2-\theta_1}} \ll 1 \tag{10-5}$$

因此，在已知具有早期故障特征产品和正常产品的寿命分布的情况下，利用式(10-3)～式(10-5)可以选择一个合适的筛选时间 T^*，使 T^* 后产品的故障率低于要求的故障率。

10.4.4　筛选参数的确定

(1) 筛选参数的确定

要选择那些能灵敏地显示产品寿命特性(能预示产品早期失效)的参数来作为筛选参数。

例如电阻器可选择电阻值、电流噪声，电容器可选择电容量、损耗角正切、绝缘电阻(漏电流)，二极管可选择反向漏电流、反向击穿电压等，晶体管可选择集电极-基极间反向漏电流 I_{CBO}、直流放大倍数 HFE、集电极-基极击穿电压 BV_{CBO}，集成电路可选择输入电流、短路输出电流、输出电平等作为筛选参数。

(2) 电参数测量周期的确定

电参数测量周期根据具体情况确定。有些测量是在施加应力条件下进行的，如高温测试、低温测试等。有些是在试验后进行测量的，如高温储存、功率老炼等。如果采用参数漂移筛选技术(即通过筛选前后产品参数漂移是否超过判据值)进行筛选，则在该项目筛选试验前后都要进行测量(例如：热冲击、温度循环、老炼等试验)。

若某筛选项目所造成的产品电参数变化是可逆的，则应在该筛选项目结束后在规定的时间内进行测量。若某些筛选项目所造成的产品电参数变化是不可逆的，则可以进行若干项目的筛选后，合并进行一次测试。

10.4.5　筛选判据的确定

在筛选程序中，通常采用两类拒收判据，即合格/不合格判据和参数漂移极限判据。前者以元器件规范表中参数容差极限作为筛选的拒收判据，后者则以允许的参数最大漂移百分数作为筛选的拒收判据。前者很容易进行，只需把参数测量值与判据值进行比较便可知道合格与否。后者则需计算筛选前后参数漂移的百分数,而且参数最大漂移极限判据的确定比较复杂,因为不同应用场合对元器件的可靠性要求不同,所允许的参数最大漂移极限也不同,这就需要通过试验摸清产品参数漂移规律以及产品筛选期间的参数漂移量与产品使用寿命的相关性。

10.5 筛选效果的评价

理想的筛选效果是把所有早期失效产品全部剔除,同时又不把本来可靠的产品判为早期失效。事实上任何筛选方法也得不到这样的理想效果,只能要求所选择的筛选方法尽量接近这样的效果。实用评价筛选效果好坏的判据参量是筛选剔除率 Q、筛选效率 η 和筛选效果 β。

(1) 筛选剔除率 Q

$$Q=\frac{n}{N}\times 100\% \tag{10-6}$$

式中:n 为通过筛选被剔除的产品数;N 为参加筛选的产品总数。

在有可靠性指标的产品标准中应规定剔除率 Q 的上限值。当实际产品的筛选剔除率超过该上限值时,这批产品就不可能作为高可靠产品交付使用。如美国规定有可靠性指标的元器件筛选剔除率为:电阻器一般不超过 3%~10% ;电容器一般不超过 5%~10%;继电器不超过 10%。

从筛选剔除率的定义中可以看出,不能简单地以筛选剔除率的高低来评价筛选方法的优劣。剔除率太高,有可能是产品本身设计、材料、工艺等存在本质上的严重缺陷,但也可能是筛选应力强度太高;剔除率太低,有可能是产品缺陷少,但也可能是筛选应力的强度和试验时间不足。

(2) 剔除效率 η

被淘汰的早期失效产品的比例与未被淘汰的、非早期失效产品的比例的乘积,称为筛选效率,可用数学式表达为:

$$\eta=\frac{r}{R}\times\left(1-\frac{n-r}{N-R}\right) \tag{10-7}$$

式中:η 为筛选效率;n 为通过筛选被剔除的产品数;N 为参与筛选试验的产品总数;R 为受试样品中所含早期失效产品数;r 为被剔除样品中所含早期失效产品数。

从式(10-7)中可见,r/R 即表示试样中早期失效产品剔除的比例,比例越大,表示被剔除的早期失效产品越多。$(n-r)/(N-R)$即表示非早期失效产品被剔除的比例,显然要求它越小越好,如果越大,则错剔非早期失效产品的错误越大。上述式子综合考虑了防止漏剔早期失效产品和错剔非早期失效产品两种情况,所以可用筛选效率来评价筛选方法的优劣。不同的筛选方法,能淘汰的早期失效产品数不一样,因此 η 值也不同,η 是一个 0~1 之间的数,η 值越接近 1,筛选方法就越好。

当 $r=0$ 时,$\eta=0$,表示早期失效产品一个也淘汰不掉;当 $\eta=0$,表示正常工作的产品全部被淘汰掉。

当同时满足 $n-r=0$，$r=R$ 时，则 $\eta=1$，表示早期失效产品全部被淘汰，而正常工作的产品一个都没有被淘汰，此时的筛选效率最高。

(3) 筛选效果 β

$$\beta=\frac{\lambda_N-\lambda_S}{\lambda_S}\times 100\% \tag{10-8}$$

式中：λ_N 为筛选前产品失效率；λ_S 筛选后产品失效率。

筛选效果表示产品经过筛选后，失效率下降的百分比。β 的取值在 0 和 1 之间。当 $\beta=0$ 时，表示筛选毫无效果。当 $\beta=1$ 时，表示筛选后产品的失效率降到零。当 $\beta=90\%$ 时，表明筛选后的产品失效率大致能降低一个数量级。

从以上可以看出，用筛选效率 η 来评价筛选方案的优劣是比较好的，但由于批量产品中实际存在的早期失效产品总数 R 不知道，故这种方法在实践中无法应用。如果仅用筛选剔除率 Q 来评价效果是不全面的，因为如果 Q 越大，虽然表明剔除的产品多，但其中可能包含了不该剔除的正常产品。把筛选剔除率 Q 和筛选效果 β 结合起来评价就比较全面了。这时进行比较的几种方法取同样 Q 值，则 β 大者效果好。

(4) 筛选度

筛选度是指产品中存在对某一特定筛选敏感的潜在缺陷时，该筛选将该缺陷以失效形式析出的概率。以下以温度循环试验为例介绍筛选度的计算方法。

1) 温度循环试验的基本参数

表征温度循环的基本参数有：上限温度(T_U)，下限温度(T_L)，变化速率(V)，上限温度保温时间(t_U)，下限温度保温时间(t_L)和循环次数(N)，如图 10-5 所示。

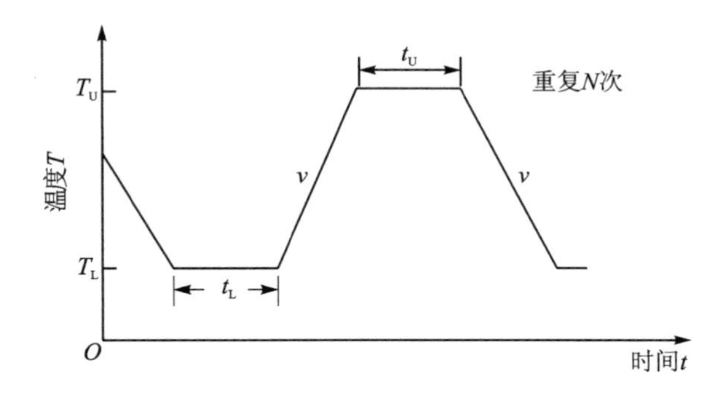

图 10-5　温度循环应力参数

2) 特　性

温度循环参数中，对筛选效果最有影响的是温度变化范围(R)，温度变化速率(V)以及循环次数(N)。增大温度变化范围和变化速率能加强产品的热胀冷缩程度和缩短这一过程的时间，增强热应力；而循环次数的增加则能积累这种效应。因此加大上述三参数中任意参数的量值均有利于提高温度循环筛选效果。

3) 筛选度

温度循环筛选度(SS)可按式(10-9)计算

$$SS=1-\exp\{-0.0017(R+0.6)^{0.6}[\ln(e+V)]^3N\} \tag{10-9}$$

式中:R 为温度变化范围($T_U - T_L$)℃;V 为温度变化速率℃/min;N 循环次数;e 自然对数的底。

10.6 特殊使用条件下进行的筛选

元器件的筛选由生产厂家按照相应的规范或供需双方签订的合同进行。由元器件的生产方进行的筛选试验称为“一次筛选”,但是当“一次筛选”的技术条件不能满足使用方对元器件的质量和可靠性要求时,使用方或委托单位可以再次进行筛选试验以补充生产方筛选的不足,达到使用要求。使用方进行的筛选试验有二次筛选、升级筛选类型。

10.6.1 二次筛选

(1) 二次筛选的项目和程序

对于国产电子元器件,在国军标 GJB548《微电子器件试验方法和程序》、GJB128《半导体分立器件试验方法》及 GJB360《电子元件试验方法和程序》中规定了很多试验项目。

“二次筛选”的试验项目可以参照一次筛选的试验项目,并进行适当地剪裁。但试验条件应按元器件的具体使用条件修订。针对不同的使用环境、不同的质量和可靠性要求、不同的技术标准规定,确定元器件的试验条件。由于经过二次筛选合格的元器件是要交付装机使用的,因此用于二次筛选的试验项目必须是无破坏性的。

将二次筛选的项目按先后顺序有机地组合在一起,组成了二次筛选的程序。确定二次筛选项目先后顺序的原则是:

① 费用低的试验项目应排在较前。因为这样可以减少高费用试验的器件数,从而降低成本,而恒定加速度、PIND、老炼试验这三项的试验费用较高,其排列顺序应按照实际情况进行合理调整。

② 安排在前的筛选项目应有利于元器件在后一个筛选项目中其缺陷的暴露。

③ 密封和最终电测试两项试验谁先谁后,需要慎重考虑。经电测试合格的器件再经密封性试验,也可能会由于静电损伤等原因引起失效。如果密封试验过程的静电防护措施得当,一般应把密封试验放在最后。

(2) 二次筛选中的 PDA 控制

PDA:Percent Defective Allowable——批允许不合格率,即对于某一批进行筛选试验的元器件产品,所允许的最大批缺陷率。当进行筛选试验后若批缺陷率大于 PDA,则整批器件拒收。

在引入 PDA 控制试验技术之前,经过筛选试验的元器件只有合格与剔除两种状态。失效件全部剔除,而合格件全部交付使用。而对这个批次的合格件的失效率和可靠性问题仍然一无所知。增加这一程序后,使用人员对通过筛选的元器件的可靠性就有了一定把握。

应用 PDA 时,首先应选定某一试验项目进行 PDA 控制,并将其称为 PDA 控制点;其次应根据可靠性要求确定 PDA 的取值;最后根据试验结果计算批缺陷率并判断是否接收。

例如:某批进行老炼试验的 1 000 只正常器件,规定其 PDA 值为 5%。若经过老炼试验后剔除了 51 只不合格器件,即该试验的批缺陷率为 5.1%。若未执行 PDA 控制试验技术,则合格的 949 只器件将交付使用。而执行 PDA 控制试验技术后,已经通过筛选的 949 只器件都将因其可靠性不达标而被拒收。

(3) 二次筛选程序示例

以下列举了某工程中常用种类元器件的二次筛选试验项目和程序。

① 半导体分立器件(密封型)的二次筛选项目、顺序及 PDA 见表 10-3。

表 10-3　半导体分立器件(密封型)的二次筛选项目、顺序及 PDA

顺序和项目 / 需做的项目 / 器件类别		常温初测	温度循环	恒定加速度	颗粒碰撞噪声检测	常温中测	高温反偏老炼	功率老炼	常温终测	高低温测试	密封性试验	外部目检
		1	2	3	4	5	6	7	8	9	10	11
半导体二极管	整流、检波二极管	√	√	按需要选做	√	√	√	√	√	√	√	√
	开关二极管	√	√		√	√	√	√	√	√	√	√
	其他二极管	√	√		√	√		√	√	√	√	√
双极型晶体管		√	√		√	√	√	√	√	√	√	√
闸流晶体管		√	√		√	√		√	√	√	√	√
场效应晶体管		√	√		√	√	√	√	√	√	√	√
光电晶体管					√	√		√	√	√	√	√
光电耦合器		√	√		√	√		√	√	√	√	√
项目 PDA(%)							10*				12	
总的 PDA(%)**		15										

* 表中高温反偏老炼与功率老炼只做其中一项时,则该项批允许不合格率为 5 %。

** 航空型号可按需要,其总的批允许不合格率的可供选择范围为 15%~18%。

② 半导体集成电路(密封型)的二次筛选项目、顺序及 PDA 见表 10-4。

表 10-4　半导体集成电路(密封型)的二次筛选项目、顺序及 PDA

顺序和项目 / 需做的项目 / 器件类别	常温初测	温度循环	恒定加速度	颗粒碰撞噪声检测	常温中测	高温功率老炼	常温终测	高低温测试	密封性试验	外部目检
	1	2	3	4	5	6	7	8	9	10
单片微电路	√	√	按需要选做	√	√	√	√	√	√	√
混合微电路	√	√		√	√	√	√	√	√	√
项目 PDA(%)						5			12	
总的 PDA(%)	15									

对于半导体塑封器件而言,不做 PIND 和密封型筛选试验,但是根据不同的筛选等级要求可额外进行 X 射线检查和扫描声学检测,以塑料封装半导体集成电路为例,规定的筛选项目和顺序按表 10-5 进行。

表 10-5 塑料封装半导体集成电路的筛选方法和程序

<table>
<tr><th>顺序和项目
需做的项目
器件等级</th><th>外部目检</th><th>温度循环</th><th>X射线检查</th><th>扫描声学检测</th><th>老练前电参数测试</th><th>静态老炼试验</th><th>常温测试</th><th>动态老炼试验</th><th>终点电参数测试</th><th>外部目检</th><th>PDA(%)</th></tr>
<tr><td></td><td>1</td><td>2</td><td>3</td><td>4</td><td>5</td><td>6</td><td>7</td><td>8</td><td>9</td><td>10</td><td>11</td></tr>
<tr><td>1级</td><td>√</td><td>√</td><td>√</td><td>√</td><td>√</td><td>√</td><td>√</td><td>√</td><td>√</td><td>√</td><td>5</td></tr>
<tr><td>2级</td><td rowspan="2">可选</td><td>√</td><td rowspan="2">可选</td><td>√</td><td>√</td><td>√</td><td>√</td><td>√</td><td>√</td><td>√</td><td>10</td></tr>
<tr><td>3级</td><td>√</td><td>可选</td><td>√</td><td>√</td><td>√</td><td>√</td><td>√</td><td>√</td><td>15</td></tr>
</table>

③ 各类电阻器、电位器、电阻网络和电感器的筛选项目和顺序及 PDA 见表 10-6。

表 10-6 电阻器、电位器、电阻网络和电感器的二次筛选项目、顺序及 PDA

顺序和项目 需做的项目 器件类别	常温初测	温度冲击	直流功率老化	常温终测	外部目检
	1	2	3	4	5
普通金属膜电阻器	√	√	按需要	√	√
精密金属膜电阻器	√	√		√	√
线绕电阻器	√	√	√	√	√
普通热敏电阻器	√	√		√	√
非线绕薄膜电位器	√	√	按需要	√	√
线绕电位器	√	√	√	√	√
金属膜电阻网络	√	√	按需要	√	√
小型固定电感器	√	√		√	√
总的PDA(%)	5				

10.6.2 升级筛选

1. 升级筛选的定义和必要性

元器件的升级筛选就是指把原来处于一定质量等级的一批元器件,通过一系列的筛选试验,使其应用于高于其质量等级的应用中。

按照国际通用的分类方法,元器件质量等级:美国微电路一般可分为宇航级、883B级、军用级、工业级和商业级,在航空航天任务中,大多采用宇航级或883B级产品,但由于宇航级器件批量小,制造周期长、市场需求量小等原因,大大挫伤了制造商开发宇航级及883B级器件的积极性,不少制造商退出了军品市场,使得宇航级或883B级器件越来越难以获得。而以塑封微电路为代表的商业级器件发展迅速,其性能高于军用器件1~2代,并且体积小、功耗低,成本远远低于军用器件,因此塑封微电路在军事领域的应用越来越广泛。

然而,最初塑封器件的设计宗旨是面向易于进行设备维修和替换的良好的应用环境,而非针对严酷工作环境的军用特别是航空、航天的高可靠应用领域,加之塑封材料的本质特性,仍存在潮气容易浸入、耐温度性能差等可靠性问题，用户难以了解有关塑封器件的可靠性特性，因此，在将塑封器件应用于航空航天领域时，应采取有效的可靠性保证手段，升级筛选就是其中之一。

升级筛选并不能提高元器件个体的质量等级。元器件个体的质量等级在设计、生产中已经确定，个体的质量等级从它形成产品时就已经固定下来。升级筛选只是通过一系列的试验验证，证明该批器件可以用于较高质量等级的应用并淘汰有缺陷的产品。它是解决低质量等级的元器件用于高可靠性领域的一种可靠性保证手段。

进行元器件升级筛选的意义在于：

① 有时用户选用的并非已拥有高质量等级的元器件，通过升级试验，增加了用户设计和选用的范围，从而可以满足高可靠工程型号对高可靠集成电路的需要，保证了高可靠工程的质量和可靠性水平的实现。

② 可以加快采购进度并降低成本。为用户提高整机可靠性水平提供一种元器件选用方式，已经在国内外许多重要的高可靠工程型号中应用，满足了工程型号对电路质量可靠性的要求，满足了工程进度要求。

③ 元器件升级筛选起到了质量把关作用。在实际的升级筛选中，发现一些批次元器件存在质量问题，如某型号进口集成电路 SNJ 54HC151J，在 DPA 中发现键合拉力不合格，决定整批器件不能在型号中使用。

2. 塑封微电路升级筛选项目与程序

塑封微电路(PEM)经升级筛选后可以应用在较高的风险级别项目中，以下介绍 NASA—GSFC 工程项目中塑封微电路的升级筛选试验情况。在 NASA - GSFC 工程项目中定义了三个风险级别。一级风险的固有风险最低，适用于关键工程，如单一串行(single-string)、单点失效(single-point failure)和任务使命关键。二级风险的风险较高，适用于一般用途的航天工程。但是经工程项目批准，也可应用于单一串行和单点失效的工程中。三级风险的风险未知，这是由于缺少正式的可靠性评估、筛选和鉴定，也由于未公示的设计、结构和材料的频繁更改。表 10 - 7 和表 10 - 8 分别列出了 NASA(美国宇航局)GSFC 工程项目以及 GJB7243 - 2011《军用电子元器件筛选技术要求》中推荐的不同应用级别塑封微电路的升级筛选项目和程序。

表 10 - 7　NASA - GSFC 工程项目中推荐的不同应用级别的塑封微电路升级筛选项目和程序

筛　选	试验方法和条件	1 级	2 级	3 级
1. 外部目检和编序列号	MIL - STD - 883 方法 2009，检查封装、引线变形，外引线和镀层及标记易读性和正确性	√	√	√
2. 温度循环	MIL - STD - 883 方法 1010，条件 B(或制造商规定的储存温度范围，取较小者) 温度循环最少次数	20	20	20
3. X 射线检查	MIL - STD - 883 方法 2012，检查引线偏移，外来物、空洞等	√	√	√

续表 10-7

筛 选	试验方法和条件	1级	2级	3级
4. 声学显微镜检查	检查模塑化合物与引线框架、芯片或芯片压焊点之间的分层(分别从顶部和底部检查),模塑化合物中的空洞和开裂,芯片黏接材料中的未黏合区域及空洞等	√	√	√
5. 初始(老化前)电测试	按元器件规范,在25 ℃及最低、最高额定工作温度	√ √	√ √	√ —
6. 静态(稳态)老炼试验,温度:125 ℃或最高工作温度	MIL-STD-883方法1015,条件A或B最少小时数取决于老炼温度	240 h,125 ℃ 445 h,105 ℃ 885 h,85 ℃ 1 560 h,70 ℃	160 h,125 ℃ 300 h,105 ℃ 590 h,85 ℃ 1 040 h,70 ℃	160 h,125 ℃ 300 h,105 ℃ 590 h,85 ℃ 1 040 h,70 ℃
7. 静态老炼后电测试,测试温度:25 ℃	按元器件规范,适用时应计算Delta(Δ)值	√	√	√
8. 动态老炼试验温度:125 ℃或最高工作温度	MIL-STD-883方法1015,条件D最少小时数	同7.	同7.	同7.
9. 终点电参数测试和功能测试	按元器件规范(25 ℃,最高和最低额定工作温度)	√	√	√
10. 计算批不合格品率	最大可接受的PDA值	5%	10%	10%
11. 外部目检/包装		√	√	√

表 10-8 GJB7243-2011推荐的不同应用级别的塑封微电路的升级筛选方法和程序

筛选项目	GJB 548B-2005		筛选等级		
	方法号	条 件	1级	2级	3级
1. 外部目检	2009.1	3~10倍放大镜或显微镜	要求	可选	
2. 温度循环	1010.1	条件B;或器件允许的高、低温,取要求低者	25次循环	15次循环	5次循环
3. X射线检查	2012.1	两个视图	要求	可 选	
4. C模式扫描声学显微镜超声检测(C-SAM检测)	参照GJB 4027A—2006方法1103第2.4条规定的方法和合格判据进行扫描声学显微镜检查		要求		可选
5. 编序列号	—	—	要 求		
6. 老化前电参数测试*	—	按适用的详细规范	要 求		

续表 10-8

筛选项目	GJB 548B-2005			筛选等级		
	方法号	条　件		1 级	2 级	3 级
7. 静态老炼试验 125 ℃或最高工作温度	1015.1	条件 A 或 B 老炼时间由老练温度和筛选等级决定	温度	老炼时间		
			125 ℃	240 h	160 h	160 h
			105 ℃	445 h	300 h	300 h
			85 ℃	885 h	590 h	590 h
			70 ℃	1 560 h	1 040 h	1 040 h
8. 室温电参数测试	—	按适用的详细规范		要　求		
9. 动态老炼试验 125 ℃或最高工作温度	1015.1	条件 D 老炼时间由老练温度和筛选等级决定 7.		要求(同序号 7.)		
10. 终点电参数测试 *	—	按适用的详细规范		—		
11. 外部目检	2009.1	3～10 倍放大镜或显微镜		—		
12. 计算 Δ 值和 PD	—	—		—		
13. PDA	—	—		5%	10%	15%
14. 高压蒸煮试验 * *	—	—		3(0)	可选	不要求

* 对 1、2 级筛选应做高、低温和室温测试;3 级筛选仅要求做室温测试。

* * 温度(121±3) ℃、相对湿度 100%、蒸气压力 205 kPa、蒸煮时间 96～98 h,试验前后在室温下测量电参数。

塑封器件升级筛选需要注意的事项如下:

① 飞行器所用元器件应进行 100 %筛选。

② 只有在生产过程中逐批经过严格控制的元器件,才允许在 1 级工程项目中使用。本文建议的筛选程序不可替代生产过程控制,而是作为减轻风险的一种措施。

③ 推荐元器件出入库的外部目检与编序列号及包装相协调,以减少操作及减少对元器件可能的损伤。序列号应当便于从顶部进行 C-SAM 检查。飞行器用元器件的操作和储存,均应采取防力学损伤、防静电损伤、避免污染和防潮等措施。

④ 为了简化操作,只要求进行顶部 X 光检查。重点关注元器件引线的移位和其他明显缺陷。根据顶视 X 光检查的结果和/或元器件结构,需要时可再进行侧面的 X 光检查。

⑤ 声学显微镜(C-SAM)用于检查元器件的芯片表面及引出端引线键合区的缺陷。除功率元器件外,检查只要求俯视。

- 芯片有聚合物涂层的 PEM,其引脚在管子内部的部分需要做顶面检查。芯片部分不需要检测,因为芯片涂层的声学阻抗低,会显现出一个虚假的分层。
- 对于功率元器件,芯片黏结底面的检查可用热阻抗测试来替代。
- 拒收判据

芯片与模塑化合物间任何可测量的分层。

引出端引线键合区的任何分层。

大于引脚内部长度 2/3 的分层。

⑥ 电测试：

- 除了按产品数据手册规定的参数和功能进行测试外，为了从批产品中挑选(精选)出质量更高的元器件供飞行器选用，可采用补充和/或创新的测试技术(例如：测试 IDDQ 漏电流，热阻抗，输出噪声等)。
- 应记录每个失效元器件的失效模式(参数或失效)。

⑦ 工程复查：

- C－SAM 检查不合格品超过10%的，可要求补充评估该批产品或其替换品的热-力学性能的匹配性。
- 大多数通过认证的 PEM 制造商应保证加工质量至少在 3σ 水平，这意味着超规范的元器件应少于0.27 %。室温下初始电测量中出现参数过度离散，可能是由于该批产品质量差，或是电测量前进行温度循环所产生的影响，或者可能是测试试验室存在问题的迹象。当出现过多不合格品时，基于所观察到的失效模式和失效分析结果，项目计划工程师(PE)应决定是产品批替换还是需要进行补充评估。初始电测试中出现过多的不合格品可提出批更换的正当要求。

⑧ 老化：

- 老化是一项复杂的和具体产品有关的试验。如有可能，应参考元器件制造商的意见。如果用户进行这项试验，应特别注意不要超过最大电流、最大电压和芯片温度的极限。
- 老化温度是促使缺陷产品失效的一种“应力”。在保证元器件特性保持在产品数据规范的极限范围内的前提下，老化温度通常比元器件的工作温度高得多。大多数 PEM 制造商采用125 ℃～150 ℃范围的温度，定期进行老化试验，以监控产品质量。然而，如果元器件工程师不能证明125 ℃是合适的老炼温度，则老化环境温度应按制造商提供的元器件规范规定的最高工作温度。
- 老化试验期间结温不应超过元器件的最大额定结温。
- 当芯片温度接近或超过模塑化合物(MC)的玻璃化转换温度(Tg)时，MC 的电性能和力学性能可能发生显著变化，有可能出现导致元器件失效的新的退化机理。由于大多数模塑化合物的 Tg 值均高于140 ℃～150 ℃，使125 ℃的老炼有一个必要的温度余量。如制造商采用低 Tg (Tg<120 ℃) 的模塑化合物，则 PEM 的可靠性难以评估。对这种元器件如果不补充大量的分析和试验，则不应在航天项目中使用。若怀疑产品批采用了低 Tg 模塑化合物，则推荐在老化试验前进行玻璃化转换温度的测量。
- 在一些元器件中，其输入端/输出端 ESD 保护电路的防静电能力随温度递降，与在室温下相比，在较低和/或较短的电压脉冲尖峰下这些电路更易翻转。因此，在老化试验期间应特别注意防止可能的电源线瞬态冲击。
- 若元器件经老化试验后，功能失效比例过大。即使失效总数在 PDA 允许范围内，也告知了该批次元器件可能存在严重批次可靠性问题。在这些情况下可要求对元器件进行补充试验和补充分析。
- 对所有的线性和混合信号元器件应进行静态老炼试验。如果元器件已承受动态老炼试验，则其静态老炼时间应减半。
- 在稳态条件下工作的元器件，如电压基准，温度传感器等，不要求进行动态老炼试验。
- 对(风险)2级和3级元器件只要求进行一种老炼试验，稳态或动态可任选。

- 在特殊情况下，对于元器件级别难以评估的部件，当技术可行和经济许可时，可以允许进行取代稳态或动态老炼试验的替代试验(例如板级老化)。项目计划工程师有责任提交一份说明替代试验的技术可行性和等效性的基本原理报告，以取得工程项目批准。不应图方便而任意用板级老炼试验替代元器件级老炼试验。

习　题

10.1 元器件筛选的定义是什么？为什么要对元器件进行筛选？

10.2 元器件筛选的特点是什么？

10.3 元器件筛选分为哪几类？

10.4 简要描述密封性筛选的原理，并解释粗检漏和细检漏一般均应进行的原因。

10.5 简述老炼筛选与高温筛选试验条件的区别，并分析两种试验的侧重点。

10.6 针对某批次元器件进行筛选时，假设正常元器件和早期失效产品的寿命分布分别符合正态分布 A 和 B。如果在某试验项目下 A～N(600,15)且 B～N(400,15)，那么这项试验是否能起到筛选的效果？如果在某试验项目下 A～N(600,5)且 B～N(100,5)呢？

10.7 如何评价筛选方案的优劣？

10.8 为什么要进行元器件的二次筛选？在什么情况下要进行二次筛选？

10.9 PDA 控制的目的是什么？如何实施 PDA 控制？

10.10 如果在某 PDA 控制点，规定 PDA 值为 10%，进行试验的器件总数为 500 只，那么为通过试验，剔除的早期失效器件不应超过多少只？

10.11 思考在哪些情况下需要对元器件进行升级筛选。

第11章 电子元器件破坏性物理分析

11.1 破坏性物理分析的定义与目的

11.1.1 破坏性物理分析的定义

破坏性物理分析(Destructive Physical Analysis)简称为DPA,是为验证元器件的设计、结构、材料和制造质量是否满足预定用途或有关规范的要求,按元器件的生产批进行抽样,对元器件样品进行解剖,以及解剖前后进行一系列检验和分析的过程。

11.1.2 破坏性物理分析的目的

关于破坏性物理分析的作用,国内外专家有许多精彩的评论,如一个日本可靠性专家在论述合格品分析中指出:制造产品的工厂也是制造缺陷的工厂。如何减少缺陷是工厂可靠性工作的重要工作。即使是合格品,同样可能存在缺陷。对合格品的分析就是采用与失效分析相似的技术方法,分析评估特性良好的元器件是否存在影响可靠性的缺陷。工厂在最后一道工序中,采取对合格品进行分析的措施,很容易早期发现制造工艺中的异常情况,有利于改进工艺提高产品质量。用户进行合格品的破坏性物理分析,有利于发现异常批次的产品,有利于判断自己购入产品的质量。

破坏性物理分析是借助于失效分析的一些手段,并以预防失效为目的而发展起来的,并对保证元器件的使用可靠性起着越来越重要的作用,也越来越引起了元器件使用者的广泛关注。

根据破坏性物理分析的结果信息可以拒收在生产中有明显缺陷或潜在缺陷的批次,对异常的批次采取适当的处理措施,并对元器件在设计、材料或工艺等方面提出改进措施。可有效地防止有明显或潜在缺陷的元器件装机使用,保证符合质量要求的元器件装机,降低了在系统试验和现场使用中因元器件固有缺陷所造成故障或失效的概率。

开展破坏性物理分析的主要目的体现在以下几个方面:

① 确定元器件生产方在设计及制造过程的中存在的偏离和工艺缺陷;

② 提出批次处理意见和改进措施;

③ 检验、验证供货方元器件的质量。

11.2 国内外开展破坏性物理分析的情况

由于破坏性物理分析在元器件可靠性的工作中的作用和地位越来越重要,一些部门和从事重要工程研制的公司制定出了相应的标准和要求,要求对用于重要场合的元器件进行破坏性物理分析。

从20世纪70年代起,美国NASA在航空、航天领域使用的元器件中首先使用了破坏性物理分析的方法，并取得明显效果。1980 年美国国防部颁布了美军标 MIL－STD－1580《元器件破坏性物理分析方法》"，标准中规定"对于有高可靠性要求元器件必须通过规范或合同强制实施 DPA"。1998 年 1 月发布的 MIL－STD－750D《半导体器件试验方法》第三次修订本中，对有关二极管和晶体管的破坏性物理分析的试验程序，又作了大幅度的修改，增加了大量新内容。

在 1980 年 12 月 22 日美国国防部发布的 MIL－STD－1547《航天器与运载用元器件、材料和工艺》中具体规定了 12 大类(含 32 小类)元器件应按 MIL－STD－1580 的规定进行 DPA。

在 1989 年 7 月 NASA 发布的管理标准 NHB5300.4(1F0)《NASA 空间飞行项目的电气、电子和机电(EEE)元器件的管理与控制要求》中，规定了元器件到货验收时以及存储期超过了规定期限时应进行破坏性物理分析。

在 2003 年 6 月 NASA 发布的管理标准 PEM－INST－001《塑封器件的选择、筛选和鉴定的规定》中还特别规定了塑封器件的破坏性物理分析。

欧洲空间局(ESA)开展元器件破坏性物理分析的时间较 NASA 稍晚，ESA 于 1981 年 4 月发布的标准 ESA－PSS－01－60《ESA 空间局航天器及有关设备的元器件选择、采购和管理》中，规定了要对 12 大类元器件进行破坏性物理分析。1988 年 11 月发布的该标准第二版中，明确规定了在元器件到货验收以及储存期超过了规定期限的元器件应进行破坏性物理分析。承包商(承担 ESA 项目的公司)应对半导体分立器件、集成电路、滤波器、可变电容器/电阻器、陶瓷电容器、钽电容器、继电器、晶体检波器、混合电路、开关、高压元器件、高频元器件和光电元器件按同一日期代号的种类各取 3 只做破坏性物理分析。并且，承包商不得委托元器件生产厂承担破坏性物理分析。在承包商认可并可控时，可以委托独立实验室承担破坏性物理分析。

我国航天系统自 20 世纪 80 年代起也开展了破坏性物理分析工作，从 20 世纪 90 年代在一些重要工程中进一步得到了实际应用，目前各航天工程中都提出了明确的破坏性物理分析的要求。自 1997 起，在一些航空工程中，也陆续提出了明确的破坏性物理分析的要求，保证了工程任务顺利进行。

2000 年发布了国军标 GJB4027－2000《军用元器件破坏性物理分析(DPA)方法》，并于 2006 年修订出版了 GJB4027A 版，该标准在 GJB4027－2000 的基础上，参考美军标 MIL－STD－1580B《电子、电磁和机电元器件破坏性物理分析方法》的有关补充及修订内容，根据我国的元器件实际生产情况，结合了当前国内外破坏性物理分析工作的一些经验与成果而重新修订改版的。

11.3　破坏性物理分析工作的适用范围和时机

11.3.1　适用范围

需进行 DPA 的元器件有以下几种情况：

① 应用于高可靠性要求领域中的元器件，如航天、航空及军用要求；

② 在电子产品或设备中,被列为关键件或重要件的元器件,如果失效,可能会导致产品故障或影响任务完成;

③ 其质量等级低于规定要求的元器件;

④ 超出规定储存期的元器件;

⑤ 对已装机的元器件需要进行质量复验的。

11.3.2 开展时机

进行 DPA 的时机主要有以下几种;

① 产品质量鉴定时进行,既包括国家授权的鉴定机构的鉴定也包括使用方的鉴定。

② 产品验收时进行,即在订货合同中提出需进行 DPA,下场验收时,使用方可现场监督生产方进行 DPA,或生产厂家出厂供货前,由有资质的第三方实验室进行 DPA,合格后才能供货。

③ 对于超过规定储存期元器件的质量复验,按 GJB/Z 123 的规定要求进行 DPA。

11.4 破坏性物理分析的工作方法和程序

GJB 4027《军用电子元器件破坏性物理分析方法》中规定了各类元器件 DPA 的方法。在实际工作中,可根据需要进行适当的增加和剪裁,包括抽样数量和试验项目等都可做适当的增加和剪裁。图 11-1 给出了 DPA 的工作流程。

DPA 的试验项目是由表及里,由非破坏性项目到破坏性项目,不得随意颠倒。由于破坏性物理分析是通过对抽样样品的分析来得出整批的元器件的质量水平,所以试验时应按程序仔细进行,防止因错误操作而导致器件出现缺陷和不合格,对整批器件质量状况进行误判,造成不必要的损失。

1. DPA 抽样方法

DPA 是破坏性试验,而其结果将用于批质量评价,因此必须随机抽取合适数量的样品进行试验。GJB 4027 中规定:对于一般元器件而言,抽取的样品数量应为批总数的 2%,但是不少于 5 只也不多于 10 只;对于结构复杂的元器件而言,抽取的样品数量应为批总数的 1%,但是不少于 2 只也不多于 5 只;对于价格昂贵或批量很少的元器件,样本大小可适当减少,但应经有关机构批准。有关机构包括:鉴定机构、采购机构或元器件使用方。

若 DPA 结果用于产品鉴定,则样品数不应裁剪。若并非用于产品鉴定,则可以根据采购数量和可靠性要求做适量裁剪。

目前用户单位在装机前进行 DPA 时,按工程型号的 DPA 规范进行抽样,一般会在 GJB 4027 的基础上进行剪裁,包括抽样数量和试验项目。

2. DPA 程序和试验项目

抽取合适数量的样品后,应按照 GJB 4027 各工作项目中的试验项目进行 DPA。由于各类元器件在种类、结构和生产工艺上都有很大差异,DPA 的试验项目也不尽相同。

例如对于单片集成电路,密封型封装和塑封型封装需要进行的 DPA 项目分别如表 11—1 和表 11-2 所列。

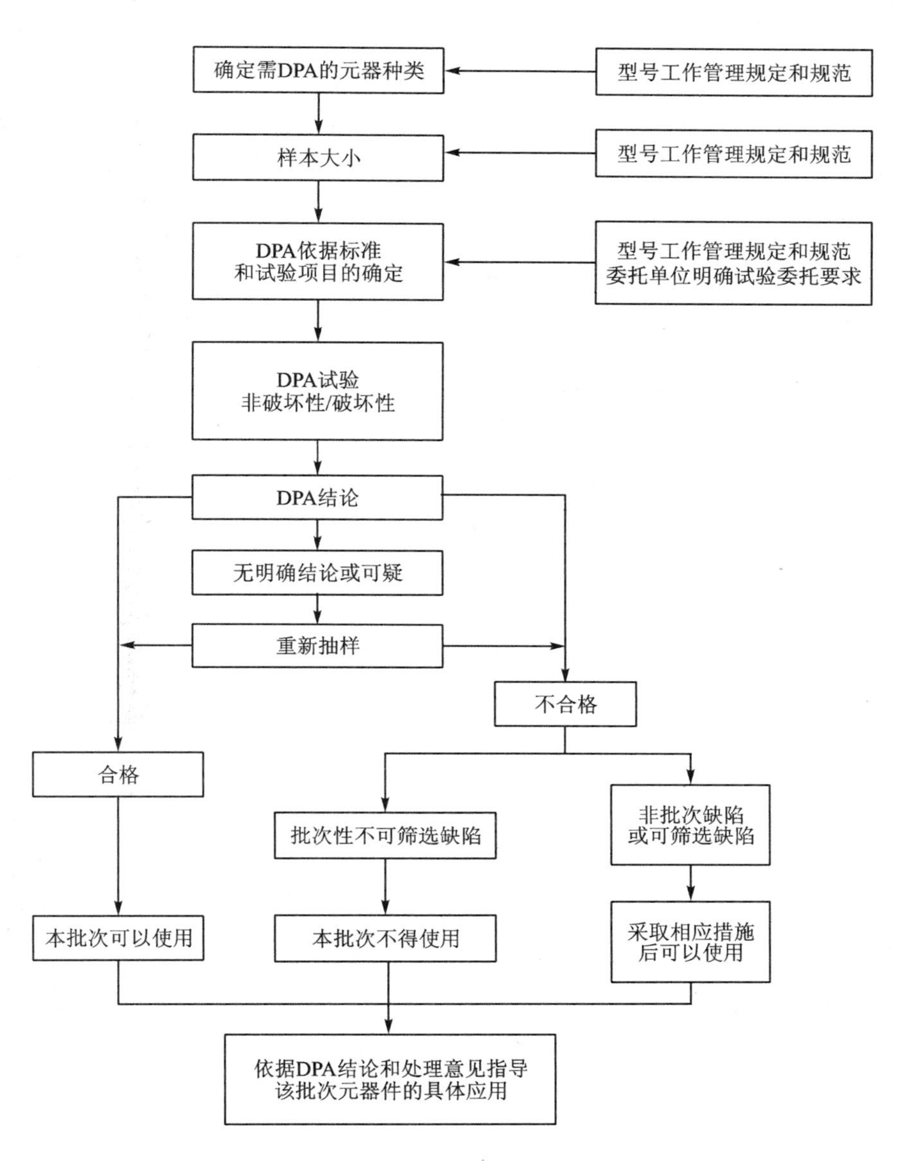

图 11－1　DPA 的工作流程

表 11－1　密封型单片集成电路 DPA 试验程序

序　号	试验项目	主要检查内容	试验方法号（GJB 548B）	可以发现的缺陷及可预防的失效模式
1	外部目检	结构、密封、涂覆或玻璃填料工艺中的各项缺陷，记录识别标记	2009	封装和镀层不合要求密封缺陷
2	X 射线检查	封壳内结构、芯片固定、内引线、多余物等	2012	结构错误多余物装配工艺不良

续表 11-1

序　号	试验项目	主要检查内容	试验方法号(GJB 548B)	可以发现的缺陷及可预防的失效模式
3	颗粒碰撞噪声监测(PIND)	封壳空腔内的可动颗粒	2020	空腔内可动颗粒引起的随机短路
4	密　封	密封性	1014	不良的环境气氛引起的电性能不稳定内部腐蚀开路
5	内部水汽含量	封装内的水气含量	1018	内部水气含量过高引起电性能不稳定内部腐蚀开路
6	内部目检	芯片金属化层、扩散和钝化层、划片和芯片、玻璃钝化层、介质隔离、膜电阻和激光修正、引线键合、内引线、芯片安装、外来物质等	2010	加工工艺缺陷引起的质量缺陷
7	键合强度	内引线键合强度	2011	键合强度缺陷引起的引线开路
8	扫描电镜检验	芯片表面互连、金属化层等与芯片制造有关的缺陷	2018	氧化层台阶处电迁移引起开路
9	芯片剪切强度	芯片的黏结强度	2019	芯片脱离管座引起的开路黏结不良,芯片散热不良造成过热烧毁

表 11-2　塑封型单片集成电路 DPA 试验程序

序　号	试验项目	主要检查内容	试验方法号(GJB 548B)	可以发现的缺陷及可预防的失效模式
1	外部目检	结构、引线、塑料包封层内的各项缺陷,记录识别标记	GJB 4027A 工作项目 1033	封装、引线不符合要求
2	X 射线检查	塑料包封层内结构、芯片黏接、内引线、引线框架等等	2012	结构错误、多余物、芯片黏接不良及装配工艺不良等
3	声学扫描显微镜检查	引线框架、芯片或引线引出端焊板的与塑封材料间的分层	GJB 4027A 工作项目 1033	塑封器件的内部的缺陷如芯片黏接不良、裂纹、分层、异物、空洞等
4	内部目检	芯片金属化层、扩散和钝化层、划片和芯片、玻璃钝化层、介质隔离、膜电阻和激光修正、引线键合、内引线、芯片安装、外来物质等	2010	加工工艺缺陷引起的质量缺陷
5	键合强度	内引线键合强度	2011	键合强度缺陷引起的引线开路
6	扫描电镜检验	芯片表面互连金属化层与芯片制造有关的缺陷	2018	氧化层台阶处电迁移引起金属化开路
7	玻璃钝化层完整性检查	芯片表面铝金属化层上淀积的介质薄膜的质量	2021	玻璃钝化层不完整性,失去保护芯片表面作用

可以看出，与密封型集成电路相比，塑封型集成电路的 DPA 项目中没有与空腔相关的试验，如 PIND、密封和内部水汽含量分析，而增加了特有的声学扫描显微镜检查(SAM)和玻璃钝化层完整性检查。

3. DPA 试验项目的裁剪

在 DPA 工作中，可根据可靠性的需要和 GJB 4027 的规定对试验项目和样本大小进行裁剪。在目前工程实际中采用较多的为"常规六项 DPA"，即裁剪后的半导体器件的 DPA 要求。

目前广泛使用的剪裁后的集成电路 DPA 试验程序分别如表 11－3 和表 11－4 所列。

表 11－3　密封型单片集成电路 DPA 试验程序(裁剪后)

序　号	试验项目	试验方法号(GJB 548B)
1	外部目检	2009
2	颗粒碰撞噪声监测(PIND)	2020
3	密　封	1014
4	内部目检	2010
5	键合强度	2011
6	芯片剪切强度	2019

表 11－4　塑封型单片集成电路 DPA 试验程序(裁剪后)

序　号	试验项目	试验方法号(GJB 548B)
1	外部目检	GJB 4027A 工作项目 1033
2	X 射线检查	2012
3	内部目检	2010
4	键合强度	2011

11.5　破坏性物理分析的结论与不合格品的处理

11.5.1　破坏性物理分析的结论

根据 GJB4027 规定，DPA 的结论分为以下四类：

① DPA 中未发现缺陷或异常情况，结论为合格。

② DPA 中未发现缺陷或异常情况，但样品大小小于相关规定，结论为样品通过。

③ DPA 中发现相关标准中的拒收缺陷，结论为不合格，但结论中应说明缺陷的属性(如批次性缺陷或可筛选缺陷)。

④ DPA 中仅发现异常情况，结论为可疑或可疑批，依据可疑点继续进行 DPA。

实际工程应用中并非出现缺陷就一律视为批拒收，应当分析缺陷的性质，若满足以下任意一点则构成批拒收：

- 缺陷属于致命缺陷或严重缺陷；

- 具有批次性缺陷；
- 具有发展性的且难以筛选的缺陷；
- 严重超过定量合格判据的缺陷。

11.5.2　不合格品的处理

对不合格批的处理根据缺陷属性和DPA的用途确定，工程实际中对DPA不合格批的处理方式如下：

① 鉴定时：在鉴定时进行的DPA中，如果发现拒收的缺陷应按鉴定DPA不通过处理。

② 验收时：在验收时进行的DPA中，如果发现拒收的缺陷应按整批拒收处理。只有当缺陷是可筛选时，可允许生产方进行针对性筛选后，加倍抽样再次进行DPA，若不再发现任何缺陷，可按通过处理。

③ 超期复验时：在超期复验时进行的DPA中，如果发现拒收的缺陷应按整批报废处理。只有当缺陷是可筛选时，可进行针对性筛选后，加倍抽样再次进行DPA，若不再发现任何缺陷，可按通过处理。

④ 已装机的元器件质量验证时：在已装机的元器件质量验证时进行的DPA中，如果发现拒收的缺陷，一般应对已装机同生产批的元器件作整批更换处理。当设计师进行FMECA后，并经评审确认该元器件的损坏，不致导致型号任务的失败或严重影响型号任务的可靠性，也可不做整批更换处理。

11.6　破坏性物理分析案例

11.6.1　案例1：器件键合工艺缺陷存在"零克点"

1. 案例简介

产品内部存在内引线浮起现象，键合强度未达到要求。

2. DPA项目和程序

DPA项目和程序：外部目检、PIND、密封、开帽、内部目检、键合强度、抗剪强度。

DPA不合格项目：内部目检、键合强度。

3. 分析过程和结果

内部目检时，两只器件均发现有多根内引线浮起，即为"零克点"(见图11-2)，箭头所指为已浮起的键合点。键合强度试验发现有多根内引线的键合强度达不到规范要求。"零克点"属致命缺陷，属批次性缺陷，必须整批报废。

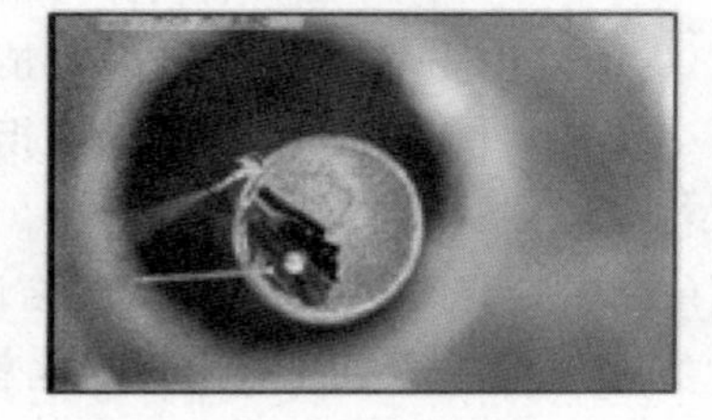

图11-2　内引线浮起——零克点

经对该厂的调查、分析，发现生产方存在着各种严重的影响产品质量的问题，包括技术失控、设备陈旧等。后经购置新设备、更改工艺方法、技术攻关并选用高质量的管壳，终于生产出合格的产品保证了型号任务的需要。

11.6.2　案例 2:器件制造工艺落后

1. 案例简介

器件腔体内存在大量金属多余物。

2. DPA 项目和程序

DPA 项目和程序:外部目检、PIND、密封、开帽、内部目检。

DPA 不合格项目:内部目检。

3. 分析过程和结果

内部目检时发现严重缺陷:腔体内有大量的金属多余物,如图 11-3 所示。内部的多余物目前还是不可动的,因此 PIND 试验并未发现有多余物,但此种器件在使用过程中,腔体内的多余物会因环境温度的变化或振动的冲击可能剥落,造成器件短路引起失效。

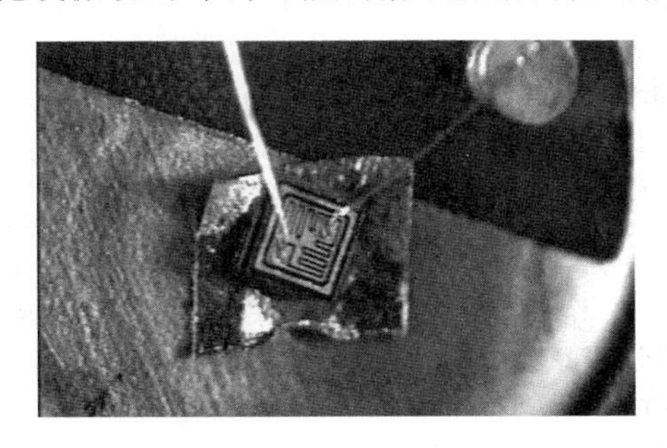

图 11-3　大量金属多余物

金属多余物是多余的芯片键合材料。芯片的键合采取了共晶焊,但金焊片的尺寸与芯片不匹配远远大于芯片的尺寸,是在生产过程中控制不严而造成的。

从以上的实例可以看出,虽然这些器件已通过了一定筛选,但还存在着严重的缺陷,而且还是批次性的缺陷,如果将这些器件装上机,对整机可靠性危害是很大的。

11.7　假冒伪劣元器件的识别

11.7.1　假冒伪劣元器件的定义

假冒伪劣元器件是指未经授权或许可的仿制品或者替代品,或者是供应链中的供应商故意提供不符合原产品材料、性能及参数的产品。

随着集成电路供应链全球化发展、我国每年都要引进大量的国外厂家生产的元器件,由于采购渠道控制存在着一定问题,市场上存在着一些假冒的元器件。不法人员或代理商为了获取更多的经济利益,是采用打磨、涂覆、翻新等手段对器件进行特殊处理,伪造生产了各类元器件,伪冒元器件可能也已渗透到我国军用装备中,国防安全遭到威胁。为此,应高度重视军用集成电路供应链安全,从战略、管理、技术等层面采取相应的措施,确保武器装备的可靠性。

11.7.2 假冒伪劣元器件的识别方法

国外有较多的组织开展了假冒器件的识别研究，主要的方法为《SAE AS5553B－2016 发现、避免使用假冒电子、电气、机电(EEE)零件并减少其危害和处置方案，国内也开展了相关的技术研究。在进行 DPA 分析过程中，除按 DPA 标准、规范中要求进行正常检查外，还需增加一些物理特性的检查，如元器件的封装、标识、涂覆等。

识别假冒伪劣元器件的主要方法如表 11－5 所列。

表 11－5 识别假冒伪劣元器件的主要检查方法

序 号	试验项目	可识别的假冒伪劣产品迹象
1	外部目检	模具的内部标记不平滑、凹痕、缺失等 封装表面可见打磨或明显的方向性划痕、磨损等痕迹 器件正面和背面边缘的拐角半径有差别，或边缘过于平直，缺少适当的弧度 存在喷涂迹象(如需要可进行进一步的涂覆层试验) 封装表面出现表明可能存在热应力导致的裂纹或损伤 同日期/同批号的封装类型、引脚或引线框架不一致 封装体的厚度不均匀、物理尺寸不一致(测量时一般至少抽取 3 个并记录)
2	器件标记检查	标志不符合原厂命名规格的标记内容和格式要求，厂家的 logo 标识不符合厂家的规定 元器件激光打标或喷墨、印刷打标质量很差，重新进行印刷或激光标识 同日期/同批号器件来自不同原产地，制造商产地与 OCM 的组装地点不一致；同日期/同批号器件采用不同的标记方法或样式 器件表面可见原来的部分标记；同一批器件上有许多不同的生产日期代码 错误的生产批号或日期代码，例如 57 周，或日期代码与原始器件制造商提供的停产日期相抵触，如批次号或生产日期代码在原厂的停产日期后 标记不专业，或采用混合字体，或混“0”或“O” 标识不清或不牢，如需要，可进行耐溶剂性检查或涂覆层试验进一步验证
3	引脚检查	引脚末端断面未露出切筋所露出的铜金属基材或引线框架的基材 引脚镀层厚度不均匀或镀层覆盖区域不一致或不平整的重新镀覆 引脚缺失 过焊接加长引脚 引线内侧和外侧面有刮痕，有被用过的痕迹，或有非成形工具形成的痕迹 通引脚存在镀层腐蚀、脱落或氧化变色，污垢，或多余物(如需要可做能谱的成分分析进行确认) 引出端镀层和涂覆与原始器件制造商数据手册不符(可做能谱的成分分析进行确认)
4	BGA 封装及其互连	焊球下方的基板上存在划痕 焊球的颜色、大小和形状不一致 焊球之间焊料碎渣或残余物 阻焊膜损坏 阻焊膜上有锡渣 阻焊膜补漆或修复 重新植球的迹象

续表 11-5

序　号	试验项目	可识别的假冒伪劣产品迹象
5	耐溶剂性检查	验证标识的耐溶剂性，适用于采用喷墨、印刷打标的元器件，可按 GJB548 方法 2015 进行，可用棉签对标识及基体分别擦拭。有标识被擦掉、棉签变黑、起皮等现象应判为不合格
6	涂覆层试验	目的是验证器件是否使用喷涂的涂覆层来掩藏打磨痕迹或覆盖原标记。当怀疑器件表面有喷涂形貌或有涂覆层或其他可疑情况时，可采用此方法进行验证。有棉签变黑、涂层起皮、擦拭部位变色、怀疑的喷涂区和非喷涂区的有明显对比等现象应判为不合格 丙酮试验： 将被试样品的一半或者一个角落浸泡在丙酮溶液中，把温度维持为 25 ℃(1±5) ℃ 。将样品浸在丙酮溶液中至少 20min，浸泡完成后，将器件漂洗干净吹干。然后用棉签擦拭被丙酮浸透的器件的表面。若浸泡后，器件表面未见明显涂层则采用下一步的方法进一步验证 刀片刮擦试验和溶剂加热试验： 涂覆层可能是经过加热固化的不溶于丙酮的环氧树脂，此时丙酮试验将无法去除涂层。可用锋利的刀片刮通过丙酮试验的元件，当表面有材料的剥落时表明器件上有不溶于丙酮的涂层。此时可将重新打标的器件进行 N-甲基-比咯烷酮溶剂试验，将器件一半的封装插入到加热(180 ℃)的溶剂中，保持 2～5 min，然后从溶液中取出来并用棉签进行擦拭，并与未浸入部分比较。标记全部脱落、抹掉或退色、变模糊，则视为不合格。应保存试验前、试验后的照片以清楚地显示结果
7	X 射线检查	同批次的器件内部引线框架、芯片及内引线的位置、尺寸是否一致；是否与制造商的数据手册或以往做过的结构是否一致
8	扫描声学显微镜检查	有的假冒伪劣器件是把原有字符去除后重新打标，在制作处理过程中，电子元器件易受潮气和高温等各种应力的作用，除按 GJB4027 的 SAM 检查要求外，还应注意检查有无存在重新研磨或重新打标痕迹及损伤，是否还存在有除上表面的标识符以外的字符
9	内部目检	除按 GJB4027 和 GJB548 方法检查外，还应关注是否有以下缺陷： 芯片上有表明该芯片被原厂拒绝的墨点；焊接内引线的形貌、焊点的位置、尺寸差异较大，表明工艺较差；芯片上是否存在过电应力，如熔融金属，氧化层破裂和过热等；因潮湿或污染物进入封装体内造成的任何腐蚀等；芯片标识、黏接工艺、内引线材料键合方式等与厂商工艺或与以往分析有明显偏离和不同。(芯片的版图是否与原厂商产品型号相符合的芯片须做深入的对比，一些芯片也可能不包含任何标记。内部芯片上的数字可能与产品型号并不相同)；芯片厂商标识与外封装厂商不一致，且无法证明是原厂授权的封装厂商。一般发现同批次电子元器件内部具有不同结构，键合尺寸、黏接工艺有明显不良时，可确认为不合格
10	扫描电镜检查	在前面试验发现异常时，可通过 SEM 对成分的符合性进行确认，或对形貌、缺陷的放大检查和确认。通过与厂家手册的对比，确认是否有不符合原厂的材料和工艺

11.7.3　假冒伪劣元器件的识别案例

1. 案例 1：标识为同批次的器件实际为不同型号的器件

(1) 案例简介

对产品进行 DPA 时发现三只器件的引脚数、内部结构与芯片完全不同，实际为不同型号的器件。

(2) 不合格 DPA 项目

不合格项目:外部目检、X光检查、内部目检。

(3)分析过程和结果

依照检查的顺序,分别对器件存在的问题进行分析。

外部目检发现外封装引脚数目不同:在进行外部目检试验过程中发现,3只器件的外标识完全相同,但3只器件样品的引脚数量不相同,其中两只为14个引脚,另外一只为16个引脚,见图11-4。照片中上面两只器件有14个引脚,下面一只器件有16个引脚。

正常器件的引脚数量应该是14个,该三只器件中16个引脚(1#)的器件肯定存在问题。

① X光检查发现内部结构不同:在外部目检发现问题后,对该样品进行X光检查,重点检查该3只器件样品的内部结构的差异。X光检查照片见图11-5。

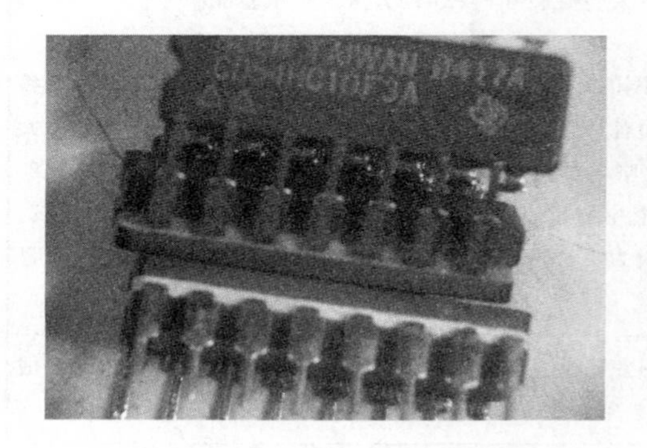

图 11-4 外引脚数量不相同

图 11-5 X光检查——内部结构不同

从图中可以看到,3只器件的内部结构完全相同,3只器件的芯片尺寸有相当大的差异;而且同为14个引脚的两个器件的封装基座也不同。标称为同一批的3只器件在结构、工艺上有很大不同。

② 开帽内部目检,内部芯片完全不同:对该批次器件样品开封,进行内部目检,对前面发现的问题进行验证。

图11-6、11-7、11-8是器件内部全貌。通过以上三张内部全貌照片的对比,可以发现:三只器件的芯片形状,芯片面积,芯片黏接方向,引线框架结构都有很大的不同。

图 11-6 1#内部全貌(16pin)

图 11-7 2#内部全貌(14pin)

1#器件外引脚有16个,芯片键合丝为16根;

2#器件外引脚有14个,但键合丝为12根,

图 11－8　3＃内部全貌(14pin)

3＃器件外引脚有 14 个,键合丝为 14 根。

图 11－9、11－10、11－11 为三只器件的芯片全貌照片:

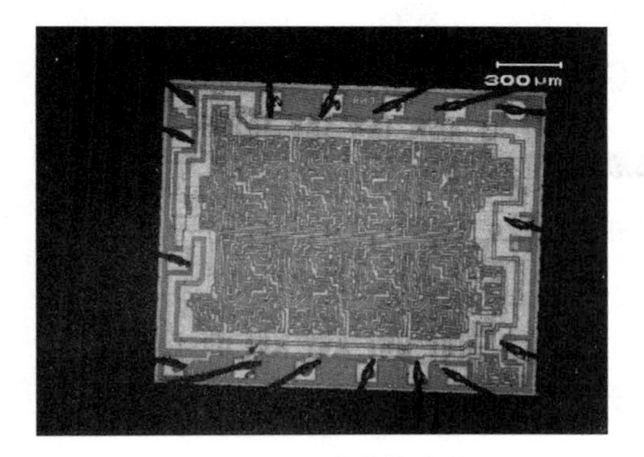

图 11－9　1＃芯片全貌

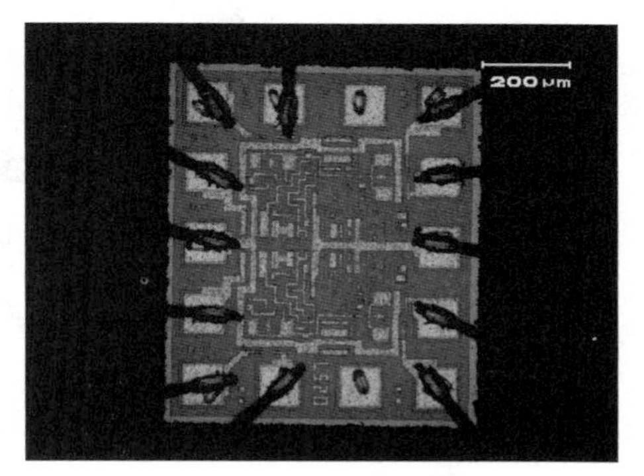

图 11－10　2＃芯片全貌

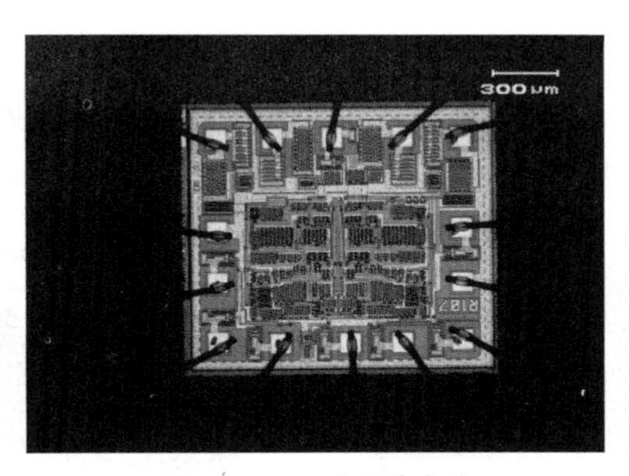

图 11－11　3＃芯片全貌

很明显,三个芯片的版图不同,根本不属于同一种器件。

③ 综合分析:通过以上各试验,可以做出判断,作为标识为同型号、同批次的三只器件,实际上为三只完全不同的器件。

2. 案例 2:塑封器件打磨后重新打标造假情况

(1) 案例简介

对产品进行检查时发现存在将原标识打磨后重新进行打标的现象。

(2) 不合格 DPA 项目

不合格项目:扫描声学显微镜检查。

(3) 分析过程和结果

利用扫描声学显微镜检查发现器件存在打磨后重新打标的现象,即假冒器件,如图 11-12 所示。

图 11-12 塑封器件器件重新打标现象(假冒器件)

3. 案例 3:经过打磨翻新的假冒元器件

(1) 案例简介

对产品使用扫描电子显微镜进行检查时发现器件表面存在打磨翻新的情况。

(2) 不合格 DPA 项目

不合格项目:扫描电子显微镜检查。

(3) 分析过程和结果

利用扫描电子显微镜对陶瓷封装的器件表面的打磨翻新等造假情况进行鉴别,如图 11-13 和图 11-14 所示。

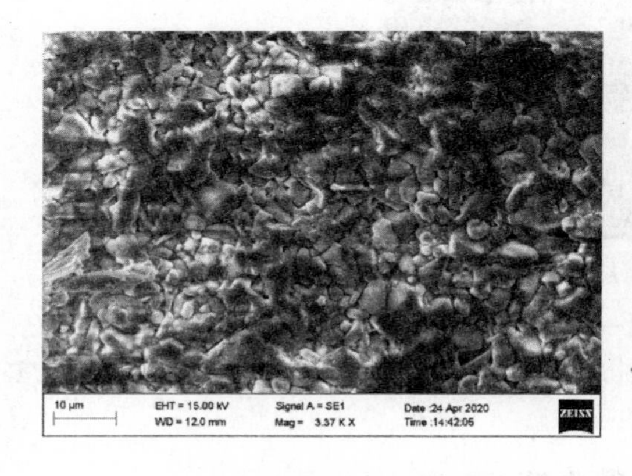

图 11-13 正常的陶瓷微组织结构

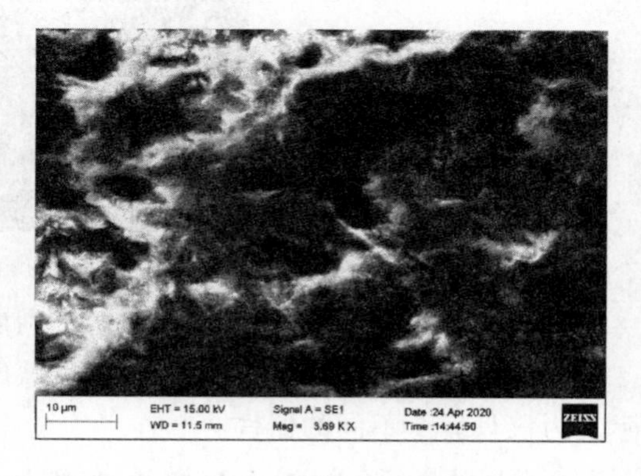

图 11-14 打磨后的陶瓷微组织结构

习　题

11.1 破坏性物理分析(DPA)的定义是什么?

11.2 破坏性物理分析的工作适用范围和时机是什么?

11.3 简述密封型集成电路与塑封型集成电路 DPA 试验项目的异同,思考产生差别的原因。

11.4 破坏性物理分析的结论有几类?什么类型的缺陷构成批拒收缺陷?

11.5 破坏性物理分析和筛选都是保证元器件使用可靠性的重要工作,思考为什么经过筛选合格的元器件还需要进行破坏性物理分析?

11.6 若破坏性物理分析的结果为不合格,对于不合格批的处理方法有哪些?

11.7 制造假冒伪劣元器件的手段有哪些?

11.8 除常见的 DPA 试验项目外,还有哪些识别假冒伪劣元器件的方法?

第12章 电子元器件失效分析技术

12.1 失效分析的基本概念

12.1.1 失效分析

失效分析(Failure Analysis)是对已失效的元器件进行失效模式、失效原因和失效机理的确认、分析过程。对失效的元器件采用电测试以及先进的物理、化学等分析技术,并结合元器件失效前后的具体情况进行分析,以确定元器件的失效模式、失效的原因和失效机理。

12.1.2 失效模式

失效模式就是元器件失效的表现形式,例如半导体的开路、短路、无功能失效、参数特性退化(劣化)等。

12.1.3 失效原因及失效机理

失效原因就是引起失效的原因,即造成元器件失效的直接关键因素。失效原因通常可分为内因和外因两种,失效机理是失效的内因,就是引起器件失效的物理或化学变化等内在的原因。失效机理的研究是对失效产品的物理、化学变化深层次方面的研究。

12.2 常见电子元器件失效分析工作内容及流程

12.2.1 失效分析工作内容

失效分析是综合学科,它跨越各种领域并把相关的技术综合在一起。失效分析有时需将元器件设计、制造、使用等几方的人员召集在一起共同分析讨论,从元器件设计、制造、使用、失效表现、设备设计和制造以及可靠性管理等方面进行综合分析研究,这样才可能找出导致失效的真正根源,并采取科学合理的纠正措施,提高元器件的固有质量或使用可靠性。

失效分析工作的主要内容包括:明确分析对象,确定失效模式,判断导致失效原因,研究失效机理,提出预防措施(包括设计改进、合理应用等方面)。

1. 明确分析对象

首先明确失效对象及失效发生的背景。要注意记录下失效元器件的失效现象、失效时的环境条件、在系统的位置和作用、失效发生的阶段及经历等,提供详细的失效信息,以帮助失效分析人员尽快找出故障原因。对委托方提交的样品,分析人员通过外观检查、电学检测以及显微镜光学观察等手段确认失效现象,在条件许可的情况下,尽可能地复现失效。另外有时会出现一些本身是好的元器件,结果由于测试错误而误判为失效,因此需要对委托方提交的失效样品进行复验,以明确分析对象确实失效,避免无效的工作。

2. 确定失效模式

失效模式为元器件失效的表现形式,失效模式一般通过观察或电性能测试可以确定。通过立体显微镜检查,观察失效样品的外观标志是否完整、是否存在机械损伤、是否有腐蚀痕迹等,利用扫描电子显微镜等设备还可进一步放大观察失效部位的物理结构特性以及鉴别材料成分;通过电特性测试,判断其电参数是否与产品手册相符,分析与失效样品中的哪一部分有关。

失效模式可以定位到电(如直流特性、漏电)或物理(如裂纹、侵蚀)的失效特征,分析失效发生时的条件(如老炼、静电放电、环境等),有助于正确地判断失效机理。

3. 分析失效原因

根据观察或电性能测试确定的失效模型,结合制造工艺、理论与经验,分析失效发生的阶段、失效发生时的应力条件和环境条件,提出可能的导致失效的原因。失效可能由一系列的原因造成,如设计缺陷、材料质量问题、制造过程问题、运输或储藏条件不当、在操作时的过载等,而大多数的失效包括一系列串行发生的事件。对一个复杂的失效,需要根据失效元器件和失效模式列出所有可能导致失效的原因,并且指出相应的证据来支撑某个潜在性因素。失效分析时根据不同的可能性,逐个分析,最终发现问题的根源。

4. 研究失效机理

失效机理就是引起失效的实质原因,即引起器件失效的物理或化学变化等内在的原因。确定失效机理较为复杂,需要更多的技术支撑。

在确定失效机理时,需要选用有关的分析、试验和观测设备对失效样品进行仔细分析,验证失效原因的判断是否属实,并且能把整个失效的顺序与原始的症状对照起来,有时需要用合格的同种元器件进行类似的破坏性试验,观察是否产生相似的失效现象,通过反复验证,确定真实的失效原因,以元器件失效机理的相关理论为指导,对失效模式、失效原因进行理论推理,并结合材料性质、有关设计和工艺的理论及经验,提出在可能的失效条件下导致该失效模式产生的内在原因或具体物理化学过程。

5. 提出预防措施及设计改进方法

根据分析判断,提出消除产生失效的办法和建议,及时地反馈到设计、工艺、使用单位等各个方面,以便控制乃至完全消除主要失效模式的出现。

这需要失效工程师与可靠性、工艺、设计和测试工程师一起协作,发挥团队力量,根据失效分析结果,提出防止产生失效的设想和建议,包括材料、工艺、电路设计、结构设计、筛选方法和条件、使用方法和条件、质量控制和管理等方面。

12.2.2 电子元器件失效分析一般工作流程

失效分析实施过程要坚持的原则是先进行非破坏性分析、后进行破坏性分析;先外部分析、后内部分析(解剖分析);先调查了解失效有关的情况(线路、应力条件、失效现象等),后分析失效元器件。鉴于大多数测试分析基本上属于一次性的,很难重复,所以分析时应按程序小心进行,既要防止丢失或掩盖导致失效的迹象或原因,又要防止带进新的非原有的失效因素。

失效分析的一般流程图如图12-1所示。

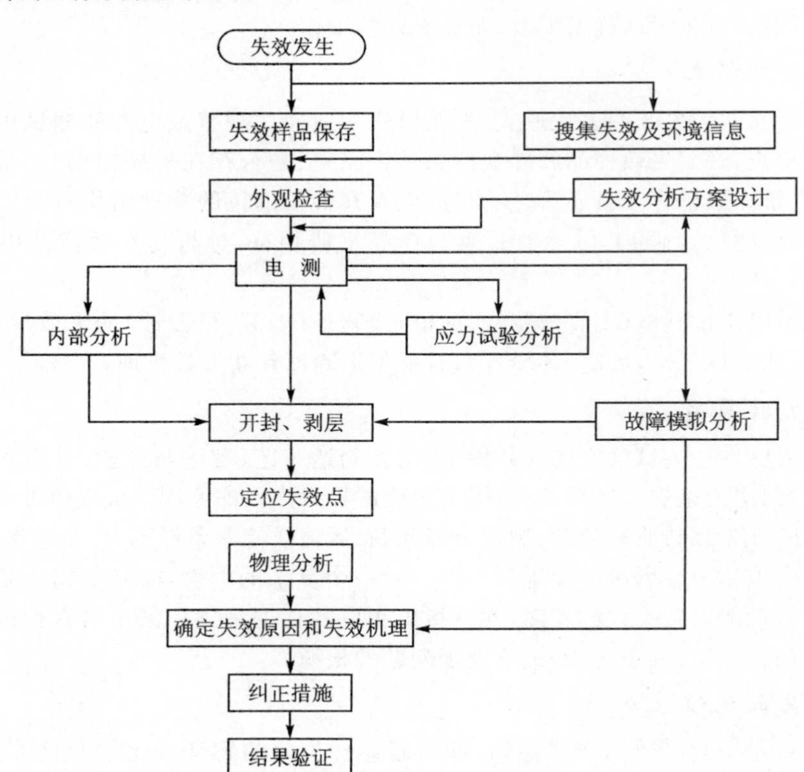

图12-1 失效分析的一般工作流程图

1. 失效信息收集

失效信息的收集包括元器件本身的信息,失效时的情况等。主要从以下几个方面进行:

① 确定器件型号、生产厂家、生产批次,质量等级等信息,必要时可进一步了解同批生产数据、存货量和储存条件,产品在制造和装配工艺过程中的装配、工艺条件等。

② 记录失效的相关信息。发生失效时的应力条件:电应力、机械应力、环境应力(温度、湿度、大气压等)、失效发地点和时间。失效的表现状态,失效现象(如无功能、参数变坏、开路、短路)。

2. 失效样品保存

对于失效样品要进行妥善保存,拍照做好记录,样品在传递和存放过程中必须特别小心以避免环境应力(温度、湿度和振动)、静电放电等对元器件造成进一步损伤,对于机械损伤和环境腐蚀引起的失效结果,必须对元器件进行拍照保存其原始形貌,为避免进一步改变失效的原始状态。

3. 失效模式确认

失效模式就是元器件失效的表现形式,失效模式一般通过观察或电性能测试可以确定,根据测试、观察到的现象与失效关系进行初步分析。

（1）外观检查

元器件的外观检查十分重要，它往往会为后续的分析提供重要信息。可采用光学立体显微镜或扫描电镜进行检查，利用扫描电镜及能谱仪还可进行元素分析。外观检查可发现并确定是否存在击穿、外来物、机械应力损伤、金属化迁移腐蚀、或沾污等情况。在目检中应注意检查有无下列情况：

① 电应力损伤：元器件遭受过电损伤时，可能会导致器件被击穿，封装体出现变形、变色等现象。

② 外来物：元器件自身制造或电装焊接不良时，可能会存在引入金属、金属氧化物等外来物附着在元器件表面，会造成元器件特性退化或短路等发生。

③ 机械应力损伤：机械应力可能会导致引线损坏或断裂，封装体出现裂纹等，封装裂缝还会进一步引起湿气进入元器件里面，导致器件的性能退化或失效。

④ 由压力引起的引线断裂：当铜-锌合金或许多其他以铜基为主的合金在外界压力或内部剩余压力的作用下，并处于在氨、胺类、潮湿气体或高温环境中时，就会发生压力侵蚀现象。可以利用扫描电子显微镜，通过观察断层的外形及边界特征的分析发现这种现象。

⑤ 金属化迁移：高温及高湿条件下施加电场，则绝缘材料中或其表面的金属离子将从阳极迁移到阴极并在该处堆积，最终会导致两极间的短路。可以采用扫描电子显微镜观察这种现象。

⑥ 晶须：软金属，如锡的镀层表面上偶尔会形成直径约为 1.2 μm、长约 1.5 μm 的针状单晶结构、它会引起引线间的短路。这种晶体通常称为晶须。晶须分为两种：有内部因素引起的规则晶须（如锡晶须）及由外部因素引起的不规则晶须（如银硫化物晶须）。它们的形成与温度、湿度、内部应力及空气有关。锡晶须的产生与衬底材料、电镀溶液、折叠厚度和热处理有关。控制这些条件可把晶须的生长限制在一定的水平。当镀银材料用于含硫环境中（如在热硫磺附近）或与硬化橡胶同时使用时通常会出现银硫化合物晶须。

⑦ 引脚变色或腐蚀：通常引脚镀层的设计能提高可焊性和防止腐蚀，引脚表面的变色通常表明基体材料被热氧化、硫化和有缺陷，预处理不完全或存在明显缺陷，严重的可能会出现腐蚀。

（2）电特性分析

电特性分析包括功能测试（功能和参数）和非功能测试（如集成电路引出脚间的电特性）。为实现无损测试，在失效分析中的电测试经常采用非标准化的测试方法，采用低电压小电流，如未发现异常再逐步提高电压和电流。

非功能测试即引脚-引脚间的电测试，利用晶体管特性曲线图示仪进行引脚间的测试，具有非破坏性和通用性。电流电压特性曲线见图 12-2。

（3）失效分析方案设计

制定失效分析方案的目的，是按顺序、有目的地选择试验项目，避免盲目性，避免失误甚至丢失与失效有关的证据，以便快速准确的得到失效的原因证据，正确判断失效机理。应明确在分析过程中的试验项目、关注重点、观察和收集有关的证据。有时失效样品可能是唯一的，应根据器件的结构、确认的失效模式与经历环境等来确定开封方式，如果选择不当，有可能收集不到所需要的关键证据。根据失效现场的信息分析，分析是否需要通过模拟应用电路对样品（包括失效品和好品）进行各种环境条件下的功能对比观测、分析。在失效分析方案实施过程中，如果发现与原来推断不一致的新信息，应根据具体情况及时调整方案。

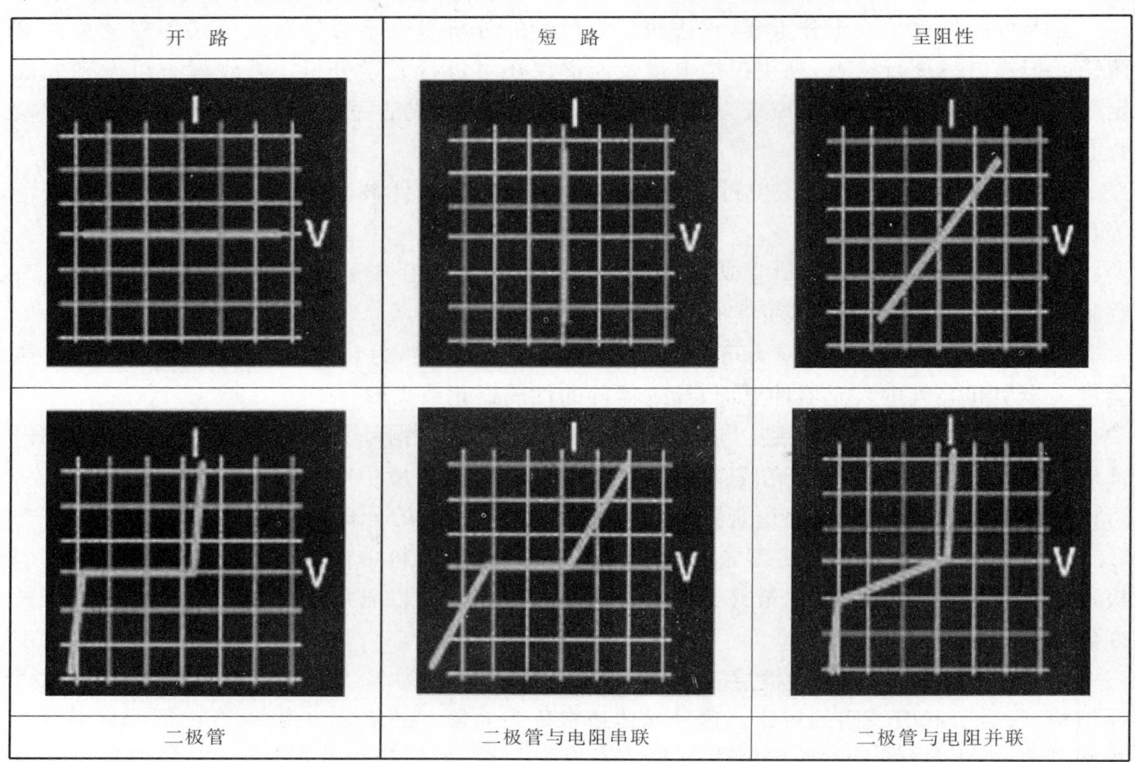

图 12－2　I/V 特性曲线

(4) 应力试验分析

应力试验分析是为寻找何种应力以及应力的大小造成了失效，元器件的失效通常与应力有关，这些应力包括：电应力(电压、电流、功率)、热环境应力(温度、湿度、热冲击、温度循环)、机械应力(振动、冲击和恒定加速度)等。通过应力试验可以确定发生失效的应力范围，可揭示产品在设计和工艺方面的缺陷，应力试验还也有助于确定元器件可靠工作的极限应力水平。

(5) 故障模拟分析

元器件的失效可能是元器件自身缺陷引起，也可能是使用不当所造成的，例如电路系统中对过电压/流保护不足、电路布线的干扰或热分布不当等。通过实际电路的故障模拟分析、进行信号捕捉，找到有用的证据。

① 模拟应用分析：可把有问题的元器件放在模拟失效的试验环境或应用电路中工作，观察引起失效的电源电压、电流、输入信号、各种频率、时钟相位和输出负载等的临界条件。

② 全温度参数测试：有些元器件参数对温度变化是很敏感的，当产品工作于不同温度环境时，就有可能出现产品工作失常或故障。通过对元器件的全温度参数测试，可以了解参数随温度的变化量是否满足产品的要求。

(6) 非破坏性分析

无损检测技术，可在不破坏元器件的条件下检查其内部结构及状态。无损检测技术通常包括 X 射线检查、声学扫描检查、密封性检查，以及只对封装管壳有破坏的内部气体成分分析等。

在对试验项目的选择时，应注意结合失效的情况，如已通过外部检查发现密封存在问题时就可不再进行密封试验，以免压入氟油对内部造成进一步的破坏。

内部气体成分分析是半破坏性的，应注意避免碰击内部引线及芯片表面，当难以避免时，应慎重考虑，可不做此项分析，以免影响后续的内部分析。

(7) 内部分析检查

内部分析是对失效的元器件内部做进一步的分析，寻找失效点，应注意试验的顺序，着重检查和分析与失效模式相关的部位。

① 开封：为了对元器件进一步的分析需要开封元器件，将内部结构暴露出来。不同的封装形式应采用不同的开封方法。在这个步骤中，必须很小心，避免引入内部结构、芯片、引线等的损伤。

② 失效点定位：在芯片失效分析中，通过缺陷隔离技术来定位失效点，然后通过物理分析和成分分析确定失效的起因。

芯片的缺陷点定位可采用光学显微镜、扫描电子显微镜、微光发射显微镜、红外热像分析等设备或技术。

③ 物理分析：物理分析是通过对元器件进行一系列物理处理后再观察和分析其失效点，其目的是使失效原因及机理更加明朗化。有时失效点可反映在芯片的表面，利用光学显微镜、扫描电子显微镜可直接观察、分析失效点。但有时失效点可能存在于芯片内部结构，经微光发射显微镜、红外热像分析定位后，需进行剖面的制备，利用聚焦离子束(FIB)技术可实现芯片纵向的剖面检查分析。

④ 芯片钝化层的去除：对器件钝化层进行剥离，暴露出下层金属。通常采用的方法包括等离子体刻蚀、反应离子刻蚀和化学腐蚀等。

⑤ 杂质和合成物分析：采用 X 射线能谱仪、离子探针、俄歇电子能谱仪等分析技术可对各元素、材料成分的分析。

(8) 确定失效原因和失效机理

通过前面的分析，得出导致失效的原因，如设计缺陷、材料质量问题、制造过程问题、运输或储藏条件不当、在操作时的过载等。失效分析的最终目的是确定失效机理，必要时必须对以上原因进行物理或化学的理论分析得出元器件失效的实质原因，特别注意一个错误的判断可能造成错误的纠正措施。

(9) 判定失效性质及发生概率

在实际的工程应用中，还需判定失效性质，估计同类失效发生的概率。分析产生元器件失效的属性，确定属元器件固有问题还是使用问题，可能涉及失效的责任部门或责任人。例如：确定为器件批次性失效，则在同批次元器件中发生同类失效的概率就较大；若为非批次性失效，则在同批次元器件中发生同类失效的概率就较小。不同的失效概率，危害性不同，采取的处理方式也将有差别。

(10) 纠正措施

根据失效分析结论,提出防止失效再次发生的纠正措施和建议,包括工艺、设计、结构、线路、材料、筛选方法和条件、使用方法和条件、质量控制和管理等各个方面。

(11) 结果验证

失效分析的结论和纠正措施是否正确,只有在实际应用中才能得到验证。因此需要加强元器件生产单位、使用单位和失效分析单位的联系和合作,生产单位和使用单位应经常反馈对失效分析结论的验证情况,使失效分析、应用验证构成闭环系统。

失效分析结果的验证,既有利于元器件使用单位采取有效措施防止类似失效的再次发生,提高元器件的使用可靠性,又有利于使用单位将元器件现场失效信息及时反馈给元器件生产厂,促使生产厂进一步改进设计和生产工艺,提高元器件的固有可靠性,同时也有利于失效分析单位不断提高分析水平。

12.2.3 半导体集成电路的失效分析程序

在元器件失效分析中,以半导体集成电路最为复杂,积累的分析经验也相对最多。下面根据GJB548方法5003来说明半导体集成电路失效分析程序、试验项目、重点检查内容和所需的设备,具体要求见表12-1。虽然已有失效分析的标准,在实际的失效分析过程中,根据具体情况是可调整选择的,各失效分析实验室会根据客户对分析深、浅的程度要求及实验室的设备、手段及技术能力来开展的。

表12-1 半导体集成电路失效分析程序及设备要求

检验内容	试验条件			自选试验	检验重点	仪器和设备要求
	A	B	C			
外部检查	√	√	√		引线、镀层、封装材料、密封封口、标志	30倍显微镜、照相
电性能测试	√	√	√		电性能	全部电性能测试
附加的电试验	√	√	√		引脚与引脚、引脚与外壳的二极管特性	晶体管特性图示仪
X射线照相		√	√		引线、芯片黏接材料	X射线照相设备
密封性试验		√	√		壳体密封口、绝缘子	氦质谱仪等
封壳外部清洗		√	√		沾污物	去离子水、烘箱等
打开封壳	√	√	√		要求开壳不改变内部可见状态	开帽器等
内部检查	√	√	√		内引线、键合点、芯片黏接、芯片表面版图、金属化层、氧化层	50～400倍显微镜,照相
电性能测试		√	√		对比开壳前电性能,证实开壳未改变内部状态	全部电性能测试
真空烘焙		√	√		芯片表面或内部气氛是否有不良气氛	1.33 mPa,150 ℃～250 ℃
电性能测试		√	√		真空烘焙后电性能	全部电性能测试

续表 12-1

检验内容	试验条件			自选试验	检验重点	仪器和设备要求
	A	B	C			
多头探针检测		√	√		验证可见和怀疑的结及连线的电性能	机械微探针
材料、结构剖面			√		验证怀疑的结、材料和结构	制剖面设备、观察照相
氧化层缺陷分析			√		氧化层工艺质量	制剖面设备、表层剥离多头探针、观察照相
扩散缺陷分析			√		扩散工艺质量	制剖面设备、表层剥离多头探针、观察照相
残余气体分析				√	内部气体	质谱仪或 RGA 系统
表面形貌、氧化层、金属化层厚度测量				√	氧化层、金属化层	表面轮廓曲线测试仪
光扫描				√	PN 结	细直径光束
红外扫描				√	发热部位	红外热象仪
扫描电镜和能谱				√	表面电压(电压衬度)、微观形貌、固体生成物、腐蚀生成物	扫描电镜和能谱仪
电子显微技术				√	金属化层形貌、材料结构	
特殊的试验结构				√	制造试验结构、确定失效的化学和结构特性	根据实际情况而定

12.2.4　电容器的失效分析程序

电容器的失效分析程序如表 12-2 所列。

表 12-2　电容器的失效分析程序及设备要求

检验内容	检验重点	仪器和设备要求
外部检查	引线、镀层、封装材料、密封封口、标志、形状、污染或泄漏物	30 倍显微镜，照相
电性能检验	电性能	全部电性能测试
附加的电试验	引线与外壳的绝缘特性	万用表等
失效模式分类	根据电性能检测结果，将失效模式分成： 击穿(短路或呈电阻特性) 开路 电性能退化 电解液泄漏(漏液) 引线断裂	
X 射线照相	引线与电极接触部位，内部结构	X 射线照相设备

续表 12-2

检验内容	检验重点	仪器和设备要求
密封性试验	壳体密封口	氦质谱仪等
封壳外部清洗	沾污物	去离子水,温度箱
高温烘烤	样品放入高温箱烘烤去湿	温度箱
电性能检验	清洗和烘烤的效果	全部电性能测试
打开封壳	要求开壳不改变内部可见状态: 去除壳外表层的浸渍料 用溶剂溶解油漆涂层 用加热或切割等方法去除外壳	适用的溶剂和工具
内部检查	引线与电极接触部位,电容器芯子和基体,内部结构	50～400倍显微镜,照相
电检验程序	对比开壳前电性能,证实开壳未改变内部状态	全部电性能测试
真空烘焙	芯子表面或内部气氛是否有不良气氛	1.33 mPa,70 ℃～85 ℃
电检验程序	真空烘焙后电性能	全部电性能测试
多头探针检测	验证可见和怀疑的区域及连线的电性能	机械微探针
材料、结构剖面	验证所怀疑的材料和结构	制剖面设备,观察照相
表面形貌、层厚度测量	介质层	表面轮廓曲线测试仪
扫描电镜和能谱仪	微观形貌、固态生成物、腐蚀生成物	扫描电镜和能谱仪
其他理化分析	形貌、介质和材料成分、结构和均匀性	化学分析、光谱分析

12.3 常见电子元器件失效模式及失效机理

12.3.1 常见的应力类型

导致元器件失效的应力类型进行分类,可主要分成四类,分别是机械应力、热应力、电应力和腐蚀应力,有时的失效还可以在以下几个应力综合作用下发生:

① 机械应力导致的失效是由于材料的损伤或蜕变而造成的失效,如疲劳断裂、磨损、变形等。对于电子元器件产品,结构性失效主要是由结构件的材料特性及受到随机振动、冲击等的机械应力造成的,有时候也与热应力和电应力有关。

② 热应力是指温度改变时物体由于外在约束以及内部各部分之间相互约束,使其不能完全自由胀缩而产生的应力。针对元器件来说,受到的可能是大范围温变、温度循环,温度冲击等热应力导致器件失效。

③ 电应力是指超出产品手册规定的电流和电压等相关电学参数造成的应力。针对元器件来说,受到的可能是大电流、高电压、静电击穿等电应力导致元器件失效。

④ 腐蚀应力是指产品受到化学腐蚀、电化学腐蚀等使其产生损耗和破坏的过程。针对元器件来说,可能是遇到腐蚀液体造成器件化学腐蚀,也可能是器件金属部位与电解质溶液产生电化学腐蚀而引起的失效。

12.3.2　电阻器的失效模式及失效机理

金属膜电阻器常见的失效模式及失效机理如表 12－3 所列。

表 12－3　金属膜电阻器常见的失效模式及失效机理

主要失效模式	可能的失效机理
短路、开路或阻值超规范	焊点污染、焊接工艺不良、材料成分不当等造成引线与帽盖虚焊 帽盖与基体尺寸配合不良，造成帽盖脱落 陶瓷基体材料有杂质或外力过大，造成基体断裂 热不匹配，造成膜层开裂 制造中有杂质玷污，造成膜层和基体被污染 由于机械应力造成膜层划伤或有孔洞 膜层材料有杂质造成膜层氧化 基体材料不良造成基体不平、厚薄不均、有杂质

12.3.3　电容器的失效模式及失效机理

电容器常见的失效模式及失效机理如表 12－4 所列。

表 12－4　电容器常见的失效模式及失效机理

序　号	主要失效模式	可能的失效机理
1	击穿（短路呈电阻特性）	电介质中有疵点或缺陷，存在杂质或导电粒子 电介质老化 电介质电化学击穿 离子迁移 在制造中电介质有机械损伤 在高湿度或低气压环境下极间边缘飞弧 在机械应力作用下电介质瞬时击穿
2	开　路	击穿引起电极和引线绝缘 引线和电极接触处氧化造成低电平不通 电解电容器阳极引出箔被腐蚀短（或机械折断） 工作电解质干涸 工作电解质冻结 引线（箔）和电极接触不良 在机械应力作用下电介质瞬时开路
3	电性能退化	水汽（潮湿）作用 离子迁移 表面污染 自愈效应 电介质内部缺陷及介质老化或热分解 工作电解质挥发或变稠 电极腐蚀（化学的） 电极腐蚀（电解的） 电解质腐蚀 杂质和有害离子作用 引线和电极接触电阻增加

12.3.4 分立器件的失效模式及失效机理

半导体分立器件常见的失效模式及失效机理如表12-5所列。

表12-5 半导体分立器件常见的失效模式及失效机理

序号	主要失效模式	可能的失效机理
1	参数退化	生产制造过程中工艺缺陷:沾污、腐蚀、内部缺陷、氧化层缺陷、金属化层缺陷、芯片焊接(黏接)缺陷 使用过程中过电应力:过电压、过电流、超功率
2	短路	工艺不良引起:装配缺陷、沾污、芯片缺陷 过电应力:过电压、过电流、超功率
3	开路	多与时间因素有关。内引线断裂、芯片脱落、金属化层断裂等 过电应力的使用也会使晶体管发生开路,熔断互连导线、薄膜金属化层蒸发熔融开裂、芯片短路造成内引线与铝互连导线熔断而开路失效
4	机械缺陷	封装材料、管壳、引脚材料氧化、锈蚀、腐蚀开裂、裂纹、结合性能差、不能焊接或熔接引线、密封性能退化等

12.3.5 单片集成电路的失效模式及失效机理

单片集成电路的主要失效模式及失效机理如表12-6所列。

表12-6 单片集成电路常见的失效模式及失效机理

序号	关键部位	主要失效模式	可能的失效机理
1	芯片体内表面钝化层	耐压退化,漏电流增大,短路,电流增益退化,噪声退化,阈值电压变化	二次击穿、可控硅效应,辐射损伤,瞬间功率过载,介质击穿,表面反型,沟道漏电,沾污物、针孔、裂纹、开裂,厚度不均
2	金属化系统	开路、短路、电阻增大,漏电断路	金铝合金,铝电迁移,铝再结构,电过应力,铝腐蚀,沾污、铝划伤、空隙、缺损,台阶断铝,非欧姆接触,接触不良,厚度不均
3	电连接部分	开路,短路,电阻增大	焊点脱落,金属间化合物,焊点移位,焊接损伤
4	引线	开路,短路	断线,引线松弛,引线碰接
5	键合系统	断开、短路,工作点不稳定,退化,热阻增大	沾污、金属间化合物,键合不良,接触面积不够,脱键,裂纹、破裂
6	封装系统	短路、漏电流增大断裂、腐蚀断线、焊接性差、瞬时工作不良,绝缘电阻下降	沾污、金属间化合物,键合不良,接触面积不够,脱键,裂纹、破裂密封不良,受潮、沾污、引线生锈、腐蚀、断裂、多余物、表面退化、封入气体不纯
7	输入输出端	短路,开路,熔断,烧毁	电击穿、烧毁、栅穿、栅损坏

12.3.6 混合集成电路的失效模式及失效机理

混合集成电路常见的失效模式及失效机理如表 12-7 所列。

表 12-7　混合集成电路常见的失效模式及失效机理

序　号	工艺过程	主要失效模式	可能的失效机理
1	导电带	开路，接近开路；短路，接近短路；金属化层开路；接触电阻增大或开路	导电带擦伤或粘污；腐蚀（化学物残渣）；未对准，接触区域污染
2	芯片分选	开路及可能开路	芯片分选不当，留下龟裂或缺损的芯片
3	芯片黏接	由于过热而使性能退化；短路或间歇短路；芯片翘起或龟裂	衬底与芯片之间有空穴；易熔焊料颗粒溅射与松散；“芯片-衬底”黏接不良；材料不匹配
4	引线键合	引线不牢、断开或间歇工作；键合点翘起；开路	键合引线太紧或太松；材料不兼容或压焊区粘污；键合焊点面积或间距不够大；键合点严重压偏；芯片龟裂或碎裂；引线上有刻痕、切口及粘附物
5	片式电容黏接	脱落；电参数超差或开路	黏接不良；电极损坏
6	最后封装	性能退化；由化学腐蚀或受潮而引起短路或开路；由于反向和沟道作用而使半导体芯片性能退化；漏气使金属化层可能发生短路、开路；间歇工作	密封不良；封装气体不当；可伐-玻璃密封龟裂，有空穴；引线与金属管壳之间的玻璃密封处有金属电解质或金属物质；封装内有松散的导电粒子

12.3.7 光电耦合器的失效模式及失效机理

光电耦合器常见的失效模式及失效机理如表 12-8 所列。

表 12-8　光电耦合器的主要失效模式及失效机理

序　号	主要失效模式	可能的失效机理
1	开　路	键合颈部受损断裂
2	CTR 退化	晶格缺陷、表面劣化
3	暗电流增大	可动离子污染、芯片裂纹
4	输入-输出间绝缘电阻下降	硅凝胶形变使对偶间距离变小

12.3.8 电磁继电器的失效模式及失效机理

电磁继电器常见的失效模式及失效机理如表 12-9 所列。

表 12-9　电磁继电器的主要失效模式及失效机理

序　号	主要失效模式	可能的失效机理
1	触点断开	引出端接触不良 引出端振动疲劳而脱落 弹簧机构老化触点压力受损 壳体内有害气体对触点的污染 壳体内有可动绝缘性多余物

续表 12-9

序　号	主要失效模式	可能的失效机理
2	触点黏结	壳体内有可动导电体多余物 由于局部电流密度过高造成触点熔接
3	线圈短、断路	引出端接触不良 引出端振动疲劳而脱落 线圈导线绝缘材料热老化 线圈受潮、电解腐蚀
4	参数漂移	壳体内有害气体对触点的污染,造成接触电阻增大 线圈导线老化造成线圈电阻变化

12.4 电子元器件失效分析设备和应用

12.4.1 光学显微镜

1. 设备基本原理

光学显微镜是利用光学原理,把人眼所不能分辨的微小物体放大成像,以供人们提取微细结构信息的光学仪器。光学显微镜一般由载物台、聚光照明系统、物镜、目镜和调焦机构组成。显微镜的主要指标是放大倍率和分辨率。光学显微镜有立体显微镜和金相显微镜两大类,立体显微镜放大倍数小,但景深大;金相显微镜放大倍数大,从几十倍到一千多倍,但景深小。

立体显微镜利用一个共用的初级物镜,物体成像后的光束被两组中间物镜——变焦镜分开,并成一体视角,再经各自的目镜成像,形成三维空间的立体视觉图像。其倍率变化通过改变中间镜组之间的距离而获得。

金相显微镜是利用光线的反射和折射将不透明物体放大后进行观察的。由光源发出的光线经过集光镜组及场镜聚焦到孔径光阑,再经过集光镜聚焦到物镜的后焦面,最后通过物镜平行照射到被观察物体的表面。从被观察物体反射回来的光线经过物镜组和辅助透镜,由半反射镜转向,经过辅助透镜及棱镜形成一个被观察物体的放大的实像。该像在经过目镜放大,就成为目镜视场中能看到的放大的图像。

2. 设备实例

图 9-3 分别为立体显微镜和金相显微镜两种光学显微镜设备的实例。

3. 应用案例

在元器件的检测中,立体显微镜主要用来做元器件的外观检查以及内部整体结构的检查。而金相显微镜一般用于检查元器件内部芯片的表面金属化和钝化层。立体和金相两种显微镜结合使用,可完成对器件的从外部到内部的全部的表面检查。如外部的标识、腐蚀,以及失效部位的表面形状、分布、尺寸、组织、结构等。内部的结构、材料、工艺、芯片质量等各种信息,如芯片的烧毁和击穿现象、引线键合位置形貌、基片裂缝、沾污、划伤、氧化层的缺陷、金属层的腐蚀情况等。

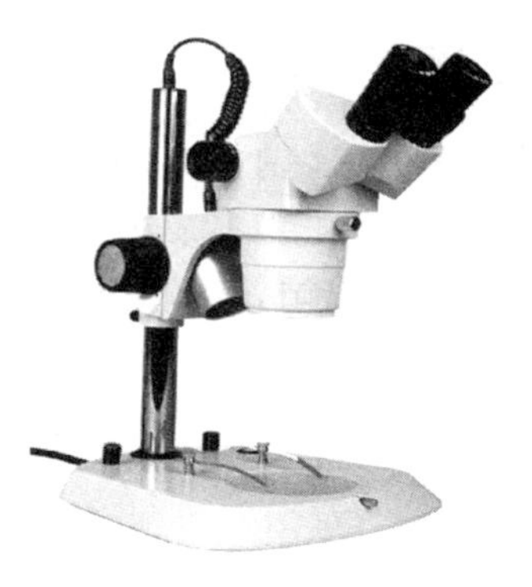

(a) 立体显微镜

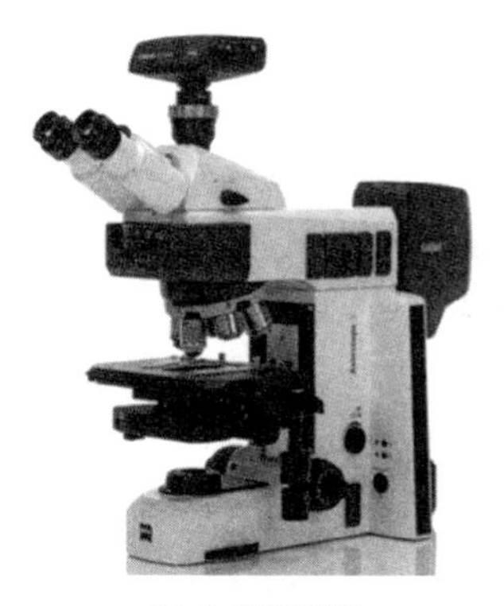

(b) 金相显微镜

图 12－3　光学显微镜实例

案例 1:图 12－4 是利用立体显微镜观察的器件的外观,发现器件表面有重新涂覆的现象,器件封装体表面和侧面涂有涂覆材料,在侧面可以看到与未涂覆部位形成明显的分界线。

案例 2: 某产品在使用现场频频出现损坏,经过对返修单板进行分析,发现大部分返修单板均是某接口器件失效,对器件进行开封后,在金相显微镜下观察,发现器件是由于过电应力导致芯片的金属化铝融化从而造成器件失效,如图 12－5 所示。

图 12－4　器件封装体表面和侧面涂有涂覆材料

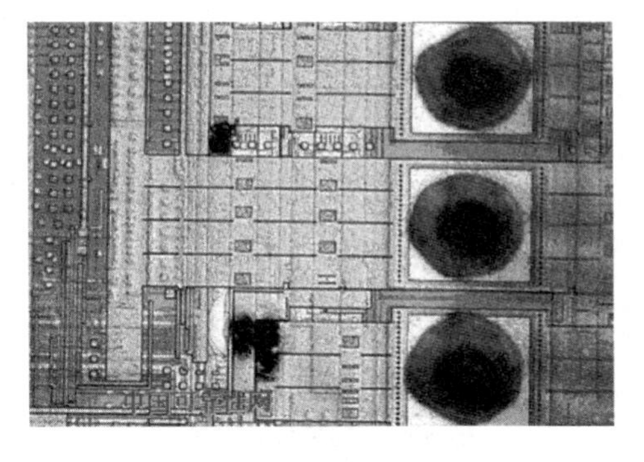

图 12－5　过电应力导致内部金属化铝融化

12.4.2　X 射线检测设备

1. 设备基本原理

X 射线(X－ray)自 1895 年被德国物理学家伦琴发现以来,已经在医疗诊断、工业检测等领域得到了广泛的应用。X 射线波长一般从 0.01 nm～10 nm,具有波长短和穿透性强两个显著特点,可以高分辨、无损观测电子封装内部结构而不需要开封,因此成为失效分析无损检测的重要手段。

加速后的电子撞击金属靶,撞击过程中电子突然减速,其损伤的动能会以光子形式放出,加速电压越高,激发的 X 射线的波长越短,光子能量越大,穿透力越强。X 射线透过物体时会发生吸收和散射,物体中的物质密度不同、材料厚度不同,对 X 射线吸收率和透射率均不同,利用其差别可以把密度不同厚度不同的物质区分开来。材料内部结构和缺陷对应于灰度不同的X射线影像图,根据有缺陷部位与无缺陷部位的黑度图像的差异,从而判断出缺陷的种类、数量、大小等。X射线检测设备的主要指标是加速电压、功率和分辨率。

射线成像技术有2D X-Ray和3D X-Ray检测技术及相应设备。X-Ray CT(Computed Tomography,计算机断层成像技术)是目前最先进的X-Ray检测技术,具有断层剖面扫描和3D成像功能,故称3D X-Ray技术。X-Ray CT是在2D X-Ray设备的基础上,增加了专用硬件和软件两部分,硬件部分包括样品旋转台和工作站,软件部分包括CT扫描数据获取、CT图像重建。X-Ray CT所拍摄的3D图像可以直观看到感兴趣的目标细节,消除物体重叠对检测带来的影响,3D X-Ray图像以识别力高且密度分辨率突出,能更准确获取被覆盖缺陷的大量信息,包括材料、结构、尺寸及位置等。

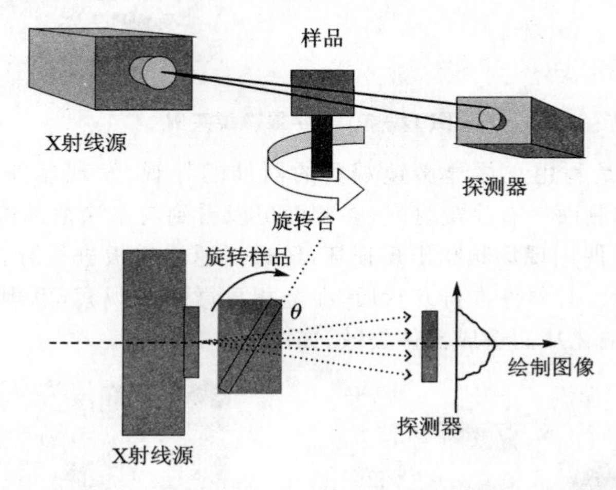

图12-6 3D X-Ray设备成像原理示意图

2. 设备实例

图12-7分别是2D和3D的X射线检测设备的实例。

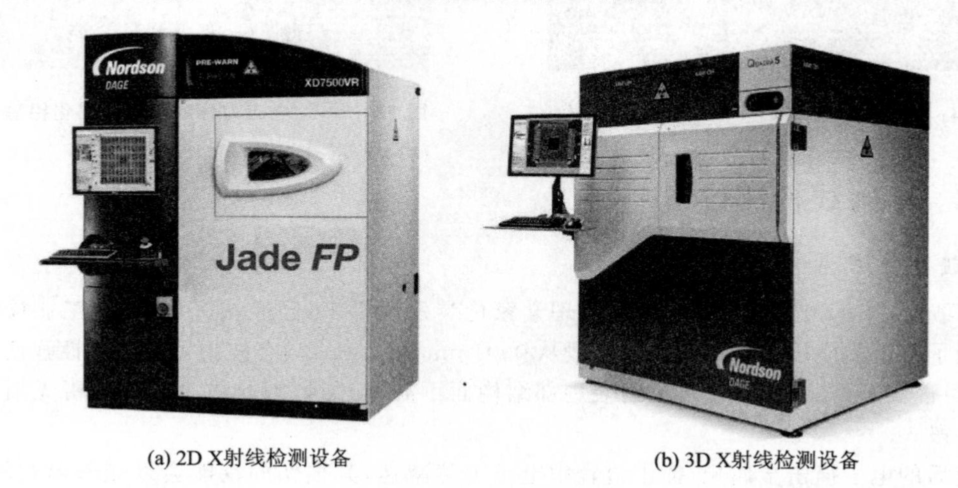

(a) 2D X射线检测设备 (b) 3D X射线检测设备

图12-7 X射线检测设备实例

3. 应用案例

利用 X 射线检测设备，可以实现在无损的情况下对元器件进行检查，可发现器件的结构、材料、黏接等工艺中的缺陷，如内部元件数量、位置等是否符合工艺要求，可判定键合丝材料、键合位置、尺寸是否符合要求，芯片黏接空洞是否过大，是否有的等。下面给出了问题器件在 X 射线的成像图。

案例 1：在常温测试时，发现器件电性能测试不合格，利用 X 射线检查发现器件内部键合存在问题，键合丝引线移位，有一根键合线未与引脚进行正确相连，见图 12－8。

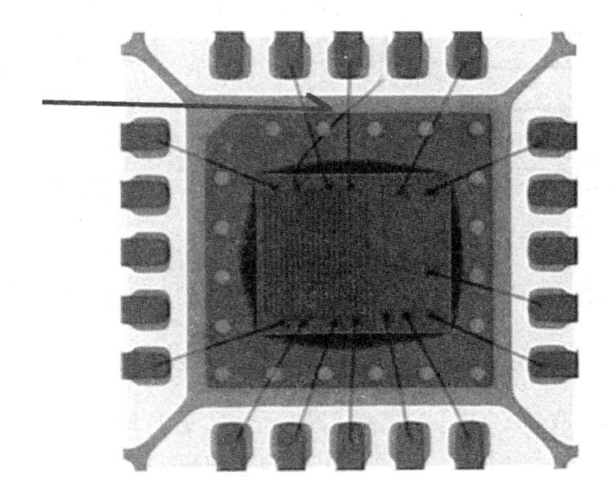

图 12－8　经 X 射线检查发现器件内部键合引线出现偏移

案例 2：经 X 射线检查发现同批次的集成电路，发现其内部结构不同，同批次的器件内部芯片的大小尺寸不同、封装基座不同，实际属完全不同的两种器件，如图 12－9 所示。

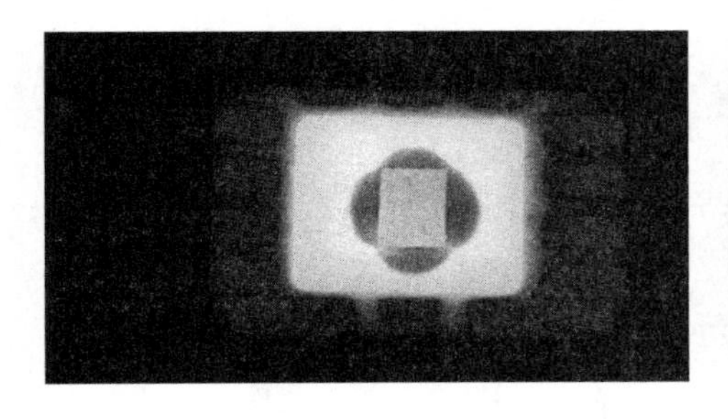

图 12－9　同批次器件内部结构不同

12.4.3　扫描声学显微镜

1. 设备基本原理

超声波与电磁波不同，是一种机械波，其传播方式是通过介质中分子的振动进行的。因此超声波的传播情况和介质具有非常大的关系，超声波的传播特性主要有以下几点：

① 超声波在任何界面都会发生反射。

② 介质的密度越大，超声波传播的速度越快，衰减也越低。

③ 在空气中，超声波无法传播，碰到空气（分层或空洞）100％反射。

声学扫描检查技术也一种无损检测技术,当超声波与被检测物及其中的缺陷相互作用时,反射、透射和散射特性使其传播方向和特征被改变。接收反射回波,并对其进行处理和分析,就可得到一张被检测物的声学图像。通过分析接收的超声波特征和声学图像,即可检测出被检测物及其内部是否存在缺陷及缺陷的特征。因在空气中,超声波无法传播,对于塑封器件的分层缺陷,扫描声学显微镜检查是最有效的手段。检测过程中需将样品盒探头都放置在水中的。扫描声学显微镜基本组成图如图12-10所示。

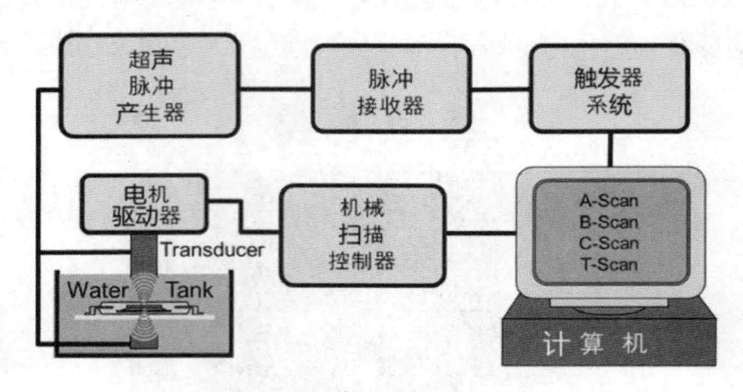

图12-10　扫描声学显微镜基本组成图

扫描声学显微镜的扫描成像的模式有很多种,分为反射模式、透射模式。其中反射模式常用的扫面类型为A型扫描、B型扫描、C型扫描。透射模式最常用的扫面类型为T型扫描。声学显微镜的重要部件就是探测探头,反射探测探头是将声波发生器和反射探测器做在一起,反射探测探头按频率划分有许多规格,一般频率越高Z向分辨率越高,但穿透厚度越小,适用于薄的样品,厚样品一般则选用低频探头。相比于反射探头而透射探头一般仅有单一规格。应用于元器件检测领域内的超声波频率范围一般为30～200 MHz。

2. 设备实例

扫描声学显微镜设备如图12-11所示。

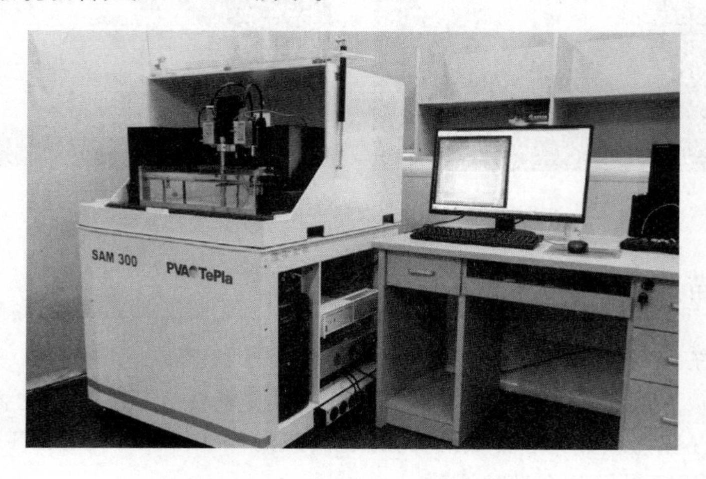

图12-11　扫描声学显微镜设备实例

3. 应用案例

扫描声学检查技术作为一种无损检测技术在近些年在半导体利用得到了广泛应用。塑封器件因其具有尺寸小，质量轻、成本低等特点被广泛应用，但主要的一种缺陷形式就是各材料间的分层，利用扫描声学显微镜就可以检测出塑封材料与芯片结合面的分层、塑封材料与引线架结合面的分层、塑封材料或黏接层中存在空洞、塑封材料与芯片间的分层或裂纹等各类缺陷。

案例 1：利用扫描声学显微镜检查，发现的塑封器件中的存在分层现象，如图 12－12 所示的图 12－12(a)为正常塑封器件，图 12－12(b)为无分层，器件的引线框架、键合点以及整个键合丝周边都与塑封材料存在分层。

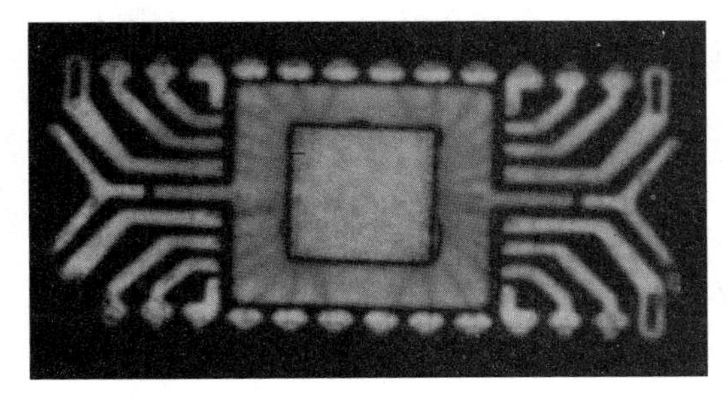

(a) 正常塑封器件扫描图像

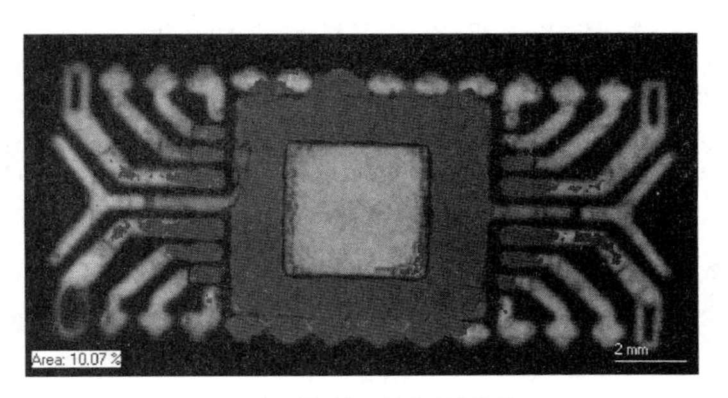

(b) 分层塑封器件扫描图像

图 12－12　塑封中的分层现象

案例 2：利用扫描声学显微镜检查时，发现器件的表面有两次打标痕迹，见图 12－13。分析确认是不法之徒将塑封器件打磨后重新打标，将低等级器件改标为高等级器件，属造假行为，器件为假冒伪劣器件。

图 12－13　在扫描声学显微镜下发现塑封器件重新打标现象(假冒器件)

12.4.4 扫描电子显微镜

1. 设备基本原理

扫描电子显微镜(scanning electron microscope,SEM)的基本原理是利用阴极所发射的电子束经阳极加速,由磁透镜聚焦后形成一束直径为一到几百纳米的电子束流,这束高能电子束轰击到样品上会激发出多种信息。由图12-14可见,样品在电子束的轰击下会产生二次电子、背散射电子、吸收电子、透射电子、俄歇电子、特征X射线等各种信号,采用不同的信息检测器,对这些激发出来的信息经分别收集、放大,就能得到各种相应信息,从而对样品进行分析。如对二次电子、背散射电子的采集后得到有关物质微观形貌的信息;对X射线的财经,可得到物质化学成分的信息。正因如此,根据不同需求,可制造出功能配置不同的扫描电子显微镜。

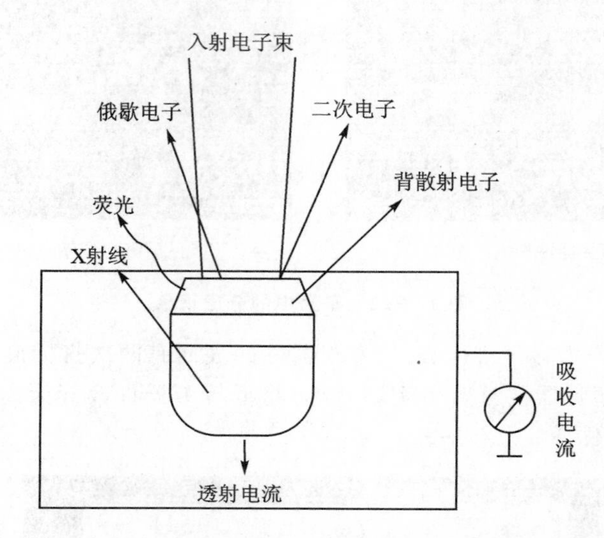

图12-14 高能电子入射样品后产生的各种信息

2. 设备实例

图12-15为一种扫描电子显微镜设备的实例。

3. 应用案例

扫描电子显微镜的一种重要应用就是利用二次电子像对被测物的表面微观形貌进行成像,二次电子主要来自表面5~10 nm的区域,可直接利用样品表面材料的物质性能进行微观成像。配置上能谱仪时,可对材料的成分进行分析。

案例1:利用扫描电子显微镜,对器件表面的形貌放大观察,分析材料结构特性。利用扫描电子显微镜对陶瓷封装的集成电路的器件陶瓷表面微观结构进行检查,发现陶瓷表面曾被处理打磨过,见图12-16。图12-16(a)为正常的陶瓷表面微结构特征,图12-16(b)为陶瓷被打磨处理后的表面微结构特征。

案例2:扫描电子显微镜对半导体芯片制造工艺的质量芯片进行检查,放大几千到几万倍下检查。芯片表面的氧化层台阶处的金属化被过腐蚀,并出现隧道空洞(见图12-17),金属的线条有效宽度大大减少,光刻工艺出现严重缺陷,芯片制造工艺存在严重缺陷。

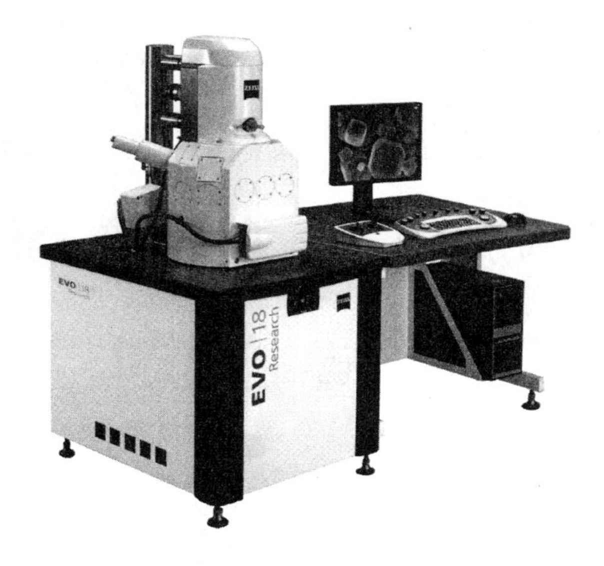

图 12-15　扫描电子显微镜实例

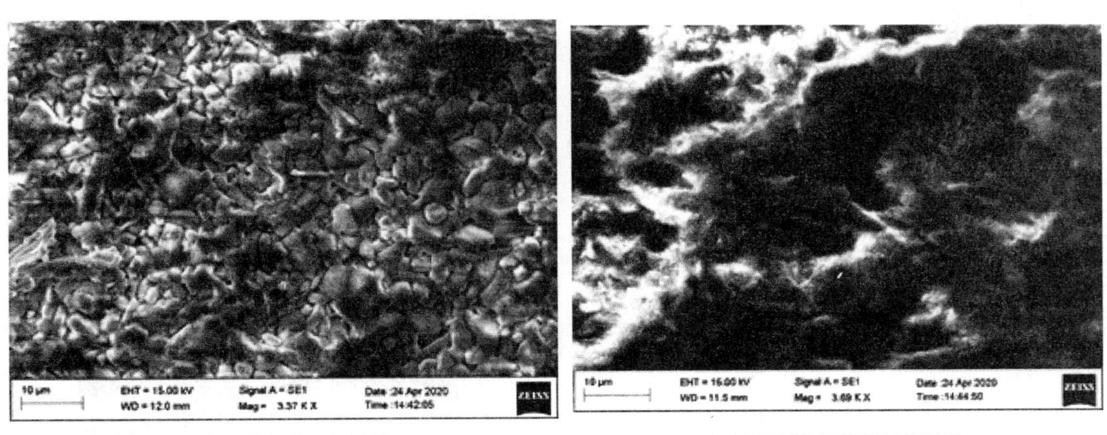

(a) 正常的陶瓷微组织结构　　(b) 打磨后的陶瓷微组织结构

图 12-16　陶瓷封装的器件表面与被打磨后的对比

12.4.5　微光辐射显微镜

1. 设备基本原理

半导体器件的许多缺陷和损伤在特定的电应力下产生漏电，并伴随载流子的跃迁而导致光子辐射，微光辐射显微镜(Emission Microscope，EMMI)就是利用 InGaAs 探测器(探测波长 900～1 700 nm)探测到的光子信号，并定位出器件缺陷或异常点处的漏电流失效位置。EMMI 探测的缺陷和损伤类型有结漏电、氧化缺陷、栅针孔、静电放电损伤、闩锁效应，热载流子等所造成的异常。EMMI 具有快速、简便的特点。尤其是在失效定位方面具有准确、直观和可重复再现等优点，无须制样，也无须对失效部位隔离，对样品没有破坏性。不需要真空环境，可以很方便地施加静态或动态电应力信号，只需将所有装置和探测在一黑箱里进行即可。

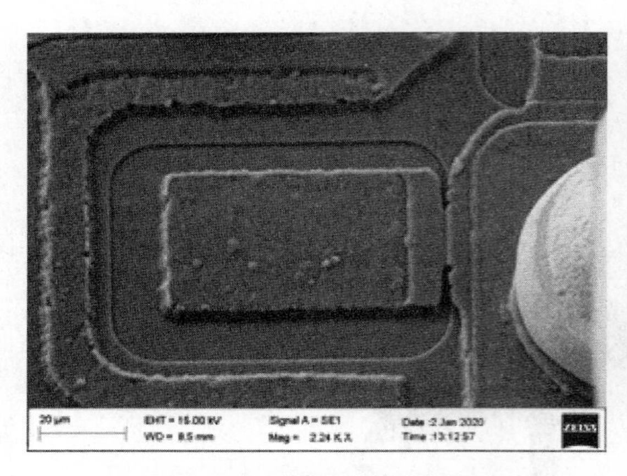

(a) 台阶处的金属化被过腐蚀

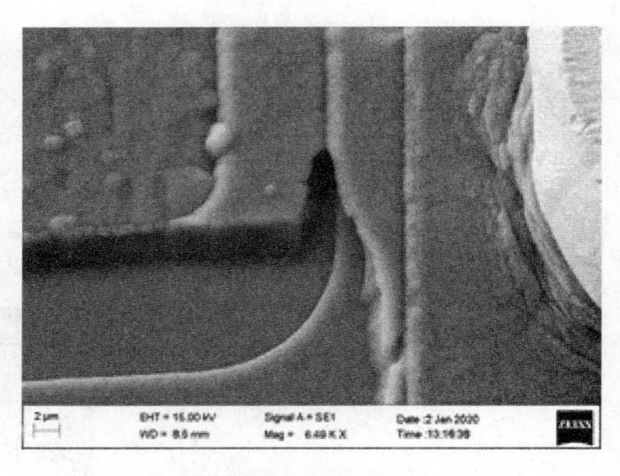

(b) 台阶处的金属化变薄出现隧道

图 12-17　台阶处的金属化被过腐蚀,出现隧道

EMMI 功能的简单示意图如图 12-18 所示。

2. 设备实例

EMMI 设备实例如图 12-19 所示。

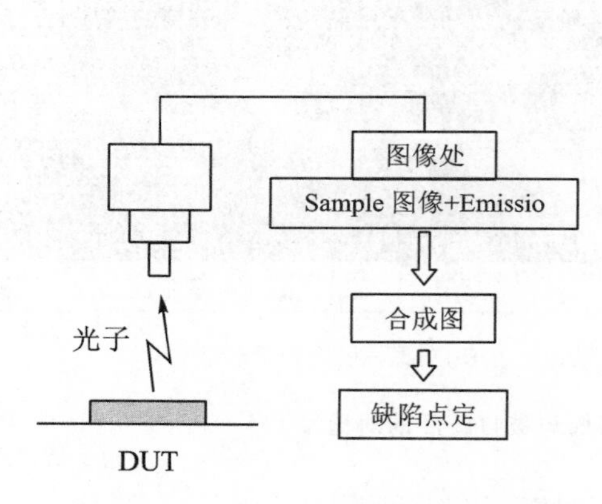

图 12-18　EMMI 功能示意图

图 12-19　EMMI 设备实例图

3. 应用案例

EMMI 捕捉到发光点是比较容易的。但如何施加偏置信号,诱发光子产生,并最终分析定位出失效点还是比较困难的。

EMMI 捕获到的发光光子拥有两种发光机制:第一种是少子注入 PN 结的复合辐射,非平衡少数载流子注入到势垒和扩散区并与多数载流子复合而产生光子(如正偏结、三极管、闩锁)。第二种是加速载流子发光,即在局部的强场作用下产生的高速载流子与晶格原子发生碰撞离化,发射出光子(如反偏结、局部高电流密度、热载流子发光等)。常见的几种发光原理和实际 EMMI 获取的照片如图 12-20 所示。

① P－N 结正向偏置及其相关结构的发光机制：光子由距 P－N 结一个扩散长度内的注入载流子从导带到价带的复合所产生，因此其光谱中强度峰值处于硅的禁带宽度(1.12 eV，1 100 nm)处。P－N 结正向偏置时，发光的空间分布相对均匀，图 12－20 是正向偏置的 P－N 结的发光原理和实际 EMMI 照片。

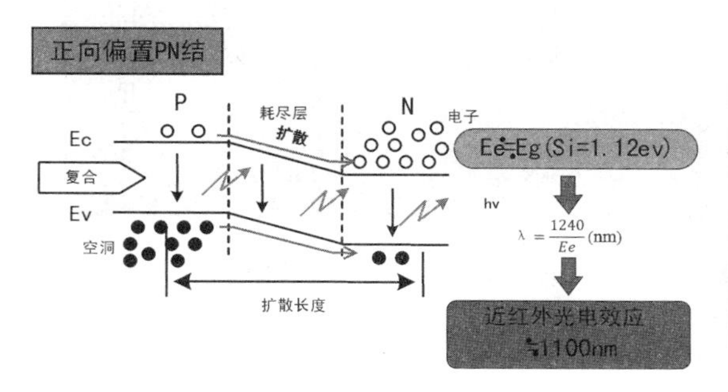

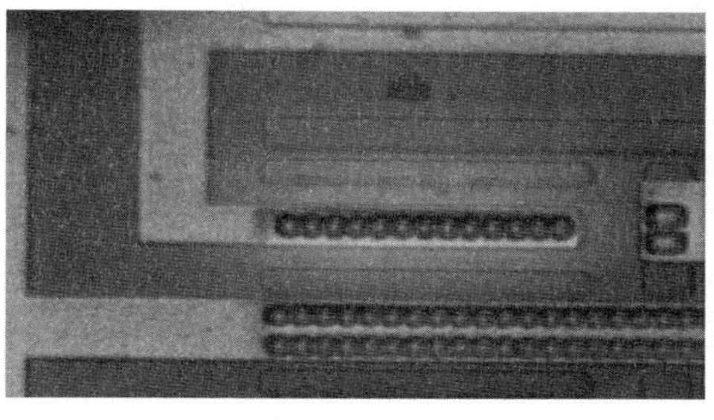

图 12－20　正偏 P－N 结发光原理和实际 EMMI 照片图

② 闩锁及其相关结构的发光机制：闩锁是 CMOS 电路中的一种失效机理。当闩锁发生时，两个寄生晶体管的发射结都正偏，在寄生晶体管中流过很大电流，从而发光。这时的结电流主要是耗尽层中注入载流子的复合。闩锁发生时，器件的发光区域很大，图 12－21 展示了闩锁发光原理和实际的 EMMI 照片。

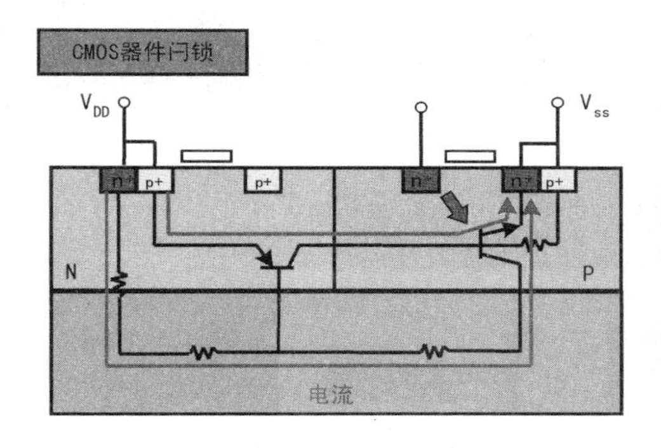

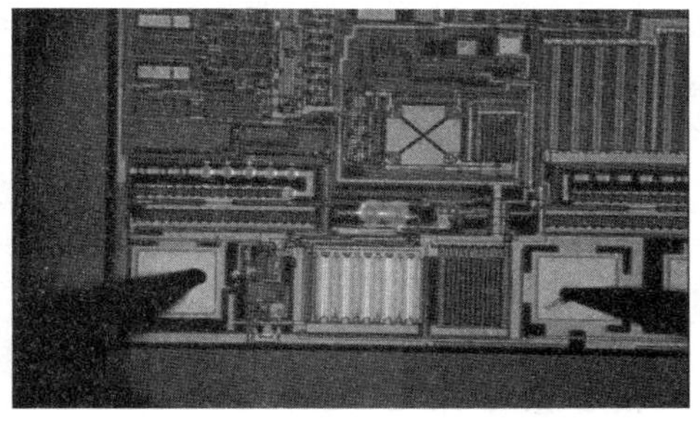

图 12－21　闩锁发光原理和实际 EMMI 照片图

③ 栅氧化层缺陷导致局部高电流密度发光机制：栅氧化层缺陷是显微镜发光技术定位到的最重要的失效之一。但薄氧化层击穿不一定会产生空间电荷区，特别是多晶硅和阱的掺杂类型相同时。它发光的解释是：电流密度足够高，在失效区产生电压降。这一电压降导致了发光显微镜光谱区内的场加速载流子散射发光。图 12－22 为氧化层缺陷导致的局部高电流密度的发光原理示意图和实际 EMMI 照片。

④ 热载流子发光机制：热载流子是被 MOS 晶体管漏端的局部沟道电场加热而具有高能量的导带电子和价带空穴，图 12－23 为热载流子发光原理和实际 EMMI 照片。到目前为止，热载流子发光现象背后的真实机制仍是研究和讨论很多的一个领域。

对工作在饱和区的 MOSFET 中的热电子发光现象，应用最广泛的解释包括以下一些机制：

- 热载流子在漏区电离杂质的库仑场中的轫致行为(轫致辐射)；
- 热电子和空穴的复合。其中空穴由沟道中强电场作用下的热电子碰撞电离产生；

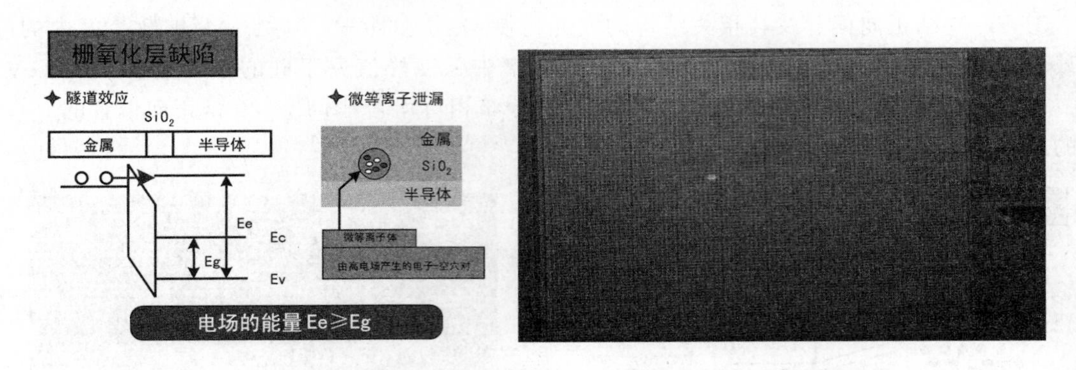

图 12-22 栅氧化层缺陷导致局部高电流发光原理和实际 EMMI 照片图

• 以上两种机制的综合。

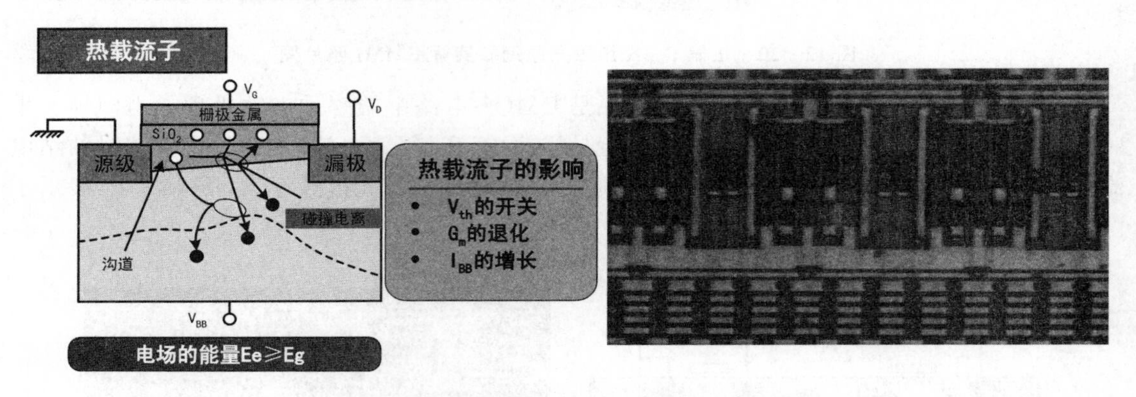

图 12-23 热载流子发光原理和实际 EMMI 照片图

12.4.6 聚焦离子束系统

1. 设备基本原理

聚焦离子束(Focused Ion beam，FIB)是利用高强度聚焦的离子束对材料进行纳米级加工的系统，目前商用系统都采用双束，即电子束和离子束。电子束为扫描电镜成像，离子束一般为液相金属镓离子源，镓元素具有低熔点、低蒸气压及良好的抗氧化力。外加电场施加于液相金属离子源，可使液态镓形成细小尖端，再加上负电场牵引尖端的镓，而导出镓离子束，在一般工作电压下，尖端电流密度约为 1Å(10-8 A/cm^2)，以电透镜聚焦，经过一连串变化孔径可决定离子束的大小，再经过二次聚焦至试片表面，利用物理碰撞来达到切割之目的。聚焦离子束设备原理结构示意如图 12-24 所示。

2. 设备实例

聚焦离子束系统的实例如图 12-25 所示。

3. 应用案例

聚焦离子束系统具有电子束成像、离子束加工的功能，离子束加速聚焦后可对材料和器件进行切割、蚀刻、沉积、离子注入等纳米精细加工工作。在大规模集成电路的失效分析中，可用来进行线路的修补和布局的验证。在失效分析中，如完成在芯片上失效位置微观定位后，可利

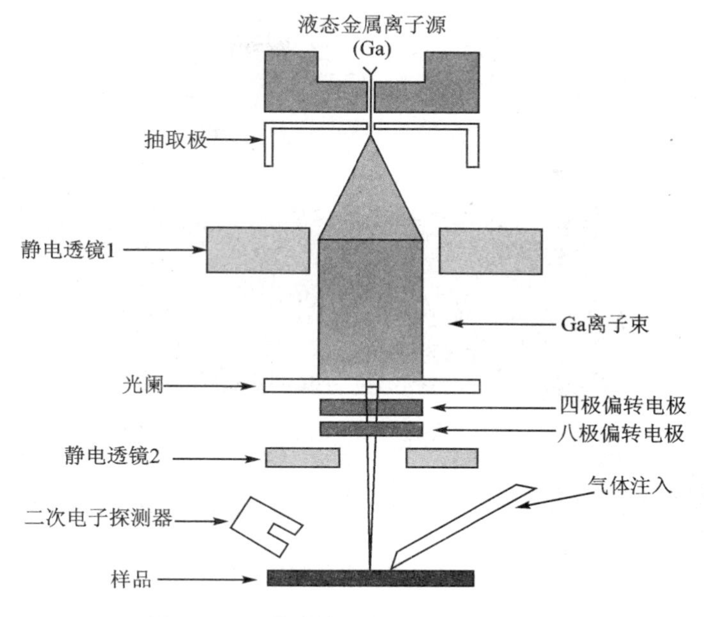

图 12-24　聚焦离子束设备原理示意图

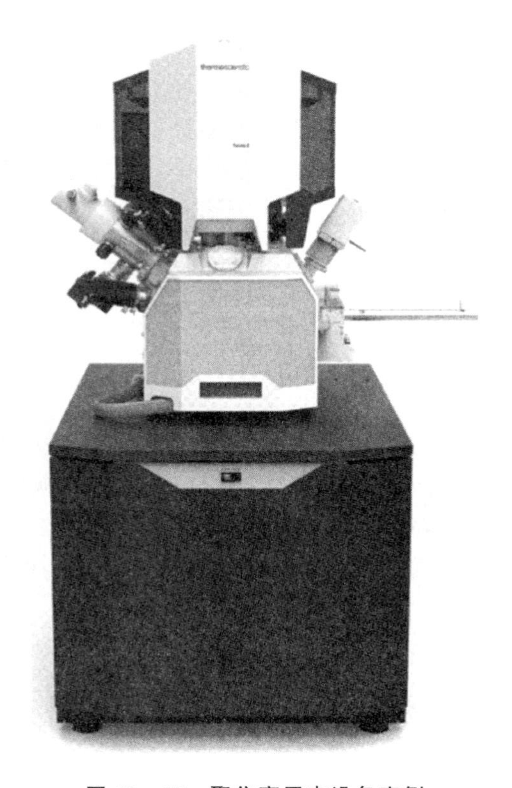

图 12-25　聚焦离子束设备实例

用 FIB 技术对芯片内部进行纵向切剖，进一步纵向的微观分析。图 12-26 展示了对集成电路芯片进行纵向切剖。

图 12-26　聚焦离子束对芯片进行纵向切剖

12.4.7　内部气氛分析仪

1. 设备基本原理

内部气氛分析仪由真空系统、分析系统、样品加热系统、穿刺取样系统等组成。将待测样品穿刺后，利用压力差，样品内部的气氛进入分析系统。分析系统采用离子源、分析器、检测器组成的四极质谱仪，离子源将气体分子电离化为带电离子，离子化的分子沿分析器的Z方向进入四极场内，受到X和Y方向电场的作用实现质量分离，利用检测器测量不同质量的离子的分压比，达到分析气体气氛成分的目的。

2. 设备实例

内部气氛分析仪设备实例如图12-27所示。

3. 应用案例

内部气氛分析仪主要用于密封封装器件的腔体内的气体成分测定，水气过高可能会引起内部的腐蚀。表12-10给出了两种样品内部气氛的分析数据，从表中可以看出样品1水气含量为0.09%，小于标准规定的5 000 ppm判定为合格器件，样品2水气含量为4.19 %，超出标准中的相关规定判定为不合格，样品2器件空腔内还存在着氦气和氟碳化合物，表明器件密封不良的问题。

表 12-10　水气数据分析数据

气体成分，体积比	样品1	样品2
氮气，%	99.9	87.0
氩气，$\times10^{-6}$	ND	4.06
二氧化碳，$\times10^{-6}$	<100	2497
水气，%	0.09	4.19

续表 12-10

气体成分,体积比	样品 1	样品 2
氢气,$\times 10^{-6}$	ND	499
氦气,%	ND	3.32
氟碳化合物,%	ND	0.51
结　论	合　格	不合格
备　注	ND=未探测到	

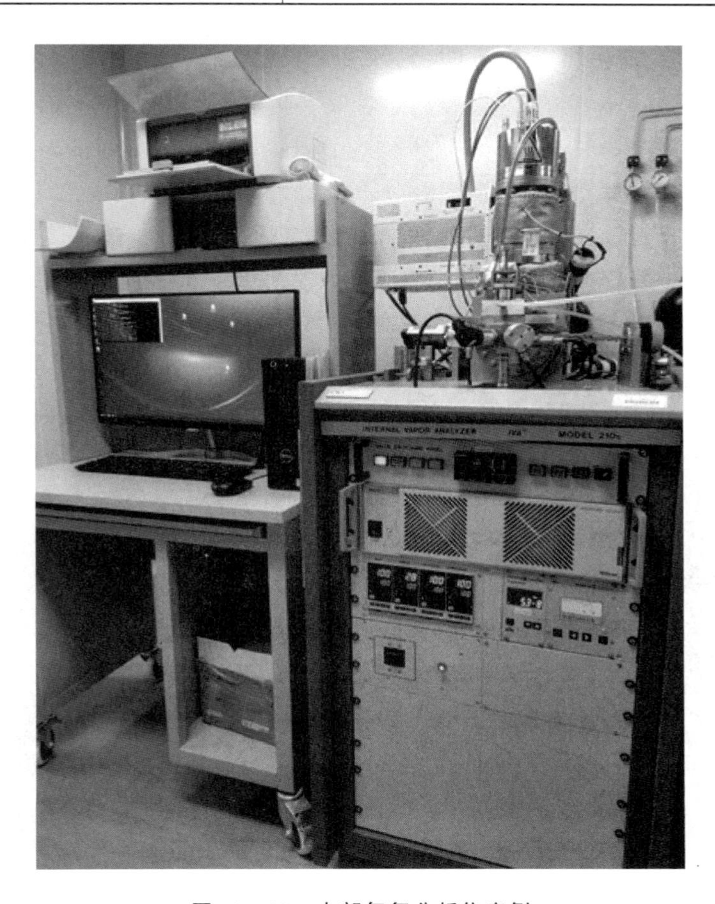

图 12-27　内部气氛分析仪实例

12.4.8　红外热像仪

1. 设备基本原理

所有高于绝对零度的物体都会发出红外辐射,辐射能的强度峰值所对应的波长与温度有关,红外热像仪(Infrared Thermal Camera)就是利用红外探头测量物体表面各单元发射的辐射能峰值的波长,再计算给出各点的温度值和红外热像图,这是一种无损检测技术。

红外热像仪通常由光机组件、调焦/变倍组件、背部非均匀性校正组件,成像电路组件和红外探测器/制冷机组件组成。设备原理示意如图 12-28 所示。

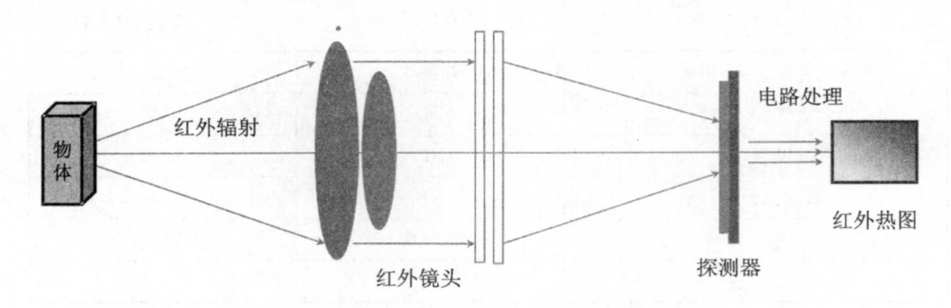

图 12-28 红外热像仪设备原理示意图

2. 设备实例

红外热像仪设备实例如图 12-29 所示。

图 12-29 红外热像仪设备实例

3. 应用案例

红外热成像仪利用红外测温技术得到的红外图像,通过色带与数据分析区反应出物体表面温度的高低,并且能够有效定位到温度峰值点或缺陷点。不接触被测表面,反映器件真实工作状态的热特性,可以探测元器件中多种缺陷和机理引起的失效,尤其是在失效定位方面具有准确、直观和重复再现性。

图 12-30 展示了某型号电路的热分布图。

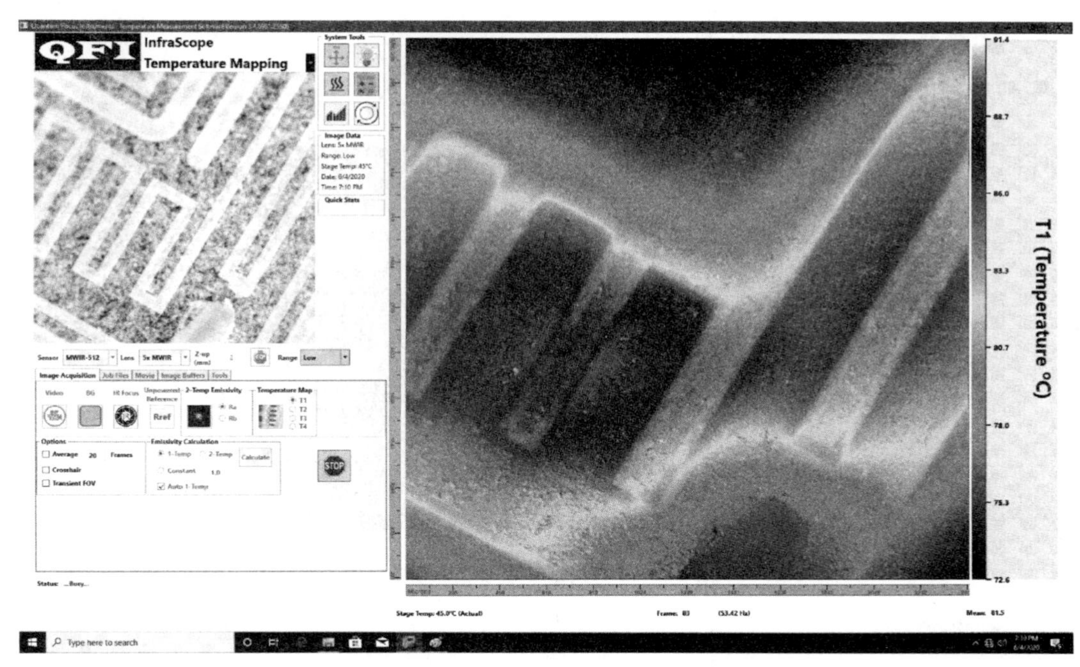

图 12-30　某失效器件的红外热分布图

12.4.9　颗粒碰撞噪声检测分析仪

1. 设备基本介绍

颗粒碰撞噪声检测分析仪，其原理是通过先对有内腔的密封器件施加适当的机械冲击应力，使粘附在密封器件腔体内的多余物成为可动多余物，再施加一定的振动应力，使可动多余物在腔体内产生位移和振动并与腔体内壁相撞击产生噪声，再通过换能器来检测产生的噪声，判断腔体内有无多余物存在。器件腔内的自由颗粒在受冲击振动时与外壳发生碰撞，激励传感器而被探测出来，并通过三种方式表示自由颗粒存在，三种方式分别为：声（音频指示）、光（指示灯闪亮）、电（“示波器屏显示的噪声”高频尖峰信号）。PIND 检测原理如图 12-31 所示。

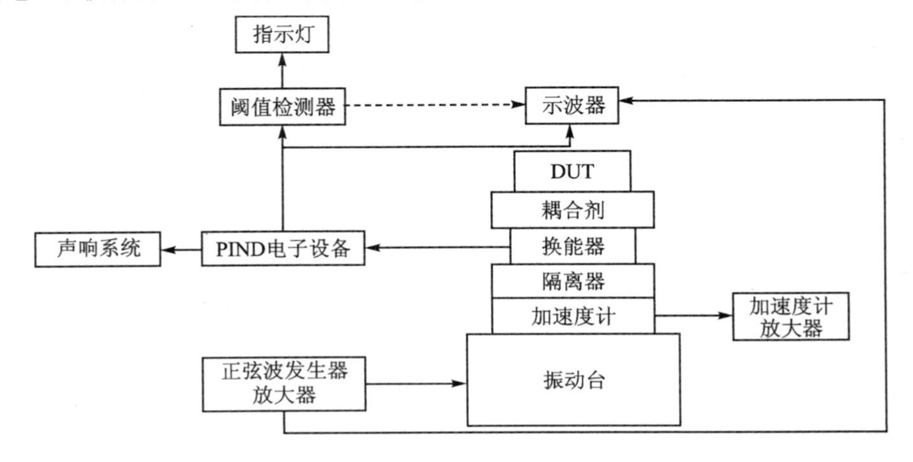

图 12-31　颗粒碰撞噪声检测分析设备原理示意图

2. 设备实例

颗粒碰撞噪声检测设备实例如图 12-32 所示。

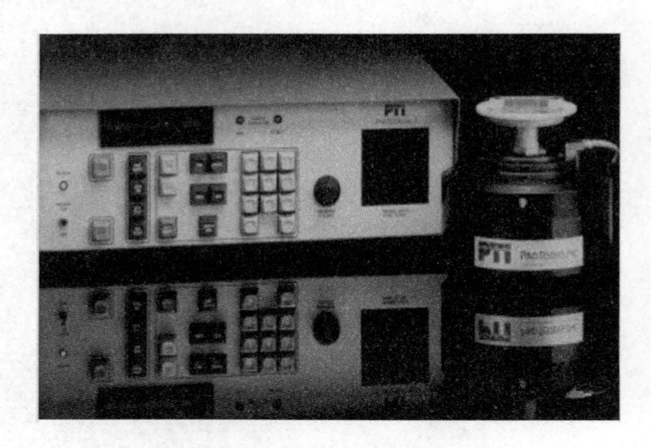

图 12-32 颗粒碰撞噪声测试仪

3. 应用案例

将器件利用粘附剂粘在设备的换能器上,利用预定编制好的试验循环程序,启动 PIND 设备试验监视器即可,通过监视器曲线的变化即可知道器件是否含有多余物。但需要注意的是不同腔体高度的器件在多余物碰撞过程中产生的共振点是不同的。利用 PIND 技术检测元器件空腔内部是否含有多余物。

12.4.10 等离子刻蚀机

1. 设备基本原理

等离子体可以与物体进行物理和化学反应,进行高效的表面清洗、活化和刻蚀。等离子刻蚀,是干法刻蚀中最常见的一种形式。等离子刻蚀机是利用高真空条件下的特定气体的辉光放电,产生能与薄膜发生离子化学反应的离子或离子基团,生产挥发性的反应产物,生产物在低气压的真空室中被抽走,从而实现对芯片表面薄膜的刻蚀。

实验室里一般选用小型的台式反应离子刻蚀机(RIE),可以选择不同的其他气体可对钝化层或金属实现选择性刻蚀,从而实现刻蚀。等离子刻蚀仪可选择的工艺气体,包括氩气、氧气、氢气/混合气体、氦气、四氟化碳和六氟化硫等。

2. 设备实例

小型的反应离子刻蚀机(RIE)实例如图 12-33 所示。

3. 应用案例

利用小型的台式反应离子刻蚀机(RIE),可以选择不同的气体可对钝化层或金属实现选择性刻蚀。有时用扫描电镜观察芯片表面时,因钝化层太厚,会有电荷积累影响成像,需去除钝化层。

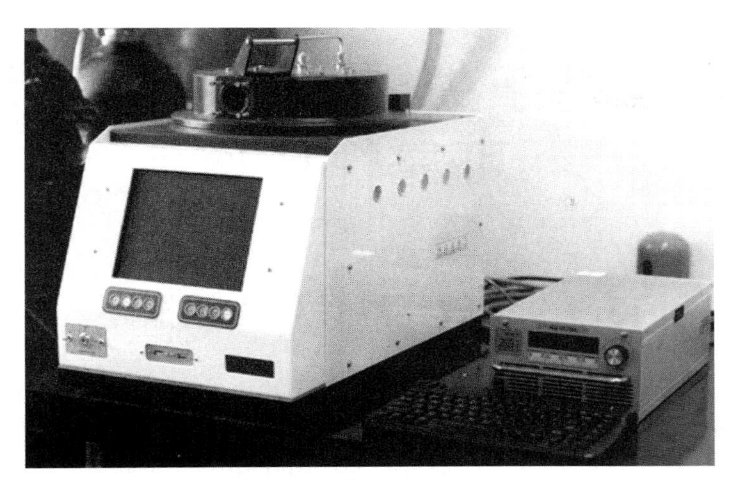

图 12-33　反应离子刻蚀机实例

习　题

12.1 电子元器件失效分析一般工作流程有哪些?

12.2 导致电子元器件失效常见的应力类型有哪些?

12.3 电子元器件常见的失效分析设备有哪些?

12.4 无损检测技术通常包括哪些常见项目?

12.5 请简要叙述扫描电子显微镜的工作原理。

12.6 保存失效样品时需要注意哪些事项?

12.7 请列举出某一种电子元器件常见的失效模式和失效机理。

第13章 基于失效物理的电子元器件可靠性评价

13.1 失效物理评价方法概述

电子元器件可靠性评价技术起源于20世纪50年代中期，先后发展成为两种不同模式和方法的可靠性评价体系。一种是基于数理统计手册式的标准可靠性预计方法，称为传统的可靠性预计方法，以美国国防部在1957年推出的ML－HDBK－217《电子设备可靠性预计手册》为代表。另一种是基于失效物理的寿命预测方法，这种方法已成为可靠性及寿命预测领域的研究热点。

失效物理（Physics of Failure，PoF）的概念出现于20世纪50年代，在1952—1957年间，美国国防部为了提高和保证电子产品的可靠性水平，成立了电子设备可靠性咨询委员会，电子产品零部件失效成了研究的热点。此后，贝尔实验室成立了可靠性规范制定研究小组，就电子产品的可靠度和失效率问题进行了研究。此后，可靠性的分析以大量实际数据为基础。1959年展开了GIDEP计划，并于1968年成立了可靠性分析中心（RAC，Reliability Analysis Center），对失效数据进行分析以确定产品的失效率水平，但这些技术对产品的可靠性及寿命并没有直接改善的作用。在当时苏美军备竞赛的背景下，美国国防部和电子产品的研制商对于许多电子产品的失效无法给出准确的解释。为了解决这些问题，1961年美国空军ROME航空发展中心与多家主要的电子公司制订了合作研发计划，对电子产品失效机理进行探讨，并将其成功运用到阿波罗登月计划中。1962年在美国举办了第1届失效物理研讨会并取得了巨大的反响，此后该会议每年定期举行并延续至今。

马里兰大学的可靠性研究小组建议新的可靠性研究和寿命预计模型中应该不再像传统寿命预测模型那样采用恒定失效率，对于独立或特殊失效机理导致的失效应该采用特定的分布进行建模，此外模型还应该考虑温度、振动、湿度之类的环境应力，至此寿命预测方法转向了从产品发生失效的本质入手，综合考虑其内部和外部的综合应力的更加精确有效的预计方法。

1995年，美国的Calce研究中心的Pecht教授提出了以失效物理的方法对可靠性进行分析和设计。这种方法是从物理失效机理、化学变化出发，研究产品在使用周期内的失效本质进行研究，并根据得到的与失效有关的物理信息，对产品的可靠性及寿命进行预测。这种方法和传统意义上的可靠性方法有本质的不同，其避免了传统可靠性分析方法需要对大量的受试产品进行分析与试验，节约了时间和金钱成本。因此，基于失效物理方法的可靠性及寿命预测方法在可靠性领域得到了日新月异的发展。

目前，国内外大型的IT公司都对电子产品基于的失效物理的寿命预测方法做了深入的研究，欧洲电子系统制造商都不再使用传统的可靠性预测手段，美国国防部着手将失效物理的方法和标准化的可靠性预计方法相结合，开发出了新型的复合现代制造工艺和技术的可靠性预计手册。显然，基于失效物理的电子产品可靠性预测是技术发展的必然方向。美国、英国、日本、新加坡、马来西亚等国家都已经抛弃了传统的可靠性预测方法，采用了失效物理分析。这种方法被证实对预防、监测、管理电子产品的失效非常有效。

13.1.1 失效物理概念

1. 失效物理

失效物理是一门研究电子元器件失效机理的学科，失效物理分析的目的在于以可靠性技术为理论基础，引入物理与化学的思考和方法，说明构成产品的零件或材料的失效机理，并以此作为消除或减少失效发生原因的依据，以提升产品的可靠度。

通过失效品分析工作的进行，有助于发现对失效敏感的特性参数，了解零件、材料的失效数学模型(Failure Model)及退化模式(Degradation Pattern)等失效机理信息，进而建立寿命与应力间关系的数学模型，这些成果应用于材料与元器件层次，可以开发潜在性缺陷的检测技术，规划实用的筛选与非破坏检测方法，开发加速寿命试验(Accelerated Life Test)、过应力试验(Overstress Test)等寿命试验与测量工作。

由于器件的失效行为与失效物理有着极为密切的关系，而失效分析又是可靠性技术的核心工作，因而又有人将失效物理称为可靠性物理(Reliability Physics)。

失效物理分析的目的在于研究失效发生的原因、过程与机理，常见的分析方法有：

① 直接调查失效本身的方法；

② 观测失效前的应力状态或失效的诱因，利用非破坏性检测技术，调查容易发生失效部位的特性与状态，然后研究这些项目与实际失效的关系。

不论采用的以上何种方法，都需要应用检测与分析产品物理和化学状态的技术，这就是失效物理方法的根本。

2. 失效物理模型

失效物理模型量化地描述产品性能、强度或寿命随载荷以及时间变化的一个确定的过程或关系。针对不同失效机理的失效物理模型有所差异，模型可以分为应力-时间模型，应力-强度模型、冲击模型、性能/强度模型等。

1）应力-时间模型

针对产品组件或材料在温度、振动、腐蚀等失效机理而引起的失效，主要采用应力-时间模型。这些失效机理的根本原因是元器件或材料中产生了分子或原子量级的微观物理化学变化，导致电子产品的性能参数随时间的推移逐渐退化，当参数的退化量超过某一界限时便会导致产品失效。产品失效的寿命与元器件内部的反应速率有关，所以又把这种失效模型称作反应速率模型。阿伦尼乌斯与艾林等人研究了失效物理中反应速率与应力之间的关系，研究最终推导出了组件与温度、电压、湿度等应力参数的关系退化模型，分别称作阿伦尼乌斯模型与艾林与艾琳模型。

(1) 阿伦尼乌斯模型

电子产品的元器件特性退化甚至失效，主要是由于构成物质的原子或者分子因为化学或物理原因随时间发生了不良的反应变化，当反应的结果使变化累积到一定程度时就会产生失效。因此反应速率越快，电子产品元器件的寿命则越短。阿伦尼乌斯从试验中得出的结论：反应速率与激活能的指数成反比，与温度倒数的指数成反比，可以表示为式(13-1)。

(2) 艾林模型

阿伦尼乌斯模型只单独考虑了单一的温度应力对元器件性能参数的影响,而现实情况是多个影响因素共同作用导致的失效,如湿度、电压等其他环境应力。艾林提出的模型同时考虑了包括温度在内的多种应力和失效寿命之间的关系,其反应速率为:

$$R(T,S)=R_0 f_1 f_2 = R_0 e^{CS} e^{\frac{DS}{kT}} \tag{13-1}$$

$$R_0 = a\frac{k}{h}e^{-\frac{E}{kT}} \tag{13-2}$$

式中:T 为温度应力;S 为非温度应力;h 为普朗克常数;$f_1=e^{CS}$ 是考虑由非温度应力存在时对能量分布的修正因子;$f_2=e^{DS/kT}$,是考虑到由非温度应力存在时,对激活能的修正因子;a,C,D 是待定常数。

2) 应力-强度模型

电子元器件在外力的作用下应力超过材料强度则会引起元器件失效。将应力和强度的分布函数在同一坐标系中表示出来,如图 13-1 所示。当强度的均值大于应力的均值时,在图中阴影部分就表示应力和强度"干涉区","干涉区"内就有可能发生强度小于应力也即失效的情况。

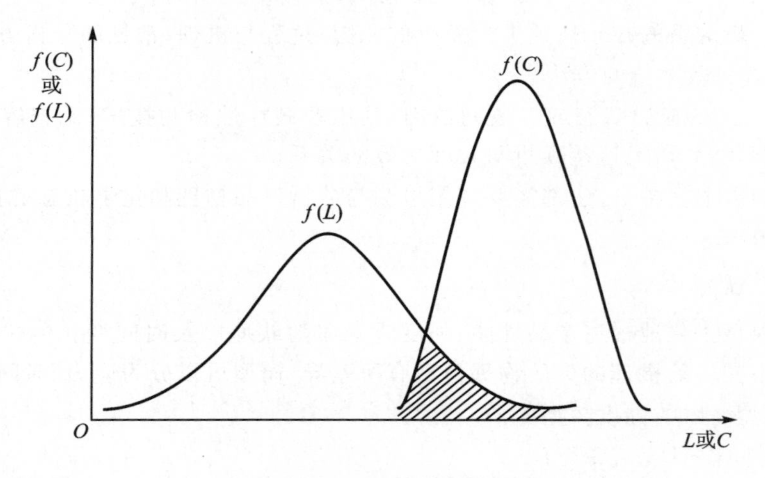

图 13-1 应力与强度干涉关系

所以,该模型下的失效概率为:

$$\lambda = P_r(L>C)=\int_{-\infty}^{+\infty} f_C(C)\left[\int_C^{+\infty} f_L(l)\,dl\right]dC \tag{13-3}$$

当已知应力和强度的概率密度函数时,根据上式即可求得其失效概率。

通常,将强度最低值与应力最大值之比称为安全裕度(或安全系数)(Safety Factor)。即使器件在初始时刻应力与强度之间预估有充分的安全裕度,但是强度也会随时间而逐渐退化而减弱,最终使得强度分布与应力分布重合,当应力超过强度时即发生失效,如图 13-2 所示。

电子元器件发生的引线断裂、结构松散、脱焊、材料裂损、芯片裂纹等失效问题都和元器件的承受强度有关,这一类的失效都可以采用应力-强度模型加以解释。

3) 冲击模型

器件在受到随机发生的冲击负荷作用,并且冲击负荷作用发生时间间隔为指数分布,则在

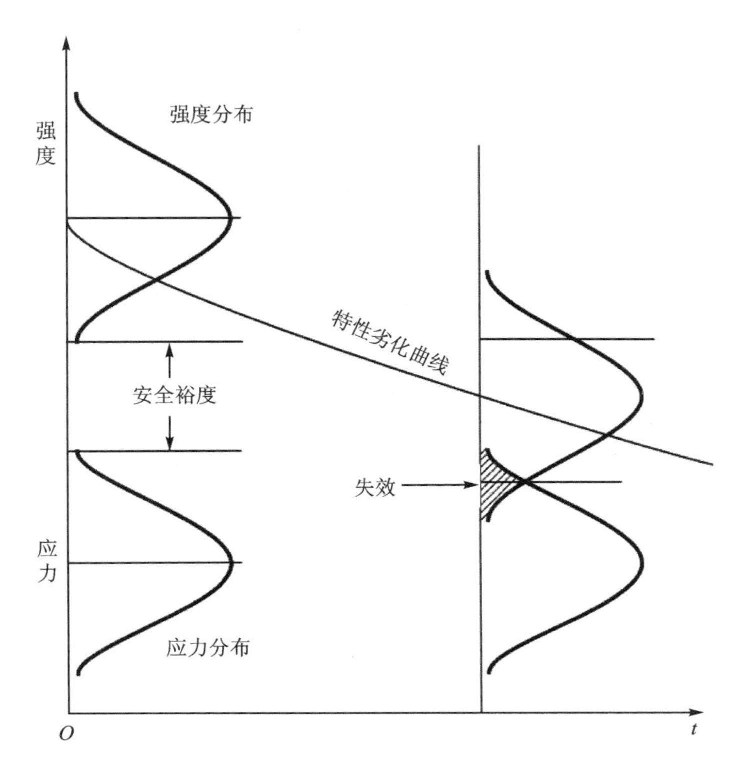

图 13-2　强度和应力随时间退化趋势图

一定时间内发生的冲击次数为泊松分布。假定器件承受随机发生的冲击负荷次数累计达 k 次以上才发生失效，若单位时间内冲击负荷发生概率为 λ，则失效发生的概率为：

$$F = P_f = 1 - \sum_{i=0}^{k-1} \frac{(\lambda t)^i e^{-\lambda t}}{i!} \tag{13-4}$$

13.1.2　失效物理方法与传统可靠性预计比较

1. 传统可靠性预计方法及其不足

传统的可靠性预计方法指的是基于手册或标准的可靠性预计方法。此类可靠性预计方法是基于对历史失效数据进行数理统计、函数拟合而建立的预计模型来进行可靠性预计的，常用的可靠性预计手册及应用领域见表 13-1。

表 13-1　基于手册/标准的可靠性预计方法及应用领域

预计手册	应用领域	最后一次更新时间/年
MIL-HDBK-217F	美国军方及商用	1995
Bell core/Telcordia—SR—332	电　信	2006
RDF 2000	电　信	2000
SAE Reliability Prediction Method	汽　车	1987

续表 13-1

预计手册	应用领域	最后一次更新时间/年
NTT Procedure	电　信	1985
Siemens SN29500	西门子产品	1999
GJB－299B	中国军方及商用	2006
PRISM	美国军方及商用	2000

最早成形的可靠性预计和评估规范可追溯到1956年12月由RCA发布的TR-1100《电子设备可靠性应力分析》。1965年正式发布了军用电子设备可靠性预计手册MIL-HDBK217A版,经过几次改版,目前为F版。国际上的一些公司和组织,先后都以MIL-HDBK217为蓝本,制定了可靠性预计手册或标准,例如,英国电信(BritishTelecom)的HRD-4标准,西门子公司(SiemensAG)的SN29500标准,以及我国的GJB/Z299《电子设备可靠性预计手册》等。

MIL-HDBK-217可靠性预计方法主要分为两部分,其中一部分叫作元器件计数法,另外一种叫作元器件应力法。零部件计数法需要对使用环境参数诸如零部件复杂度,温度,以及电应力,运行模式,外部环境进行设定。则由n个元器件组成的设备,其总的失效率计算公式如下:

$$\lambda=\sum_{i=1}^{n}\lambda_i \tag{13-5}$$

式中,λ_i为第i个元器件在设定的使用环境下的失效率。由于设备中的所有元器件不可能是在设定的统一的使用环境下工作,因此按元器件计数法计算出来的设备总的失效率将与实际情况不符,因此元器件应力法则需要对每个元器件的诸如复杂度,应力条件,环境因子(称为π因子)等进行单独设定,如MIL-HDBK-217手册中提供了从“地面良性环境”到“大炮发射”多种不同等级的使用环境因子(用π_E表示),同时也提供了不同等级的质量因子(用π_Q表示),则由n个元器件组成的设备,使用元器件应立法计算其总的失效率为:

$$\lambda=\sum_{i=1}^{n}(\lambda_i\times\pi S\times\pi T\times\pi E\times\pi Q\times\pi A) \tag{13-6}$$

式中:πS为应力因子;πT为温度因子;πE为环境因子;πQ为质量因子;πA为调整因子。

近年来,美国标准和技术研究所(NIST)、贝尔实验室、美国陆军、波音公司、霍利韦尔电子公司和福特汽车公司等的研究结果表明,这种基于手册的可靠性预计方法对工业部门来说,由于其预计的不准确性和缺乏对产品改进的指导作用而对电子行业造成了较大的损失,甚至阻碍了对新技术的积极采用。从表13-1中可以看出基于统计学的传统可靠性预计方法很多已不再更新。MIL-HDBK-217及其等同的可靠性预计手册中存在的问题大致可归纳为以下几个方面。

① 预计手册中的可靠性预计值是基于工业部门的平均水平制定的,并不针对具体的供应商和具体的器件类型。首先,不同的工艺和材料对电子器件的可靠性影响很大;其次,不同制造商的质量控制水平也各不相同。

② 预计手册中模型参数的数据陈旧,不能及时更新,用这些数据进行可靠性预计无疑会对设计带来很大隐患。

③ 电子产品可靠性更多地与系统层面的布局和装配有关，而不单纯是设计制造过程中由于器件本身的缺陷所造成的，如元器件与 PCB 互连的失效在现代电子设备失效类型中就占有相当的比例。

④ 未考虑到器件在某些环境中所造成的失效。如系统在安装中偶然受到了过应力，在储存、搬运、运输和安装等过程中造成的潜在伤害等。

⑤ MIL－HDBK－217 中所谓的基于应力的可靠性分析模型，没有真正考虑电子设备所遭受实际应力水平和失效时间的对应关系，而是把环境条件粗略划分为 14 大类别，笼统地用环境修正系数来修正环境条件的影响。

2. 基于失效物理的可靠性评估

近年来，工业界和学术部门都意识到要准确地评估产品的可靠性，必须结合产品的设计信息和相应的预期环境条件，明确产品的失效定义和失效机理。一些著名的企业，如通用汽车公司、英特尔公司和波音公司等宣布将不再采用基于手册和标准的可靠性预计方法，转而采用基于对失效模式和失效机理深刻理解的可靠性评估方式；美国军方也倡导基于“性能”的可靠性评估方法，其实质也是基于失效物理的可靠性评估。

基于失效物理的可靠性评估方法的基本假设是：电子产品潜在的失效总是由于基本的机械、电、热和化学等应力作用的过程所导致。因此，只要充分了解产品的失效模式、失效机理和失效位置等信息，就能采取适当措施防止这些潜在失效的发生。基于失效物理的可靠性评估过程如图 13－3 所示。首先应确定产品的设计特征和环境条件，通过有限元等技术确定产品的局部载荷或应力分布，然后，通过产品的材料和结构对应力的响应确定潜在的失效位置、失效模式和失效机理。比如，热应力可导致电迁移、电介质击穿、热-机械疲劳失效等。一旦清楚了失效机理，就可以引用量化的“应力-损伤”模型评估各种失效模式相应的失效时间。针对这

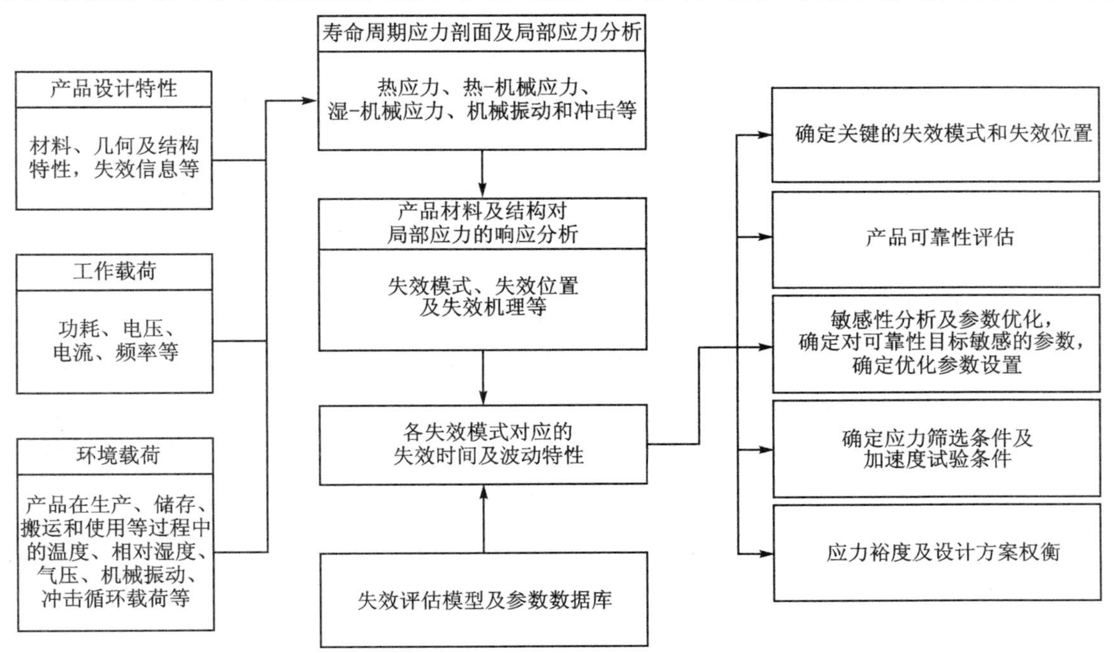

图 13－3　基于失效物理的可靠性评估过程

些众多的失效模式及其相应的失效时间信息，可通过风险评估法确定关键失效模式和/或评估产品的可靠性寿命。

基于失效物理的可靠性评估模型能够准确地预计产品的可靠性，是因为它具有以下特点：

① 结合了产品的具体设计特性。产品的设计特性，尤其是产品的材料和几何特性对可靠性的影响非常大。由于电子元器件不同的封装材料和不同的几何外形对特定的应力响应也是完全不同的，其可靠性、寿命也必然不同。忽视这些设计上的差异将极大地影响预计结果的准确性。

② 考虑了环境及工作载荷的影响方式。环境和工作载荷是导致产品失效的诱因。产品失效不但与稳定的载荷有关，还与变化的载荷历程，如循环温度、循环湿度、电压偏差、振动、辐射等过程有关。产品外部载荷和产品局部应力是不同的概念，失效物理模型的输入是局部的应力载荷。有时较大的外部载荷并不意味着产品特定位置必然承受较大的应力水平；反之，较小的外部载荷也并不意味着产品特定位置处不会遭遇较大的应力。

③ 对产品失效的详细定义。由于失效可能包含多种失效模式，因此，预计模型必须能对各种失效模式的失效时间进行评估，以保证评估结果的完备性。

④ 考虑了制造过程的影响。例如，在某型集成电路的封装过程中，由于集成电路上的压合点和衬底上的压合点没有对齐而严重影响产品的可靠性；另外，不同制造商的产品质量与可靠性水平也不尽相同，因此在评估产品的可靠性时一定要搞清产品制造过程的质量保证情况。

⑤ 可考虑随机因素的影响。由于在设计、制造和使用过程中存在各种随机因素的影响，通过建立随机因素的统计分布，可以模拟可靠性和寿命的随机波动情况。

⑥ 可验证产品是否达到期望的寿命要求，评估产品设计的薄弱环节，以便采取适当的改进措施，此外，基于失效物理的可靠性评估方法还可以用来对设计过程和制造过程进行预先鉴定。

13.2　电子元器件典型失效物理模型

学术界和工业界以基本的阿伦尼乌斯、艾林模型等为基础，针对不同的失效机理建立了对应的失效物理模型。本章节针对电子元器件典型的失效机理提供了失效物理模型。

13.2.1　随机振动疲劳失效

在实际工作条件下，电子设备会受到由于外界因素而引起的振动，而设备内部的印制电路板和元器件也会随着设备振动而振动。由于设备振动产生的应力会引起印制电路板上的元器件焊点、镀通孔的疲劳失效，随机振动疲劳成为了焊点和引线的主要失效机理之一。随机振动疲劳模型如下所示：

$$N_{\mathrm{f}}=C\left[\frac{z_1}{z_2\sin(\pi x)\sin(\pi y)}\right]^{\frac{1}{b}} \tag{13-7}$$

式中：

N_{f} 表示器件的疲劳寿命；

x 和 y 表示该器件在电路板上的无量纲位置坐标，即实际坐标与电路板长度的比值；

C 是根据标准试验确定的常数，对于随机振动，$C=2\times10^7$；

b 表示疲劳强度指数；

z_1 和 z_2 由以下两式确定：

$$z_1=\frac{0.000\ 22B}{ch\sqrt{L}} \tag{13-8}$$

$$z_2=\frac{36.85\sqrt{PSD_{\max}}}{f_n^{1.25}} \tag{13-9}$$

式中：

$PSD_{\max}$ 表示随机振动的最大功率谱密度；

f_n 表示 PCB 板在实际使用状态下随机振动的最小自然频率；

B 表示器件 4 条边到电路板 4 条边的距离中的最大值；

L 表示器件长度；

h 表示电路板厚度；

c 表示封装系数。不同的封装形式取值不同，对于轴向引线的电阻器、电容器、二极管等器件取值为 0.75；对于双列直插封装（DIP）取值为 1，对于球栅阵列封装（BGA）取值为 1.75；对于无引线陶瓷芯片载体封装（LCCC）取值为 2.25。

13.2.2　机械冲击失效

冲击定义为机械系统对能量的快速传递，结果引起系统的应力、速度、加速度或位移明显增大。冲击往往能激励结构中的许多固有频率，从而产生高应力、高加速度、大位移。过应力失效判据是：

$$z_{\text{allow}}<z_{\max} \tag{13-10}$$

式中：

$$z_{\text{allow}}=\frac{0.00132B}{chr\sqrt{L}} \tag{13-11}$$

$$z_{\max}=\frac{9.8G_{\text{in}}A}{f_n^2} \tag{13-12}$$

式中：

B 表示器件 4 条边到电路板 4 条边的距离中的最大值；

L 表示器件长度；

r 表示器件在 PCB 上的相对位置因子；

c 表示封装系数，不同的封装形式取值不同，对于轴向引线的电阻器、电容器、二极管等器件取值为 0.75，对于双列直插封装（DIP）取值为 1，对于球栅阵列封装（BGA）取值为 1.75，对于无引线陶瓷芯片载体封装（LCCC）取值为 2.25；

f_n 表示 PCB 板在实际使用状态下随机振动的最小自然频率；

G_{in} 表示输入到 PCB 的峰值加速度；

A 表示冲击放大因子。

13.2.3 热疲劳失效

由于温度循环和热冲击,ULSI(Ultra Large - Scale Integration,超大规模集成电路)中可能发生疲劳失效。在热循环或温度冲击期间永久性损伤不断累积。器件每次经历正常的上电和断电循环时,热循环造成的损坏也会累积。这样的循环会引起周期性应力,往往会削弱材料特性,并可能导致许多不同类型的失效。包括介电/薄膜开裂、键合翘起失效、键合线断裂/损坏、焊接疲劳失效、芯片或封装开裂、芯片分层、芯片翘曲。焊接在热机械应力下会因疲劳而失效,通常由热膨胀系数和杨氏模量的不匹配引起。

1. Coffin-Manson 模型

对于塑性材料,Coffin-Manson 方程很好地描述了低周疲劳:

$$N_f = A_0\left(\frac{1}{\Delta\varepsilon_p}\right)^B \tag{13-13}$$

式中:

N_f—失效前循环次数,下同;

A_o—材料相关常数;

$\Delta\varepsilon_p$—塑性应变范围;

B—经验常数。

低周疲劳定义为一种经历数百或数千个循环而失效的应力条件;高周疲劳则需要数百万次循环以上。Coffin - Manson 模型最初是为塑性材料(飞机用铁和铝合金)开发的,但也已成功应用于脆性材料。

大多数材料具有恒定的 Coffin - Manson 指数,但是 Pb 基焊料例外,因为使用温度远高于开始发生蠕变和大规模扩散的温度。

2. 修正的 Coffin - Manson 模型

Coffin - Manson 方程很好地描述了材料的疲劳属性,甚至可以描述脆性材料的裂纹萌生和生长最终导致的失效,而不仅仅是简单的塑性变形。在温度循环期间,并非所有应力(即温度范围,ΔT)都会引起塑性变形。如果温度循环中一部分 ΔT_0 实际上引起了弹性变形,那么应从总应变范围中减去弹性应变的部分。

$$\Delta\varepsilon_p \propto (\Delta T - \Delta T_0)^B \tag{13-14}$$

因此,对于具有塑性变形的温度循环或热冲击,Coffin - Manson 方程变为:

$$N_f = C_0(\Delta T - \Delta T_0)^{-q} \tag{13-15}$$

式中:

C_0—材料相关常数;

ΔT—器件的温度循环范围;

ΔT_0—引起弹性变形的温循范围;

q—经验常数,对于塑性材料如焊料,取1~3;对于硬合金/金属间化合物,取3~5;对于脆性材料如 SiO_2 和 Si、Si_3N_4,取6~9。

如果弹性范围(ΔT_0)远小于整个温度循环范围(ΔT),则可以在不引入显著误差的情况下忽略ΔT_0。从而,

$$N_f = C_0(\Delta T)^{-q} \tag{13-16}$$

3. Norris Landzberg 模型

Norris Landzberg 对 Coffin - Manson 模型进行了修正,增加了循环频率因子和最高温度,与幂律或 Arrhenius 方程中的温度相关。具体形式如下:

$$N_f = C_0(\Delta T)^{-n}(f)^m \exp(E_{aa}/kT_{max}) \tag{13-17}$$

式中:

E_{aa}—表观激活能(eV/atom 或 Kcal/mole),SnPb 焊料通常为 0.122,SAC 焊料通常为 0.188;

n—材料相关常数,SnPb 焊料通常为 1.9,SAC 焊料通常为 2.65;

m—材料相关常数,SnPb 焊料通常为 1/3,SAC 焊料通常为 -0.136;

ΔT—温度循环范围;

T_{max}—温循范围的最高温度;

f—循环频率因子(例如,每天,每小时 2 个应力循环则 $f=2\times24=48$);

k—玻尔兹曼常数。

4. 裂纹扩展模型

ULSI 器件在经历温度循环和热冲击后会发生界面失效。界面失效包括:爆米花效应,被定义为模塑料与 Si 芯片或其引线框架或基板之间的界面分层,通常是由于界面粘附力不足,尤其是在存在水分的情况下;发生在脆性介电薄膜中的薄膜开裂;键合引线翘曲,如果温度循环致使 Si 芯片表面与模塑化合物的渐进分层,则会导致键合引线翘曲(引线、金属间化合物与键合焊盘分离);硅芯片断裂,当大晶片边缘存在不充分开槽的铝线时,晶片会在温度循环下发生断裂,并且断裂会通过金属/介质堆传播到大块硅中,如果芯片边缘附近存在粘接空洞,也会发生硅片断裂。

Paris Law 以 Paris 和 Erdogan 于 1963 年首次提出的断裂力学方法为基础。Paris Law 建模了裂纹扩展速率对数与应力-强度因子对数之间关系,通常存在三种状态区域:区域Ⅰ代表亚临界裂纹萌生;区域Ⅱ代表亚临界扩展;区域Ⅲ代裂纹快速扩展。Paris Law 指数在不同区域内,以及同一区域内不同材料时,差异很大。

Paris Law 用于表征基于幂律模型的疲劳载荷下的亚临界裂纹扩展,并使用应力强度因子表示:

$$da/dN = C(\Delta K)^m \tag{13-18}$$

或者用能量释放率代替应力强度因子:

$$da/dN = C(\Delta G)^m \tag{13-19}$$

式中:

a—裂纹尺寸;

N—载荷循环数;

ΔK—每个循环应力强度因子变化范围；

ΔG—每个循环能量释放率变化范围；

C—材料相关的系数；

m—材料相关的Paris指数，见表13-2。

表13-2　部分材料的Paris指数

材　料	Paris 指数
Cu-polymer	3.5
键合引线金属间化合物 Au_4Al 断裂	4
Low-k ILD-Cu	4
Au downbond Heel Crack	5
氧化铝基板断裂	5.5
层间电介质开裂	5.5
多层FR4印制电路板	6.9
硅芯片断裂	7
键合焊盘下的Si	7.1
薄膜开裂	8.4

13.2.4　铜铝腐蚀

当ULSI器件暴露于潮湿环境和存在污染物时，可能会发生腐蚀失效。腐蚀失效通常分为两类，焊盘腐蚀或内部芯片腐蚀。焊盘腐蚀通常更为常见，因为器件钝化不会覆盖焊盘位置；如果芯片钝化层中存在一些弱点或损坏，将使得水分和污染物(例如，氯离子)可以到达金属化层，发生内部芯片腐蚀。

腐蚀通常可以用腐蚀电池来描述，必须包括四个关键部分：阳极，阴极，电解质和为氧化/还原过程所需的电子流提供路径的导体。通常，Al形成良好的自钝化氧化物并且比Cu具有更低的腐蚀性(Galvanic系列恰好相反)。但是，如果将氯离子加入水中，那么保护Al的 Al_2O_3 天然氧化物将迅速还原，从而暴露出高反应性的Al表面，然后迅速腐蚀。

为了使腐蚀以高的速率进行，污染物和金属离子必须能够分别快速地扩散到腐蚀区域和从腐蚀区域扩散。这在液体中更容易发生，所以对液体/湿腐蚀的激活能通常非常低(～0.3 eV)；在干燥环境中，激活能通常较高。腐蚀速率与相对湿度百分比(%RH)相关性很强。

目前已有行业标准测试用于加速潜在的ULSI腐蚀失效机理：85/85(偏压，85 ℃和85% RH)，高温(无偏压，121 ℃和100%RH)，以及高加速应力试验(HAST偏压，121 ℃和85% RH)和无偏高加速应力试验(UHAST)(无偏压，121 ℃和85%RH)。本节给出了四种模型，可将试验获得的加速腐蚀结果外推到现场使用条件。

1. 倒数指数湿度模型

$$TTF = A_0 \exp(b/RH)\exp(E_{aa}/kT) \tag{13-20}$$

式中：

A_0—未知常数，取决于材料和工艺，下同；

b—湿度相关倒数参数；磷酸取 300 %，氯取 529 %；

RH—相对湿度(%)，下同；

E_{aa}—表观激活能，磷酸取 0.3 eV，氯取 0.75 eV；

k—玻尔兹曼常数，下同；

T—开氏温度，下同。

2. 幂律湿度模型

$$TTF = A_0 (RH)^{-n} \exp(E_{aa}/kT) \tag{13-21}$$

式中：

n—Peck RH 指数，取 2.7(铝腐蚀试验测定值)；

E_{aa}—表观激活能，0.7～0.8 eV(存在氯化物时，铝腐蚀的激活能)。

3. 指数湿度模型

$$TTF = A_0 \exp(-a * RH) \exp(E_{aa}/kT) \tag{13-22}$$

式中：

a—0.10～0.15 $(\%)^{-1}$；

E_{aa}—表观激活能，0.7～0.8 eV(存在氯化物时，铝腐蚀的激活能)。

4. Lawson 湿度模型

$$TTF = A_0 \exp(-b * RH^2) \exp(E_{aa}/kT) \tag{13-23}$$

式中：

b，4.4e−4—取决于腐蚀特性；

E_{aa}—表观激活能，约为 0.64 eV，取决于腐蚀特性。

13.2.5 时间相关的介质击穿

时间相关的介电击穿(TDDB，Time-Dependent Dielectric Breakdown)是超大规模集成电路 ULSI 器件中的重要失效机理。当在电介质中形成导电路径时，电介质失效导致阳极和阴极短路。重要的是要区分经验模型和为解释这些经验模型而开发的物理模型。通常有以下四种经验模型：

① E 模型：恒定场/电压加速指数模型；

② 1/E 模型：阳极空穴注入模型；

③ V 模型：失效率与电压呈指数关系；

④ 幂律模型：阳极氢释放模型。

用于解释以上 4 种经验模型的物理模型是：1)热化学模型，2)阳极空穴注入，3)体陷阱产生，4)阳极氢释放模型。热化学和阳极空穴注入采用场驱动(Field−driven)机理的假设，阳极空穴注入和阳极氢释放模型采用电流驱动(Current−driven)机理的假设。

1. E 模型

E 模型称为热化学模型，它是由 Crook 最先发现，再由 Mcpherson，D. A. Baglee 等人总结而得。该理论指出，缺陷的产生是价键获得能量发生了断裂形成的氧空位。电场用于降低价键断裂所需的激活能，因此指数地增加导致失效的反应速率。与反应速率成反比的失效时间(TTF)随温度呈指数下降：

$$TTF = A_0 \exp(E_{aa}/kT) = TTF = A_0 \exp(-\gamma(T)E_{ox})\exp(E_a/kT) \tag{13-24}$$

式中：

$$E_{aa} = E_a - aE_{ox} \tag{13-25}$$

A_0—比例因子，取决于材料和工艺细节；

γ—以 cm/MV 为单位与温度有关的场加速参数，$\gamma(T)=a/kT$，其中 a 是断裂键的有效分子偶极矩(一般取 7.2 eÅ，取值范围在为 7～13 eÅ)；

E_{ox}—施加在电介质上的电场，以 MV/cm 为单位。如果形成累积层，则该值必须对薄的 T_{ox} 能带弯曲进行电压补偿，但是如果形成反型层则不需要补偿。E_{ox} 是补偿后的电压与氧化物厚度 T_{ox} 的商。T_{ox} 通过电气或物理测量确定；

E_a—表观激活能，通常用电子伏表示(eV)，(一般取 2.0 eV)；

k—玻尔兹曼常数；

T—开氏温度；

对于厚度<10 nm 的 SiO_2 电介质的固有失效，γ 为 $10^{1.1}$～$10^{1.5}$ MV/cm，并且 E_{aa} = 0.6～0.9 eV。

E 模型是与电场相关的模型，当介质层厚度大于 4 nm，电场强度较低(<10 MV/cm)时常用来外推寿命，并且外推出来的寿命和其他模型相比会较小，表现得更为保守。这也是工业上使用预估器件寿命的一个原因。但也有相应的缺点，就是无法解释电压极性对经时击穿的影响。当电荷从栅极注入和衬底注入时经时击穿具有不同的表现。

2. 1/E 模型

1/E 模型称为阳极空穴模型，是第一个基于电流的经时击穿寿命模型。其最早由 Chen 等人发现并提出。F-N 遂穿注入来自阴极的电子与氧化层晶格碰撞发生散射，从而对氧化层中硅-氧键造成一定损伤产生相应的陷阱。另外，当这些加速的电子到达阳极时，可能产生热空穴，其可以隧穿回到电介质中导致损伤(热空穴阳极注入机理)。模型的具体形式为：

$$TTF = \tau_0(T)\exp(G(T)/E_{ox}) \tag{13-26}$$

式中：

$\tau_0(T)$—温度相关的预置因子，约等于 10^{-11} s；

$G(T)$—场加速参数，约为 350 MV/cm，与温度弱有关；

E_{ox}—施加在电介质上的电场，以 MV/cm 为单位。如果形成累积层，则该值必须对薄的 T_{ox} 能带弯曲进行电压补偿，但是如果形成反型层则不需要补偿。E_{ox} 是补偿电压和氧化物厚度 T_{ox} 的商。应对 T_{ox} 进行电气或物理测量。

因为对数坐标下的失效时间和介质层电场倒数 $1/E_{ox}$ 呈线性关系，所以这是阳极空穴模型被称为 1/E 模型的原因。由于空穴阳极模型根据 F-N 隧穿来解释 TDDB 失效现象的，所以该模型主要应用在高电场下，而在低电场时则与试验结果相差很大。同时该模型也不能解释介质层在没有电应力、只承受热应力下发生退化的现象。

3. V 模型

在 2000 年 IRPS(International Reliability Physics Symposium)上，有两篇论文的数据表

明，E 模型不再适用于栅氧化层厚度 $T_{ox}<4\text{nm}$ 的情况，并指出用电压而不是用电场指数的模型可以更好地描述可靠性的表现。V 模型形式如下：

$$TTF = A_0\exp(-\beta V)\exp(E_{aa}/kT) \tag{13-27}$$

式中：

A_0—比例因子，取决于材料和工艺细节；

β—电压加速参数；

V—施加的电压大小；

E_{aa}—表观激活能，通常用电子伏表示(eV)；

k—玻尔兹曼常数；

T—开氏温度。

4. 幂律模型

近年来，基于长期的、大量的试验数据，适用于栅氧化层厚度小于 2 nm，取决于电压的幂律模型被提出了。几个研究小组独立试验也证实了这个模型。2006 年 IRPS 的工作报告证明，从微秒到数百小时，超过 12 个数量级的时间跨度下，幂律模型依然能保持有效性。

幂律模型最初是基于对 5 nm 以下的超薄氧化物的试验研究而提出的。最重要的是，幂律模型保留了重要的击穿特征，即普遍接受的泊松随机统计和最弱的链路属性。该模型可以扩展应用于高达 10 nm 的氧化物厚度和 12 V 的应力电压。

击穿时间模型表示如下：

$$t_{BD} = t_0V^{-n} \tag{13-28}$$

式中：n 是模型的指数，t_0 是指数前因子。幂律模型的指数 n 与氧化层厚度无关或关系微弱。

介质击穿的温度相关性通常因许多因素改变而复杂化。首先，发现幂律指数与温度有关，但是幂律指数的这种温度相关性的物理机理并不清楚。其次，氧化物击穿的温度相关性遵循非 Arrhenius 活化而不是常规的 Arrhenius 活化。这表明激活能取决于温度，类似于局部电压加速因子的电压相关性。温度相关的指数和非 Arrhenius 活化都与在超薄氧化物上发现的各种试验观察结果相符，并且也支持厚氧化物的试验结果。在实践中，对于有限范围的温度应用，Arrhenius 温度活化作为击穿时间的近似解：

$$t_{BD} = t_o\exp(E_{aa}/kT) \tag{13-29}$$

式中：

t_0—特定温度下的基准时间；

E_{aa}—表观激活能，通常用 eV 表示；

k—玻尔兹曼常数；

T—开氏温度。

13.2.6　热载流子注入

热载流子注入(HCI，Hot Carrier Injection)描述了载流子获得足够能量注入栅极氧化物的现象。当载流子沿 MOSFET 中的沟道移动并在器件的漏极端附近经历碰撞电离时，会发生这种情况。损坏可发生在界面处，氧化物内和或侧墙内。由该机理引起的界面态产生和电荷俘获导致晶体管参数劣化，通常是开关频率劣化，而不是“硬”功能失效。

HCI 引起的晶体管退化通过 n 沟道的峰值衬底电流和 p 沟道的峰值栅极电流来建模，对大于0.25μm的晶体管是如此。在HCI应力之后,n沟道晶体管的驱动电流趋于降低;p沟道驱动电流可以根据沟道长度和应力条件而增加或减少。对于低于0.25 μm的p沟道,在经历热载流子应力之后,其驱动电流像NMOS一样降低,并在最大衬底电流应力下寿命最短,失效时间(TTF)模型与n通道相类似。此外,器件关断状态漏电流会急剧增加,特别是对于高驱动电流的p沟道。

HCI评估几乎总是在测试结构而不是产品上进行,并且在DC条件下完成,因此计算的寿命仅供参考,需根据具体应用情况调整。使用DC测试结构观察到的短"寿命"并不意味着在AC条件下产品性能不可接受。对于数字电路,如逆变器,HCI应力仅发生在器件开启和关闭期间。这些开启和关闭时间通常是整个循环时间的1%~2%。因此,DC应力和AC应力之间的转换因子可能很大。本节仅介绍晶体管导通时的器件HCI,但不会考虑器件不导通时的其他机理影响(如NBTI,PBTI,漏极栅极应力等可能具有较大的占空比的失效机理)。此外,越来越多的证据表明,HCI物理机理可能在0.25 μm以下发生改变,最坏情况下导致应力条件的变化。精确的电压模型(而不是衬底电流或栅极电流)将非常有用。

通常,HCI导致的退化可以描述为:

$$\Delta p = At^n \tag{13-30}$$

式中:

Δp—器件参数(V_T, g_m, I_{Dsat} 等)的退化量;

A—材料相关的参数;

t—应力施加时间;

n—根据经验确定的指数,是电压、温度和晶体管有效通道长度的函数;

1) N沟道模型

n沟道器件的模型基于Eyring模型:

$$TTF = B(I_{sub})^{-N}\exp(E_{aa}/kT) \tag{13-31}$$

式中:

B—任意比例因子(掺杂剖面,侧壁间距尺寸等专有因素的函数);

I_{sub}—应力过程中的衬底电流峰值;

N—指数取2~4;

E_{aa}—表观激活能,随通道长度和电压的变化可正或负,取−0.2~+0.4 eV;

k—玻尔兹曼常数;

T—开氏温度。

2) P沟道模型

第一种情况,对于沟道长度$L \geqslant 0.25\ \mu$m时

$$TTF = B(I_G) - M\exp(E_{aa}/kT) \tag{13-32}$$

B—任意比例因子(掺杂剖面,侧壁间距尺寸等专有因素的函数);

I_G—应力过程中的栅极电流峰值;

M—指数取2~4;

E_{aa}—表观激活能,取−0.1~−0.2 eV;

k—玻尔兹曼常数;

T—开氏温度。

第二种情况，对于沟道长度 $L<0.25\ \mu m$ 时

$$TTF = B(I_{sub}) - N\exp(E_{aa}/kT) \tag{13-33}$$

B，任意比例因子（掺杂剖面，侧壁间距尺寸等专有因素的函数）；

I_{sub}—当 $V_G \doteq V_D$ 时的衬底电流；

N—指数取 2～4；

E_{aa}—表观激活能，取 +0.1～+0.4 eV；

k—玻尔兹曼常数；

T—开氏温度。

13.2.7　负偏压温度不稳定性

负偏压温度不稳定性（NBTI，Negative Bias Temperature Instability）是 PMOSFET 沟道反偏的一种耗损机制。NBTI 受电化学反应控制，PMOSFET 反偏沟道中的空穴与 Si/SiO_2 界面处的 Si 化合物（Si－H，Si－O 等）相互作用产生施主型界面态和正固定电荷。与在高 V_G 状态下可能产生的碰撞电离热孔损伤不同，NBTI 损伤是由反偏通道中的冷孔（热化）产生的。NBTI 对栅氧化工艺非常敏感。电化学反应强烈依赖于栅极氧化物电场（V_G/t_{ox}）和沟道温度。NBTI 损伤可能导致大量 PMOSFET 参数变化，特别是阈值电压绝对值的增加（晶体管难以导通）以及导致驱动电流减小的迁移率降低。同时，由于 NBTI 对栅极-漏极重叠区域的孔洞损伤，会导致栅致漏极泄漏电流增加，沟道关断电流减小。只要在反转中工作，电路中的 PMOSFET 就会受到 NBTI 损坏。因此，NBTI 对待机状态（例如逆变器的“0”输入）敏感，与沟道热载流子相反，后者通常在电压瞬变期间发生。在小面积 PMOSFET 晶体管中，NBTI 导致的 V_T 失配更大，对于 SRAM 来说尤其如此。

NBTI 评估通常也是在测试结构而不是产品上，并在 DC 偏压条件下进行，因此计算出的寿命时间仅供参考，并可根据具体应用情况调整。使用 DC 测试结构观察到的短“寿命”并不意味着在 AC 条件下产品性能不可接受。

NBTI 模型的当前状态受到对该机理的物理认知的限制。对于给定的栅极氧化物厚度（t_{ox}），通常使用以下任一现象级模型来描述 NBTI 退化：

$$\Delta p = A_0\exp(E_{aa}/kT)(V_G)^{\alpha}t^n \tag{13-34}$$

或

$$\Delta p = A_0\exp(E_{aa}/kT)(\beta V_G)^{\alpha}t^n \tag{13-35}$$

式中：

Δp—器件参数（V_T，$\%g_m$，$\%I_{Dsat}$ 等）的退化量；

A_0—指数前因子，取决于栅氧化工艺和 CMOS 工艺；

E_{aa}—表观激活能（试验测量值在 −0.01～+0.15 eV）；

k—玻尔兹曼常数；

T—沟道的开氏温度；

V_G—反向作用于 PMOSFET 器件的栅电压绝对值；

α—测量门电压的指数（测量值范围在 3～4 之间）；

β—测得的栅电压灵敏度，单位是电压的倒数；

t—应力施加时间；

n—测得的时间指数(测量值范围在 0.15～0.25 之间)。

对于给定的 Δp 失效判据(Δp_t),失效前时间可表示为

$$TTF = [\Delta p_t / (A_0 \exp(E_{aa}/kT_{appl})(V_{G,appl})^{\alpha})]^{1/n} \tag{13-36}$$

式中:

A_0—指数前因子,取决于栅氧化工艺和 CMOS 工艺;

E_{aa}—表观激活能,通常用电子伏(eV)表示;

k—玻尔兹曼常数;

T_{appl}—沟道的开氏温度;

$V_{G,appl}$—施加的栅电压;

α—测量的门电压指数;

n—测得的时间指数;

或

$$TTF = [\Delta p_t / (A_0 \exp(E_{aa}/kT_{appl})(\beta V_{G,appl})^{\alpha})]^{1/n} \tag{13-37}$$

失效判据 Δp_t 根据允许的 PMOSFET 参数偏移(例如 ΔV_T 或%I_{Dsat})来确定。

13.2.8 电迁移

电迁移(EM, Electromigration)是金属互连线中的载流电子和金属离子之间的动量交换导致金属离子在电子电流的方向上漂移。在存在通量发散点的情况下,金属原子进入位点的通量不等于离开位点的通量,会引起与电流密度成比例的应力梯度,既可以是拉应力也可以是压应力,这取决于散度的符号。在具有足够高电流密度、足够长的导体中,负散度位置处的拉应力将增加,以至于空洞聚集而形成空隙的点,并且将继续变大直到足够引起失效。在正散度位置处的压应力将导致挤压和小丘的形成,这可能导致在钝化层中产生裂缝,以及可能导致相邻导体的短路。

电迁移的失效判据是阻值增加百分比(常用的 $\Delta R/R \times 100\ \% = 20\ \%$)。Cu 与 Al 的 $R(t)$—t 曲线不同。Al 互连线的迁移前潜伏期短,过了潜伏期后阻值随时间线性增加,Cu 互连线则有更长的潜伏期,之后阻值有一个迅速的阶跃增长,随后阻值随时间线性增加。

用于描述电迁移中位失效时间(TTF)的模型遵循 Black 定律:

$$TTF = A_0 (J - J_{crit})^{-n} \exp(E_{aa}/kT) \tag{13-38}$$

式中:

A_0—未知常数;

J—施加电流的密度;

J_{crit}—在被测试的特定结构中,没有发生电迁移的电流密度;对于 Cu,J_{crit} 约为 3 000 A/cm;对于 Al,为 3 000～7 000 A/cm。

n—电流密度的指数;

E_{aa}—表观激活能,通常用电子伏(eV)表示;对于铜互连线,$1.1<n<2$,$E_{aa}=0.85$～0.95 eV。对于铝互连线,线性区 $n=1$,潜伏期 $n=2$。对于 Al 及含少量 Si 的 Al,$E_{aa}=0.5$～0.6 eV;对于 Al 及含少量 Cu 的 Al 合金,$E_{aa}=0.7$～0.8 eV;对于沉积在冗余阻挡层上的细线 Al 合金,$E_{aa}=0.9$ eV。

k—玻尔兹曼常数;

T—开氏温度。

此外，一些文献通过大量试验的数据，建立了以下考虑互连线形状参数的模型：

$$MTTF = WdT^m/(Cj^n)\exp(E_a/kT) \tag{13-39}$$

式中：

W,d—互连线的形状参数；

C—与互连线的几何尺寸和温度有关的常数；

m,n—失效强度指数；

j—电流密度；

E_a—激活能；

k—波尔兹曼常数；

T—绝对温度。

13.3　基于失效物理的电子元器件可靠性评价方法

13.3.1　基于失效物理的可靠性评价流程

利用微电子器件不同失效机理的对应失效物理模型，计算某一失效机理下和应力水平下的失效前时间或失效前循环次数。用一般函数表示可以写成公式(13-40)形式。

$$TTF_{ij} = F_{PoF}(S_{ij}, M_{ij}, C_{ij}) \tag{13-40}$$

式中：函数 $F_{PoF}(*)$表示失效机理对应的失效物理模型，TTF_{ij} 表示第 i 种失效机理时在第 j 个应力水平下的失效前时间或循环次数；为了更加明确失效物理模型中参数的获取方式，将参数分为三类，其中 S_{ij} 表示局部应力水平参数，包括典型微电子元器件局部温度、应力、应变、电性能参数等，须通过必要热分析、有限元分析以及电应力分析获得；M_{ij} 表示材料、结构和工艺相关参数，可通过器件或电路板设计文件获取，必要时需要通过试验或结构分析手段获取；C_{ij} 表示失效物理模型中的常数因子，例如波尔兹曼常数等，这类参数可通过查询相关标准和手册获取。实际上，失效机理对应的失效物理的数学表达式往往容易从相关文献中得到，而针对不同微电子器件的不用工作环境下的模型参数的获取是单应力损伤分析的关键，只要提取到模型中相关参数，尤其是局部应力参数 S_{ij}，材料、结构和工艺相关参数 M_{ij}，即可带入失效物理模型 $F_{PoF}(*)$中计算得到失效前时间或循环次数。

微电子器件在使用过程中会受到湿度、温度、振动等多类型应力的作用，并且器件中一般存在多个潜在的失效位置和多种潜在的失效机理。因此，微电子器件的失效一般为多点多机理的失效，其整体的可靠性评价流程可归纳为图13-4。

首先，根据器件的结构分析及故障模式、故障机理、影响和危害性分析(FMMECA)明确器件中存在的潜在失效点和失效机理，并确定相应的失效物理模型。其次，依据器件制造过程和使用环境波动的统计信息，确定失效物理模型中存在随机分布的参数及其分布特征，利用蒙特卡洛方法对随机参数进行抽样得到参数大样本矩阵 θ。然后，将参数的抽样值代入失效物理模型中计算失效前时间，得到多失效机理的大样本失效前时间矩阵 t。接着，根据失效机理间的累积损伤或竞争失效关系，得到器件的大样本失效前时间向量 T。最后，对向量 T 中的样本进行失效概率/可靠性分布的拟合，并依据拟合结果进行可靠性评价。由于累积损伤对于

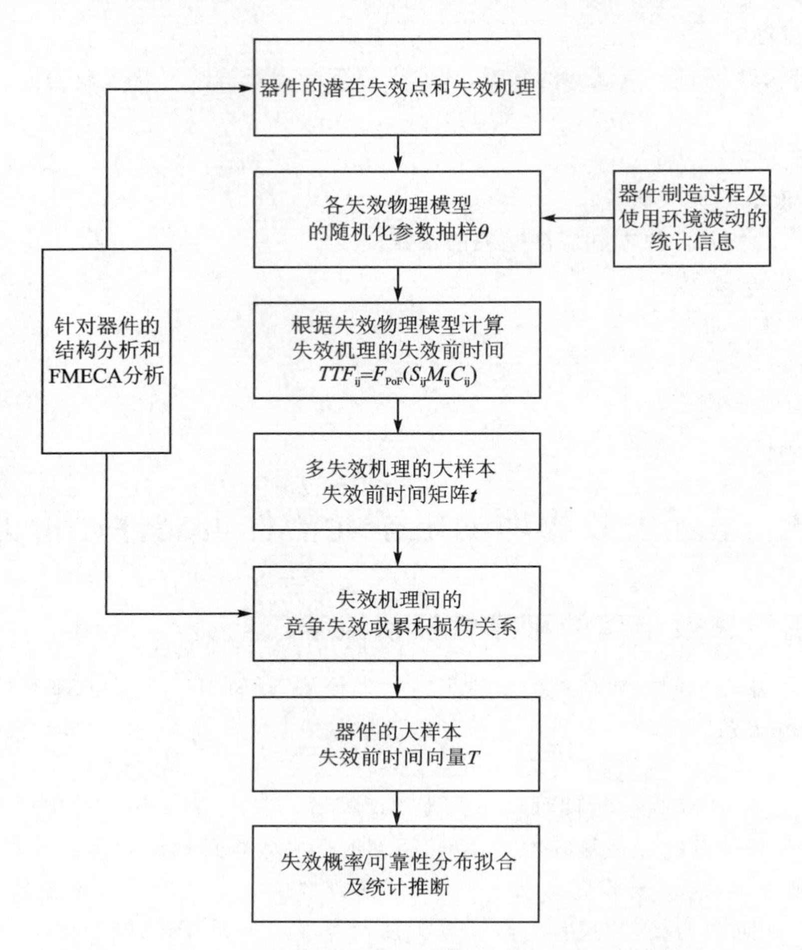

图 13-4　基于失效物理的可靠性评价通用流程

不同的机理有不同的理论,目前没有统一适用的理论,并且部分机理间的耦合作用方式不明确,因此本章节仅考虑竞争失效来说明可靠性评价流程。

13.3.2　失效物理模型的参数提取

1. 局部应力参数的获取

(1) 局部温度参数的获取

首先建立热学模型。热学模型是结合器件结构、材料热学特性、功耗等信息建立的数值传热学模型,它充分描述了典型微电子元器件的几何结构以及器件的产热和传热特性,模型建立方法主要包括 CAD 模型建立、CFD 模型建立、网格划分三个部分,如图 13-5 所示。

在热学模型的基础上,以有限元法、有限体积法、有限差分法为指导,采用成熟分析软件开展,如 Flothem,Icepack 等,得到相应温度应力水平条件下的典型微电子元器件芯片、引脚和焊点的温度分布。主要方法流程如下:

① 边界条件设定:由产品实物实验或者产品级热分析,获得不同环境温度条件下的器件边缘温度分布,逐一进行器件级热分析边界条件设定。

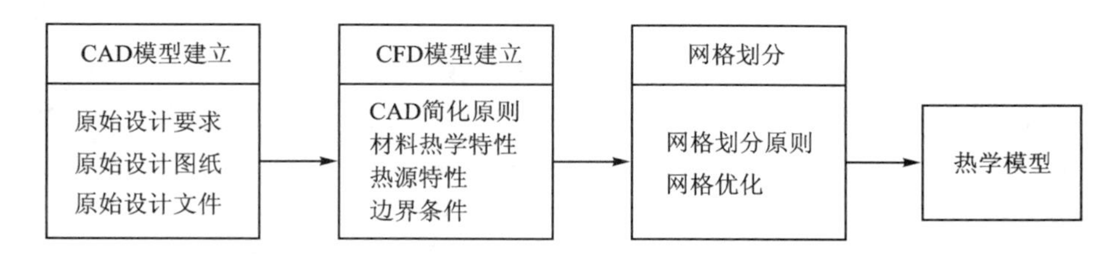

图13-5　热学模型建立方法图

② 求解计算：对模型进行求解，完成热分析。在热分析中应全面考虑热交换的三种方式：传导、对流和辐射。

③ 输出计算结果：在完成热分析之后，需要输出规定类型的热分析结果和应力损伤分析所需的温度分布信息。

(2) 局部应力应变参数的获取

首先建立力学模型：力学模型是结合器件结构、材料力学特性、质量等信息建立的有限元模型，它充分描述了典型微电子元器件的几何结构以及器件的力学传递特性，模型建立方法主要包括CAD模型建立、FEA模型建立、网格划分三个部分，如图13-6所示。

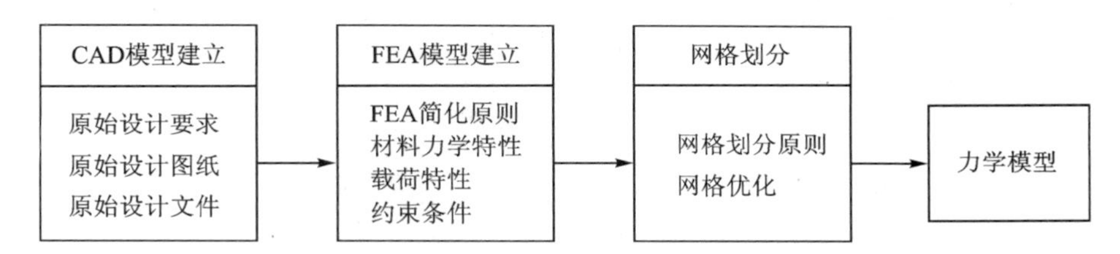

图13-6　力学模型建立方法图

在力学模型的基础上，以有限元法为指导，采用成熟的分析软件开展，如ANASYS等，得到相应振动、冲击应力水平条件下的典型微电子的芯片、引脚和焊点振动响应(包括应力和应变)。主要方法流程如下：

① 边界条件设定：产品实物实验或者产品级振动分析，获得不同随机振动功率谱密度(PSD)的输入条件下的器件边缘响应，逐一进行器件级振动、冲击分析边界条件设定。

② 求解计算：对模型进行求解，完成有限元分析。

③ 输出计算结果：在完成振动分析之后，需要输出规定类型的振动、冲击分析结果和应力损伤分析所需应力应变分布信息。

(3) 电性能参数的获取

建立电学模型，可分为实体模型或电路功能模型，可分别采用TCAD建模工具或PSPICE建模工具。并进一步仿真分析或有限元计算求解计算相关芯片内部电性能参数。由于不同微电子器件其功能性能差距较大，电性能参数获取方法须针对具体器件，在此不再赘述。

2. 材料、结构和工艺参数的获取

微电子器件的材料、结构和工艺参数可分为外部参数和内部参数，外部参数包括器件封装相关工艺参数，如封装尺寸，引腿形状，焊点形状，以及材料参数等，另外还包括微电器件在电路板中坐标位置参数等，这些参数均可通过参阅设计文件，元器件手册获取。而内部参数，包含芯片尺寸、微组成(如MOS)单元结构，内部走线宽度，长度等参数，这些参数可通过器件设

计版图信息提取。

目前,在半导体工业界,器件芯片设计主要通过计算机辅助设计软件来实现,而涉及芯片内部结构设计信息的主要是版图设计软件,图 13-7 为通过某款版图设计软件实现的版图设计示例。

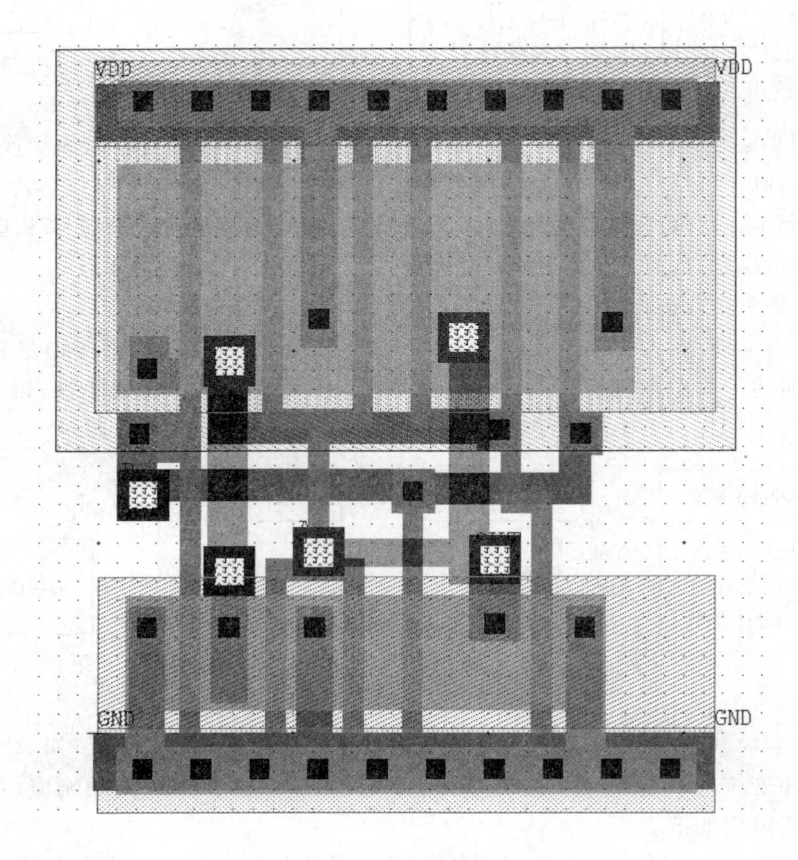

图 13-7　器件版图示例图

器件设计公司使用的主流版图设计软件包括 Cadence 公司的 Virtuoso Layout、Mentor Graphics 公司的 Calibre、Tanner 公司的 L—edit 等,这些软件都能将版图结构信息导出为.cif 数据交互文件。.cif 文件是版图设计软件的通用文件,具有固定的数据格式,利用它方便地进行芯片内部结构参数的提取。通过读取.cif 文件,可以建立芯片版图模型,并获得所有金属互连线长度、沟道宽度等结构参数。

13.3.3　失效机理的失效前时间计算

根据已获得参数,利用失效物理模型,即可获得在某一应力水平下,某失效机理相应的失效前时间。以热载流子注入为例,给出如表 13-3 所列的失效前时间计算信息表,将计算失效前时间所需参数 S_{ij},M_{ij},C_{ij} 输入到模型 $F_{POF}(*)$中,即可计算单一失效机理的失效前时间。

表 13-3　热载流子注入失效前时间计算信息表

参数/函数	模型表达式/参数含义/参数获取方式		
失效物理模型 $F_{PoF}(*)$	NMOS： $MTTF=B(I_{sul})^{-N}\exp(E_a/kT)$ PMOS： $MTTF=B(I_g)^{-M}\exp(E_a/kT)$（沟道长度 L 大于 0.25 μm） $MTTF=B(I_{sub})^{-N}\exp(E_a/kT)$（沟道长度 L 小于 0.25 μm）		
S_{ij}	I_{sub}	器件的峰值衬底电流或器件在应力水平 $V_G=V_D$ 时的衬底电流	热仿真分析电应力仿真分析局部应力参数提取
	I_g	器件峰值栅电流	
	T	绝对温度	
M_{ij}	E_a	激活能	试验或文献获取
C_{ij}	B	模型常数	查询标准或手册获取
	M,N	经验常数	
	k	玻尔兹曼常数	
TTF_{ij}	$MTTF$	失效前时间	单应力损伤分析结果

13.3.4　大样本失效前时间仿真抽样

微电子器件在实际使用中可靠性问题往往是随机问题，并非每个器件都是在同一时刻失效，而前面通过失效物理模型仿真计算的器件失效时间是个定值，这与实际情况是不符合的。由于导致微电子元器件失效的原因多种多样，虽然对于实际某一规格的微电子器件生产工艺是一致，但同一批次中每个器件，其内部材料、结构尺寸等工艺参数以及外部环境应力参数均存在微小的随机波动，这种参数微小随机波动，带入到失效物理模型中计算得到的失效前时间会千差万别，这种由于参数随机波动带来的失效前时间差异性，实际上就是微电子器件在装机使用过程中失效时间分布。因此，为了使得基于失效物理的可靠性仿真评价更接近实际，同时能够为微电子器件装机使用可靠性评价提供足够的失效时间样本，获取大样本工作失效前时间是非常必要的。

蒙特卡洛抽样方法是当前在可靠性分析和评价领域中应用最多，也是最符合工程应用的抽样方法。利用蒙特卡洛抽样方法对内部材料、结构尺寸等工艺参数以及外部环境应力参数的随机波动进行抽样，可获得失效物理模型参数的抽样矩阵 θ：

$$\theta=\begin{bmatrix}\theta_{11}, & \theta_{12}, & \cdots & \theta_{1n}\\ \theta_{21}, & \theta_{22}, & \cdots & \theta_{2n}\\ & \cdots & & \\ \theta_{p1}, & \theta_{p2}, & \cdots & \theta_{pn}\end{bmatrix} \tag{13-41}$$

式中：θ—为失效物理模型中的部分具有随机波动的参数；

p—代表某一失效物理模型中随机化参数个数；n 表示抽样次数。

分别取每一次抽样获得的参数值带入相应的失效物理模型中进行重复仿真计算，即可获得某一失效机理下大样本失效前时间或循环次数,通过对多个失效机理进行计算,就得到多个失效机理的大样本失效前时间或循环次数矩阵:

$$t=\begin{bmatrix} t_{11}, & \cdots, & t_{1i}, & t_{1(i+1)}, & \cdots, & t_{1n} \\ t_{21}, & \cdots, & t_{2i}, & t_{2(i+1)}, & \cdots, & t_{2n} \\ & & \cdots & & & \\ t_{k1}, & \cdots, & t_{ki}, & t_{k(i+1)}, & \cdots, & t_{kn} \end{bmatrix} \tag{13-42}$$

式中:k—表示失效机理个数;n 表示抽样次数。

各种不同分布类型的蒙特卡洛抽样方法的计算过程已较为成熟,各种数学统计软件工具均可实现。

13.3.5 多失效机理的可靠性评价

由于微电子器件在装机使用过程中往往存在多个失效机理,因此评价整个器件的可靠性需要综合考虑器件涉及的所有失效机理的。对于一个给定的微电子器件,可利用失效物理模型,对其每个失效机理的失效时间进行大样本仿真抽样计算时,可认为每个失效机理对应的失效模型的仿真计算是相互独立的,因为目前每个主要失效机理对应的模型的数学表达式不依赖于其他模型的数学表达式,尽管模型中某些参数取值是相同或相关的,但输入不同模型计算后,其结果又很难反映出相关性,因此,这可以假设在基于相互独立的失效物理模型仿真计算背景下,这些失效物理模型所对应的失效机理也是相互独立的。

由此,人们可以考虑利用独立竞争失效的可靠性模型来描述微电子器件多失效机理的可靠性仿真评价问题。竞争失效模型是可靠性评价中的一种常用可靠性模型。在可靠性理论中,失效被定义为产品在规定应用条件下丧失规定的功能。对于大多数产品而言,由于其内部结构及其外界工作环境的复杂性,引起产品失效的内部物理、化学以及外部环境原因往往很多,当假定多种原因是相互独立时,即任何一种原因的发生均会导致产品的失效,则最早引起产品失效的原因是产品整体失效的关键。

竞争失效可定义为,如果系统有 k 种失效原因,对于系统来说,每一种失效原因都相互独立,同时每一种失效原因有自身对应的失效时间,任何一种失效原因的发生直接会造成系统失效,在所有的失效原因中,最早发生的那个失效原因所对应的失效时间,即是导致系统失效的时间。

基于 13.3.4 节得到的不同失效机理的大样本失效前时间矩阵 $\boldsymbol{t}$,利用竞争失效模型可得到器件的大样本失效前时间向量 $\boldsymbol{t}_{\mathrm{CF}}$,如图 13-8 所示。

用函数表示如下:

$$\boldsymbol{t}_{\mathrm{CF}}=F_{\mathrm{CF}}(\boldsymbol{t})=[t_{\mathrm{CF1}},t_{\mathrm{CF2}},\cdots t_{\mathrm{CF}n}] \tag{13-43}$$

式中,$t_{\mathrm{CF}j}=\min\{\boldsymbol{t}(:,j)\}$,$1\leqslant j\leqslant n$,$\boldsymbol{t}$ 表示 13.3.4 节得到的不同失效机理的大样本失效前时间矩阵;$F_{\mathrm{CF}}(*)$表示竞争失效方法函数;$\boldsymbol{t}_{\mathrm{CF}}=[t_{\mathrm{CF1}},t_{\mathrm{CF2}},\cdots t_{\mathrm{CFn}}]$为竞争失效计算结果,表示综合考虑 k 种失效机理的大样本失效前时间。算法流程如图 13-9 所示。

① 开始;

② 令 $j=1$;

③ 根据竞争失效原理,选取失效时间矩阵中每次抽样获得的失效前时间的最小值,即 $t_{\mathrm{CF}j}=\min\{\boldsymbol{t}(:,j)\}$,$1\leqslant j\leqslant n$。

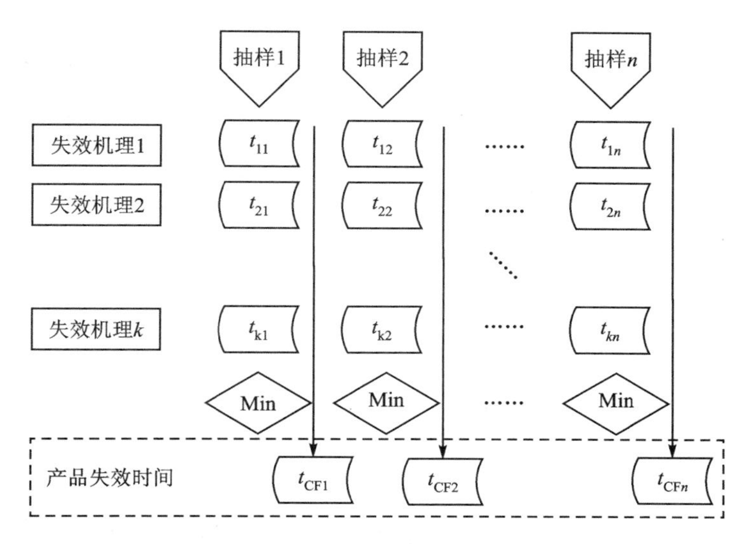

图 13-8　随机抽样竞争失效模型图

④ 令 $j=j+1$；

⑤ 判断 j 是否大于 n，如果 $j>n$，则跳出循环并给出大样本失效前时间 $\boldsymbol{t}_{CF}=[t_{CF1}, t_{CF2}, t_{CFn},]$，如果 $j\leqslant n$，则重复步骤 3 和步骤 4；

⑥ 退出。

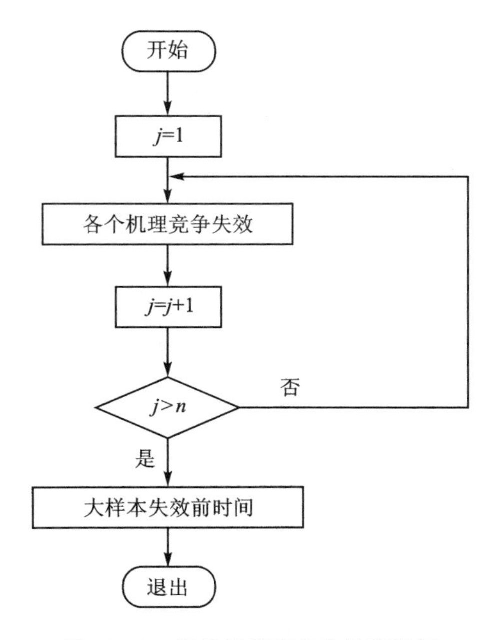

图 13-9　随机抽样竞争失效流程图

依据器件的大样本失效前时间向量 $\boldsymbol{t}_{CF}$，进行分布拟合以及拟合优度检验，可以得到微电子器件在实际复杂应力剖面下综合考虑多种失效机理的失效前时间概率密度函数及其分布参数矩阵。函数表达如下：

$$t_{DF}=F_{DF}(\boldsymbol{t}_{CF}) \tag{13-44}$$

式中：$t_{DF}=f(t,\boldsymbol{\theta})$，$\boldsymbol{\theta}=[\theta_1,\theta_2,\cdots,\theta_p]$，$t_{DF}$ 表示微电子器件在复杂应力剖面下综合考虑多种失效机理的失效前时间概率密度函数；$F_{DF}(*)$表示数据拟合与拟合优度检验函数；$t_{DF}=f(t;\boldsymbol{\theta})$，$\boldsymbol{\theta}=[\theta_1,\theta_2,\cdots,\theta_p]$为数据拟合与拟合优度检验结果，包括微电子器件在失效时间概率密度函数 $f(t;\boldsymbol{\theta})$和相应的分布参数矩阵 $\boldsymbol{\theta}=[\theta_1,\theta_2,\cdots,\theta_p]$。

根据微电子器件失效前时间概率密度函数，进行可靠性评估，得到微电子器件多失效机理多应力水平下的平均失效前时间($MTTF$)：

$$MTTF=E(t)=\int_0^{+\infty} tf(t,\boldsymbol{\theta})\mathrm{d}t \tag{13-45}$$

在给定阈值失效时间 T_F 的可靠度为：

$$R(T_F)=1-\int_0^{T_F} f(t,\boldsymbol{\theta})\mathrm{d}t \tag{13-46}$$

式中：$f(t,\boldsymbol{\theta})$为已确定失效概率密度函数。

13.4 基于失效物理的电子元器件可靠性评价示例

以某型号 MOS 器件作为案例进行基于失效物理的复杂环境条件下可靠性仿真评价，如13-10所示。该器件为某型号数字电路，封装形式为14引脚塑封双列直插(DIP)，其结构包含器件所有引脚和其中的40个MOS结构。MOS结构涉及失效机理包括电迁移、热载流子注入、时间相关的介质击穿；引脚涉及失效机理有腐蚀、热疲劳和振动疲劳。

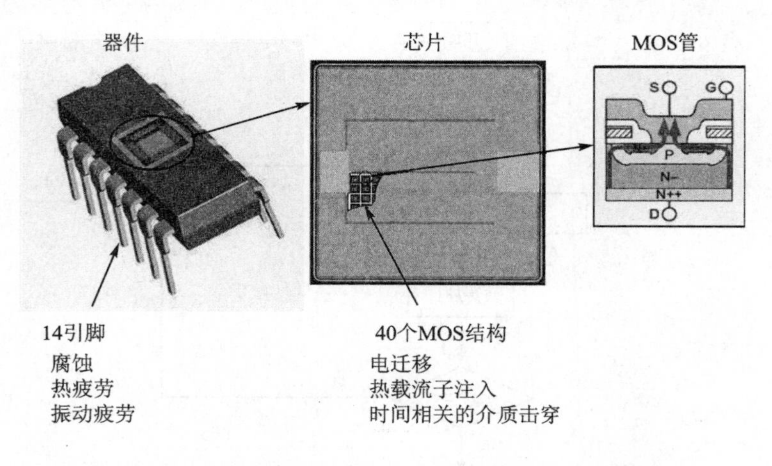

图 13-10 某型号 MOS 器件及潜在的失效机理

13.4.1 失效前时间计算

首先，以电迁移失效机理为例，利用电迁移失效物理模型计算 MOS 结构1在某一温度应力水平下的失效前时间，具体如下：

首先，依据13.3节中给出的参数分类及获取方法，通过仿真分析，工艺文件参数提取以及查询相关资料的方式获取局部应力参数，材料、结构和工艺相关参数、常数因子三类参数，具体见表13-4。

表 13-4　电迁移模型参数表

参数类	参数符号/含义		数　值
S_{ij}	T	绝对温度	343K
	j	电流密度	30 mA/cm^2
M_{ij}	W	金属的形状参数(宽度)	1 μm
	d	金属的形状参数(厚度)	0.8 μm
D_{ij}	E_a	激活能	0.59 eV
	m	失效强度指数	3
	n	失效强度指数	3
	C	与金属的几何尺寸和温度有关的常数	8.264×10^{-15}
	k	波尔兹曼常数	1.381×10^{-23}J/K

其次，将各参数转化为标准公制单位后，带入所示的电迁移失效物理模型进行计算，即

$$MTTF=\frac{W_d T^m}{Cj^n}\exp\left(\frac{Ea}{kT}\right)=\frac{(1e-6)(0.8e-6)343^3}{(8.264e-15)3000^3}\exp\left(\frac{0.59}{(0.8631e-4)343}\right)=18\ 161\ \text{h} \tag{13-47}$$

由此得到了在确定表 13-4 给出的参数前提下，电迁移失效机理所对应的失效前时间。

13.4.2　大样本失效前时间仿真抽样

以电迁移失效机理为例，考虑有关参数的随机分布特性，利用电迁移失效物理模型进行大样本失效前时间的仿真抽样，具体如下：

电迁移失效物理模型中的典型参数参照表 13-4，针对可随机化参数，以表 13-4 中的典型值作为正态分布的均值，或三角分布的众数，并依据统计数据确定正态分布的标准差和三角分布的上下限，如表 13-5 所列。

表 13-5　电迁移失效物理模型参数分布类型及分布参数表

可随机化参数	分布类型	分布参数
W:金属线的宽度	正态分布	$N(1,0.016)$
d:金属线的厚度	正态分布	$N(0.8,0.013)$
T:工作温度	正态分布	$N(298,2)$ $N(348,2.3)$
j:电流密度	三角分布	$C(30,28,5,31,5)$

利用成熟的蒙特卡洛抽样方法，基于表 13-5 对该 4 个参数进行大样本抽样，抽样 1 000 次，分别得到 4 个参数大样本向量。

$$\boldsymbol{W}=\{0.9784,1.0164,\cdots,0.9706\}$$

$$\boldsymbol{d}=\{0.8143,0.8325,\cdots,0.7862\}$$

$$\boldsymbol{T}_2=\{344.72,340.51,\cdots,339.81\}$$

$$j=\{30.69,30.82,\cdots,30.71\}$$

由此,可获得电迁移失效物理模型随机化参数矩阵,并转化为标准公制单位,即

$$\boldsymbol{\theta}=\begin{bmatrix}0.9784e-6, & 1.0164e-6, & \cdots & ,0.9706e-6\\ 0.8143e-6, & 0.8325e-6, & \cdots, & 0.7862e-6\\ 297.32, & 299.37, & \cdots, & 298.18\\ 344.72, & 340.51, & \cdots, & 339.81\\ 3069, & 3082, & \cdots, & 3071\end{bmatrix}$$

将矩阵 $\boldsymbol{\theta}$ 每一列带入公式(13-47)中分别计算,即得到 MOS 结构 1 的电迁移大样本失效前时间向量,即

$$\overline{MTTF}=\{212268.71,193510.45,212234.78,196172.22,\cdots,211638.84\}$$

同样的,对其他机理进行参数随机化抽样,也可得到其对应的大样本失效前时间向量,这些向量组合在一起便形成了 MOS 结构 1 的大样本失效前时间矩阵。

13.4.3 考虑多种失效机理进行可靠性评价

根据 13.4.2 节的方法对 MOS 结构 1,计算 EM、HCI 和 TDDB 三种失效机理,获得 MOS 结构 1 三种失效机理的大样本失效前时间矩阵(单位:h):

$$\boldsymbol{t}_1=\begin{bmatrix}212268.71, & 193510.45, & 212234.78, & 196172.22, & \cdots, & 211638.84\\ 322581.37, & 319620.10, & 324071.13, & 320321.63, & \cdots, & 322818.13\\ 265817.83, & 299325.00, & 284202.24, & 285609.51, & \cdots, & 294937.22\end{bmatrix}$$

类似地,对于引脚 1,可计算腐蚀、焊点热疲劳和随机振动疲劳三种失效机理,得到大样本失效前时间矩阵(单位:h):

$$\boldsymbol{t}'_1=\begin{bmatrix}233597.12, & 199726.65, & 228924.93, & 236516.08, & \cdots,226505.57\\ 241324.35, & 220673.24, & 285184.61, & 25927927, & \cdots,253884.62\\ 268269.58, & 266669.61, & 270805.64, & 270620.33, & \cdots,264760.34\end{bmatrix}$$

同样,可以计算其他 MOS 结构与其他引脚的失效前时间矩阵。

对 MOS 结构 1 进行多失效机理竞争失效,得到 MOS 结构 1 的失效前时间向量(单位:h):

$$\boldsymbol{T}_1=[212268.71,193510.45,212234.78,196172.22,\cdots,211638.84]$$

对引脚 1 进行多失效机理竞争失效,得到引脚 1 的失效前时间向量(单位:h):

$$\boldsymbol{T}'_1=[233597.12,199726.65,228924.93,236516.08,\cdots,226505.57]$$

类似,可以计算其他各个组成结构的失效前时间向量。

对各个组成结构进行竞争失效,得到整个器件的失效前时间向量(单位:h):

$$\boldsymbol{T}=[180723.1,214289.3,195172.4,180381.5,219831.7,\cdots,235931.2]$$

对向量中的样本进行参数拟合以及拟合优度检验,得到失效前时间向量 $\boldsymbol{T}$ 的概率密度函数服从三参数 Weibull 分布,分别求得形状参数,尺度参数,位置参数如下:

$$m=4.0328$$

$$\eta=9.7118\times10^4$$

$$\gamma=9.9473\times10^4$$

因此,综合考虑多失效机理下,器件在给定的环境下的平均失效前时间为 1.8754×10^5 h。MTTF 计算式如下:

$$
\begin{aligned}
MTTF &= \mathrm{E}(t) \\
&= \int_{\gamma}^{+\infty} t f(t)\mathrm{d}t \\
&= \int_{\gamma}^{+\infty} t \frac{m}{\eta}\left(\frac{t-\gamma}{\eta}\right)^{m-1} \exp\left(-\left(\frac{t-\gamma}{\eta}\right)^{m}\right)\mathrm{d}t \\
&= \frac{m}{\eta^{m}}\int_{\gamma}^{+\infty}(t-\gamma)^{m}\exp\left(-\left(\frac{t-\gamma}{\eta}\right)^{m}\right)\mathrm{d}t + \frac{m}{\eta^{m}}\int_{\gamma}^{+\infty}\gamma(t-\gamma)^{m-1}\exp\left(-\left(\frac{t-\gamma}{\eta}\right)^{m}\right)\mathrm{d}t \\
&= \eta\Gamma\left(1+\frac{1}{m}\right) + \frac{m}{\eta^{m}}\int_{\gamma}^{+\infty}\gamma(t-\gamma)^{m-1}\exp\left(-\left(\frac{t-\gamma}{\eta}\right)^{m}\right)\mathrm{d}t \\
&= \eta\Gamma\left(1+\frac{1}{m}\right) + \frac{m}{\eta^{m}}\int_{0}^{+\infty}\gamma p^{m-1}\exp\left(-\left(\frac{p}{\eta}\right)^{m}\right)\mathrm{d}p \quad (t-\gamma=p) \\
&= \eta\Gamma\left(1+\frac{1}{m}\right) + \gamma\int_{0}^{+\infty}\exp(-q)\mathrm{d}q \qquad \left(\left(\frac{p}{\eta}\right)^{m}=q\right) \\
&= \eta\Gamma\left(1+\frac{1}{m}\right) + \gamma \\
&= 1.875\,4\times 10^{5}\,\mathrm{h}
\end{aligned}
$$

式中：$\Gamma\left(1+\frac{1}{m}\right)$为 Γ 函数，$\Gamma(x)=\int_{0}^{+\infty}t^{x-1}\exp(-t)\mathrm{d}t$。

习　题

13.1 电子元器件可靠性评价方法有哪些？简述它们之间的区别。

13.2 何谓失效物理模型？失效物理模型大致可分为几类？

13.3 针对本章给出的失效物理模型，说明哪些与芯片前道/后道工艺相关，哪些与封装相关？

13.4 调研两个以上与高空或宇航环境相关的失效机理及其物理模型。

13.5 根据随机振动疲劳失效物理模型，通过举例计算说明适用该模型的 PCB 板固定方式，及什么位置的元器件具有较高的疲劳寿命？

13.6 利用失效物理模型进行电子元器件可靠性评价，关乎到评价准确性的关键因素有哪些？如何提高评价的准确性？

13.7 失效物理模型有哪些优缺点？除失效物理模型和传统的可靠性预计方法外，还有哪些方法或理论可以评价电子元器件可靠性及寿命？简单说说它们是如何实现的。

13.8 现有一个塑料封装器件，焊接在 PCB 板上，其潜在的失效点如图 13-11 所示。列出在工作状态下失效点可能发生的失效机理，并简要说明其基于失效物理的可靠性评价流程。

13.9 除竞争失效外，失效机理间还可能存在累积关系。调研相关文献，并选取几种典型的累积损伤理论进行说明。

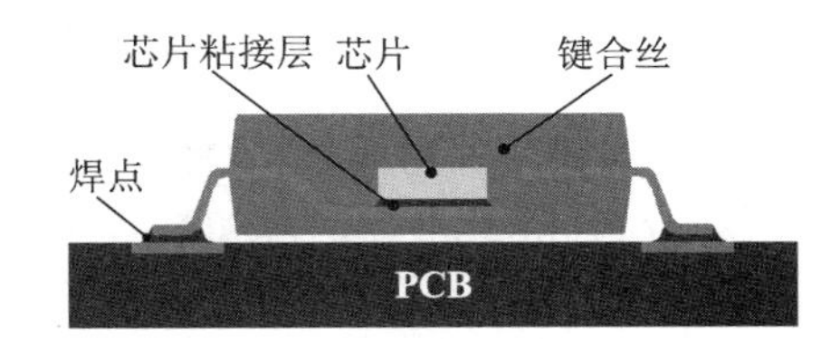

图 13-11　焊接在 PCB 板上的塑料封装器件

参考文献

[1] 付桂翠. 电子元器件可靠性技术教程[M]. 北京航空航天大学出版社，2010.

[2] 付桂翠. 电子元器件使用可靠性保证[M]. 北京：国防工业出版社，2011.

[3] 黄姣英，高成. 元器件质量与可靠性工程基础[M]. 国防工业出版社，2018.

[4] 王玉珍，康志远. 航天电子元器件可靠性设计与分析[J]. 科技创新导报，2018.

[5] 郭扬程. 电子元器件的可靠性选择与应用控制[J]. 中国科技投资，2017，000(017):310.

[6] 朱恒静，陈佳怡. ESCC规范体系最新变化分析[J]. 电子产品可靠性与环境试验，2017(1).

[7] 叶海虎. 关于电子元器件质量和可靠性管理措施分析[J]. 信息通信，2016(7):298-299.

[8] 孙晓君. 军用可靠性保证标准综述[J]. 电子产品可靠性与环境试验，2012，30(1):61-65.

[9] 陈银环. 电子元器件可靠性研究[J]. 科技资讯，2018，16(36):110-111.

[10] 宋昊成，宋连安. 人工智能技术在集成电路中的应用[J]. 集成电路应用，2020，v.37;No.318(03):46-47.

[11] 杜伟. 波导管的工作原理及施工技术[J]. 中国新通信，2013(13):66-67.

[12] 王越，惠小玲，钱渭，等. 论GJB1434A-2011《真空继电器通用规范》[J]. 机电元件，2017，037(006):53-58.

[13] GJB 8118-2013《军用电子元器件分类与代码》.

[14] GJB 5426《国防科技工业物资分类与代码》.

[15] GJB 299C-2006《电子设备可靠性预计手册》.

[16] GJB 7000《军用电子元器件分类与代码》.

[17] MichaelQuirk，JulianSerda，夸克，等. 半导体制造技术[M]. 北京：电子工业出版社，2015.

[18] 燕英强，吉勇，明雪飞. 3D-TSV封装技术[J]. 电子与封装，2014(7):1-5.

[19] 徐平. 薄膜电阻器常见失效模式的分析和改进途径[J]. 安徽电子信息职业技术学院学报，2008，007(005):20-21.

[20] 周哲，付丙磊，王栋，等. 集成电路制造工艺技术现状与发展趋势[J]. 电子工业专用设备，2017(3):34-38.

[21] 王龙兴. 全球集成电路设计和制造业的发展状况[J]. 集成电路应用，2019，v.36;No.306(03):27-32+40.

[22] 周晓阳. 先进封装技术综述[J]. 集成电路应用，2018.

[23] Lau J H. Heterogeneous Integrations on Silicon Substrates (TSV-Interposers) [M]. 2019.

[24] 王晓晗，罗宏伟. 电子元器件检验技术(试验部分)[M]. 北京：电子工业出版社，2019.

[25] 江理东，孙明．宇航元器件应用验证系统工程[M]．哈尔滨：哈尔滨工业大学出版社，2020.
[26] GJB3404—98.《电子元器件选用管理要求》.
[27] GJB/Z55—94.《宇航用电子元器件选用指南（半导体分立器件）》.
[28] GJB/Z56—94.《宇航用电子元器件选用指南（半导体集成电路）》.
[29] GJB/Z83—96.《宇航用电子元器件选用指南（微波元器件）》.
[30] GJB/Z112—98.《宇航用电子元器件选用指南（电容器）》.
[31] GJB/Z128—2000.《宇航用电子元器件选用指南（继电器）》.
[32] 郭振铎，郭炳，赵凯．电子元器件降额设计研究[J]．电子技术与软件工程，2016(1)：257 - 258.
[33] 杜光远．电子元器件的降额与瞬态过程的参数研究[J]．电子产品可靠性与环境试验，2014，032(4)：1 - 3.
[34] BS EN 16602-30-11-2014 航天产品保证．降额．电气，电子和机电元器件[S]．
[35] 辛颖，靳静，雷苗英．机载电子产品降额设计研究[J]．质量与可靠性，2018.
[36] 王一雄．数控 flyback 开关电源的可靠性建模与仿真分析[D]．电子科技大学，2019.
[37] 张皓东．元器件降额准则分析[J]．电子产品可靠性与环境试验，2013，31(4)：64 - 64.
[38] 王儒，孙清晓，张倩倩．Design of High Reliability Compound Switch for Aerospace Application[J]．载人航天，2016，022(5)：641-644,650.
[39] 梁建长．热仿真在电子设备结构设计中的应用研究[J]．电子测试，2019(16)：36-38.
[40] 曲行柱．Flotherm 软件在电子元器件系统热设计中的应用[J]．电子元件与材料，2014，33(10)：101-102.
[41] 刘华水．电子电路热分析研究[D]．南京大学，2015.
[42] 黄云生．电子电路 PCB 的散热分析与设计[D]．西安电子科技大学，2010.
[43] 李建辉，王其岗．厚膜混合集成 DC-DC 变换器热设计分析[J]．电源技术应用，2010(4)：39 - 44.
[44] 章玮玮，张根烜，叶锐，等．某光控相控阵雷达组件热设计与参数优化[J]．机械与电子，2019，37(6)：22 - 27.
[45] Qi Z. A method to measure heat dissipation from component on PCB[J]．Annual IEEE Semiconductor Thermal Measurement & Management Symposium，2012：143-149.
[46] GEORGE B S，AJMAL M，DEEPU S R. Experimental and numerical investigation of heat dissipation from an electronic component in a closed enclosure[J]．Matec Web of Conferences，2018，144：04010. DOI:10/gh8cnv.
[47] AHMED，HAMDI E. Optimization of thermal design of ribbed flat-plate fin heat sink[J]．Applied Thermal Engineering，2016：1422 - 1432.
[48] MONIER-VINARD E，ROGIE B，BISSUEL V. State of the art of thermal characterization of electronic components using Computational Fluid Dynamic tools[J]．International Journal of Numerical Methods for Heat & Fluid Flow，2016.

[49] HUANG D S, TU W B, ZHANG X M. Using Taguchi method to obtain the optimal design of heat dissipation mechanism for electronic component packaging[J]. Microelectronics Reliability, 2016, 65(OCT.): 131 - 141. DOI:10/gh8cnw.

[50] 孙柯. X射线高压电源逆变模块热场分析及散热优化[D]. 西安理工大学, 2019.

[51] 李春萍, 黄久生. 我国防静电标准的三个发展阶段[J]. 中国个体防护装备, 2013(02): 54-56.

[52] 陈嵩. 浅谈电子产品生产中静电的产生和防护[J]. 中国新技术新产品, 2012(4): 35-35.

[53] 季启政, 郭德华, 高志良. 关于我国静电防护标准化体系构建的研究[J]. 中国标准化, 2014(5):69-75.

[54] 祝卿, 付裕, 陈继刚,等. 航天电子元器件检测过程中的静电防护研究[J]. 计测技术, 2017, S1(v.37;No.226):270-274.

[55] 张红. 静电对电子元器件的危害与有效防护[J]. 电子技术与软件工程, 2018, No.132(10):110-111.

[56] 王新伟, 于景明. 静电对电子元器件的危害与防护措施分析[J]. 百科论坛电子杂志, 2018, 000(004):792.

[57] GJB/Z34—93.《电子产品定量环境应力筛选指南》.

[58] GJB 4027—2006.《军用电子元器件破坏性物理分析(DPA)方法》.

[59] 刘建清. 电子元器件技术发展与失效分析[J]. 电子元器件与信息技术, 2020, v.4;No.33(03):22-24.

[60] 王起, 王时光. 论失效分析方法及流程[J]. 电子测试, 2020(3).

[61] Dai J, Ming Y. Failure Analysis of Electronic Components. Microprocessors, 2015.

[62] 刘欣, 李萍, 蔡伟. 多层瓷介电容器失效模式和机理[J]. 电子元件与材料, 2011, 030(007):72-75.

[63] 席善斌, 高兆丰, 裴选,等. 微波单片集成电路的失效分析方法探讨[J]. 环境技术, 2017, 06(v.35;No.210):32-36.

[64] Jiao J, De X, Chen Z, et al. Integrated circuit failure analysis and reliability prediction based on physics of failure[J]. Engineering Failure Analysis, 2019, 104.

[65] 罗俊, 秦国林, 李晓红,等. 厚膜混合集成电路可靠性技术[J]. 微电子学, 2011(01): 111-115.

[66] 范士海. 光电耦合器失效模式与机理分析[J]. 环境技术, 2020, v.38;No.224(02): 102-108.

[67] Liu J, Ming Z, Nan Z, et al. A Reliability Assessment Method for High Speed Train Electromagnetic Relays[J]. Energies, 2018, 11(3):652.

[68] 恩云飞, 来萍, 李少平. 电子元器件失效分析技术[M]. 北京:电子工业出版社, 2015.

[69] JEP122H: Failure Mechanisms and Models for Semiconductor Devices. [S].